研究生教材

智能微电网关键技术研究及应用

王致杰 王 鸿 孙 霞等著

中国电力出版社
CHINA ELECTRIC POWER PRESS

内 容 提 要

本书编者以多年来潜心研究的成果为主线，结合国内外智能微电网的研究情况，对智能微电网的关键技术及其应用做了较为全面的介绍。本书共分七章，主要内容包括智能微电网概述、微电网优化调度、需求侧响应管理、微电网协调控制技术、主动配电网运行优化技术、微电网孤岛检测技术、复合储能技术。本书内容涉及面广，介绍深入浅出，便于读者学习掌握。

本书可作为普通高等院校相关专业本科生和研究生的教学或辅导用书，也可作为相关领域的科研及工程技术人员的参考书。

图书在版编目（CIP）数据

智能微电网关键技术研究及应用 / 王致杰等著 .—北京：中国电力出版社，2019.9(2024.8重印)
研究生教材
ISBN 978-7-5198-2754-0

Ⅰ．①智…　Ⅱ．①王…　Ⅲ．①智能控制－电网－研究生－教材　Ⅳ．① TM76

中国版本图书馆 CIP 数据核字（2019）第 188474 号

出版发行：中国电力出版社
地　　址：北京市东城区北京站西街 19 号（邮政编码 100005）
网　　址：http://www.cepp.sgcc.com.cn
责任编辑：冯宁宁（010-63412537）
责任校对：黄　蓓　郝军燕
装帧设计：赵丽媛
责任印制：吴　迪

印　　刷：北京九州迅驰传媒文化有限公司
版　　次：2019 年 9 月第一版
印　　次：2024 年 8 月北京第四次印刷
开　　本：787 毫米 ×1092 毫米　16 开本
印　　张：13
字　　数：314 千字
定　　价：50.00 元

前　言

进入21世纪以来，世界范围内的能源供应持续紧张，合理开发利用绿色能源已经成为一项重要课题。越来越多地利用太阳能、风能、生物质能等的分布式电源（DG，Distributed Generation）被应用于现有电网。而微电网正是有效利用分布式电源的一种新型供电方式。微电网能比较完善的应对电力系统中负荷的增长，能较大地降低传统能源的消耗，提高了能源利用率，降低了系统的发电成本，实现了节能减排。同时为分布式发电单元与电网的连接提供了较好的平台，充分利用了分布式电源的发电优势。因此，对微电网关键技术进行研究和开发变得越来越重要。

本书主要介绍了智能微电网的关键技术及其应用，分析了微电网系统的基本特点、组成和工作原理，阐述了当前分布式发电领域的新理论和新方法，介绍了它们在主动配电网中的应用。具体包括以下内容：

针对微电网能量管理系统优化调度问题，提出了利用人工鱼群算法（AFSA，Artificial Fish Swarm Algorithm）和粒子群算法（PSO，Particle Swarm Optimization）混合求解微电网的优化调度方法。建立了考虑风速、空气密度、光照辐照强度、蓄电池充放电能力和运行效率的各发电单元的功率输出模型，并针对微电网的实际情况对各模型进行仿真，计算每小时内各发电单元的有功输出情况。建立了含维护费用、买卖电费用、燃料费用、蓄电池损耗费用和停电损失费用的微电网优化调度模型，提出了利用AFSA算法和PSO算法混合求解微电网的优化调度方法。以含有风力发电机、光伏电池、微型燃气轮机和锂电池储能的微电网系统为例，分别采用PSO算法和AFSA-PSO算法，对微电网在并网和孤岛两种模式中的六种典型运行状态进行仿真，通过对两种仿真方法进行比较分析，验证了本文所提出的优化调度方法的正确性和优越性。

针对微电网系统能量管理中的运行优化问题，提出了在普通运行调度中引入需求响应的优化模型，并最终用改进粒子群算法完成了优化求解。以典型可控负荷的数学模型为基础，提出了反映用户舒适度的需求响应约束条件。建立了微电网优化运行的目标函数，并利用改进粒子群算法对该函数进行了求解，对比分析了采用需求响应情况下微电网的运行经济效益更优。

建立了包含逆变器模型、电力网络模型和负荷模型的微电网全阶小信号动态模型，并基于特征值法分析了系统的稳定性和下垂系数变化对系统稳态性能的影响，建立了基于PSO-IHS算法的微电网系统动态切换模型，并考虑孤岛运行模式、孤岛时负荷突变、并网运行模式及孤岛和并网两种运行模式之间互相转换的四种运行模式，提出了系统控制目标函数，并使用PSO-IHS算法优化了目标函数，进而提高了微电网在这四种运行模式下的稳态和动态性能，保证了微电网系统的稳定运行及在四种运行模式之间的平滑切换。

以概率模型对主动配电网内的各组成元件进行建模分析，以概率的描述方式给出了可再生能源对系统节点电压、支路潮流的影响。以成本最低、网损、电压偏移水平最低为多目标，建立了主动配电网运行优化的多目标模型进行求解。针对多目标求解的粒子群算法进行了改进，使之能够满足优化的需要，并在IEEE-14节电系统上做了验证，并给出了主动配电网运行过程中，考虑负荷变化的情况下各元件的最优协调组合方案。

提出了基于FFT和小波变换的混合孤岛检测方法，即分别用FFT、小波变换对孤岛电压谐波信号的低、高频部分进行处理，得到特定谐波的幅值与小波系数绝对值的平均值，通过判断这两个值是否都超过各自的阈值来检测孤岛。采用基于电网电压定向的矢量控制方法对分布式发电并网逆变器进行控制，设计了其LC滤波器以及孤岛检测的RLC负载，建立了分布式发电并网孤岛检测系统的仿真模型，分别对其检测盲区内的孤岛情况、电能质量扰动情况进行仿真，结果表明，提出的孤岛检测方法无检测盲区、能有效避免因电能质量扰动引起的断路器误动作，且比高频阻抗法检测速度更快。

研究了复合储能的控制策略，将不同特性的储能装置混合使用、协调控制，解决孤岛运行下微电网暂态过程中电能质量和系统不稳定等问题，建立了基于复合储能的微电网稳定性分析数学模型，并对提出的控制策略做出评价。

本书共分为七章，第一章介绍了微电网控制与保护的研究背景及意义；第二章建立了含维护费用、买卖电费用、燃料费用、蓄电池损耗费用和停电损失费用的微电网优化调度模型，提出了利用AFSA算法和PSO算法混合求解微电网的优化调度方法；第三章主要针对微电网系统能量管理中的运行优化问题，提出了在普通运行调度中引入需求响应的优化模型，并最终用改进粒子群算法完成了优化求解；第四章针对微电网中分布式电源的协调控制问题展开研究，提出了一种改进的无功下垂控制策略来提高分布式电源输出的无功功率分配精度，并采用了基于粒子群算法改进的和声搜索算法对微电网协调控制问题进行了优化；第五章是主动配电网运行优化技术；第六章提出了基于FFT和小波变换的混合孤岛检测方法；第七章是微电网复合储能技术。

其中，同济大学王鸿撰写了第一章、第二章；上海电机学院王致杰撰写了第三章～第五章；上海电机学院刘天羽、王致杰和泰安技师学院程丽宁老师撰写了第六章；山东科技大学泰安校区孙霞撰写了第七章。研究生刘娇娇、陈丽娟、魏丹、张卫、席攀、苏新霞、鲍祚睿同学参加了项目研究，提供了部分研究成果，研究生程亚丽、华英、韩紫薇、朱洋艳、付晓琳同学进行了文字输入和图表的整理工作，对他们的辛勤付出表示感谢。

本书在编写过程中曾得到国家自然科学基金资助项目（51477099）、上海市自然科学基金资助项目（15ZR1417300，14ZR1417200）、上海市教委创新基金项目（14YZ157，15ZZ106）和上海电气集团中央研究院、北京金风科技股份有限公司、上海寰晟新能源科技有限公司、上海科梁信息工程有限公司等单位的支持。此外，本书撰写过程中参阅了国内、外相关文献，在此一并致以诚挚的感谢。

限于作者水平，本书在编写中难免存在不足之处，望请广大读者指正。

编　者

2019年6月

目　录

第一章

智能微电网概述

微电网由风力发电系统、光伏发电系统、微型燃气轮机发电系统、蓄电池储能系统和负荷等组成。在微电网优化调度中，调度量是各发电单元的有功功率。本章针对微电网中的风力发电机和光伏电池建立有功功率输出模型，对蓄电池建立充电和放电功率模型，对微型燃气轮机建立运行效率模型。并根据微电网的实际情况对各模型进行仿真，计算每个仿真时间段（1h）内各发电单元的出力情况，为优化调度提供模型基础。

第一节　微电网的概念

一、微电网的定义

进入21世纪，世界范围内的能源供应持续紧张，合理开发利用绿色能源已经成为一个重要课题。越来越多地利用太阳能、风能、生物质能等的分布式电源（distributed generation，DG）被应用于现有电网。而微电网正是有效利用分布式电源的一种新型供电方式。目前，国际上对微电网的定义各不相同。美国电气可靠性技术解决方案联合会（CERTS-Consortium for Electric Technology Solutions），给出的定义为：微电网是一种由负荷和微型电源共同组成系统，它可同时提供电能和热量；微电网内部的电源主要由电力电子器件负责能量的转换，并提供必需的控制；微电网相对于外部大电网表现为单一的受控单元，并可同时满足用户对电能质量和供电安全等的要求。欧盟微网项目（European Commission Project Micro-grid）给出的定义是：利用一次能源；使用微型电源，分为不可控、部分可控和全控三种，并可冷、热、电三联供；配有储能装置；使用电力电子装置进行能量调节。美国威斯康星麦迪逊分校（University of Wisconsin-Madison）的R. H. Lasseter给出的概念是：微电网是一个由负载和微型电源组成的独立可控系统，对当地提供电能和热能，这种概念提供了一个新的模型来描述微网的操作；微电网可被看作在电网中一个可控的单元、它可以在数秒钟内反应来满足外部输配电网络的需求；对用户来说，微电网可以满足它们特定的需求：增加本地可靠性，降低馈线损耗，保持本地电压，通过利用余热提供更高的效率，保证电压降的修正或者提供不间断电源。日本成立的新能源产业技术综合开发机构（NEDO，New energy and Industrial Technology Development Organization）给出的定义为：微电网是指在一定区域内利用可控的分布式电源，根据用户需求提供电能的小型系统。

根据国外微电网定义的特点，结合我国电力系统发展现状及趋势，我国的微电网可定义为：微电网是指由分布式电源、储能装置、能量转换装置、相关负荷和监控、保护装置汇集而成的小型发配电系统，是一个能够实现自我控制、保护和管理的自治系统，既可以与外部电网并网运行，也可以独立运行。从微观看，微电网可以看作是小型的电力系统，它具备完整的发输配电功能，可以实现局部的功率平衡与能量优化，它与带有负荷的分布式发电系统的本质区别在于同时具有并网和独立运行能力。从宏观看，微电网又可以认为是配电网中的一个“虚拟”的电源或负荷。

二、微电网发电单元的特性及数学模型

风力发电是将风能转换为机械功的动力机械，又称风车。广义而言，它是一以大气为工作介质的能量利用机械。风力发电利用的是自然能源，相对火电、核电等发电要更加绿色、环保。

1. 风能发电的基本原理及模型

风能属于可再生的清洁能源，有较好的发展前景。风能发电单元主要组成部分有风机、变压器、发电机、电子开关接口及齿轮箱。风能发电单元组成结构如图 1-1 所示。风能发电的基本原理是：风能发电机（WT，wind turbine）把风的动能经过风机旋转转化成机械能，然后风能发电机在风机带动下开始工作并将风机的机械能转化成磁能，再由磁能转化成电能。

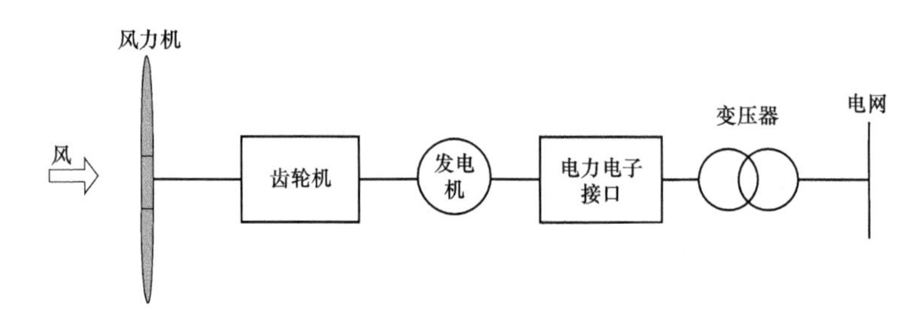

图 1-1　风能发电系统的组成

根据风能发电的原理可知，风能发电单元的输出功率与风速大小有直接关系，其输出特性的波动性比较明显。

2. 风能发电的数学模型

（1）风速-功率模型。在微电网优化调度中，需要风力发电机有功功率预测数据，风力发电机的功率输出与风速有关，图 1-2 是典型的单台风力发电机的风速—功率特性曲线，风速-功率曲线描述了风机轮毂处风速对应的风机输出功率。

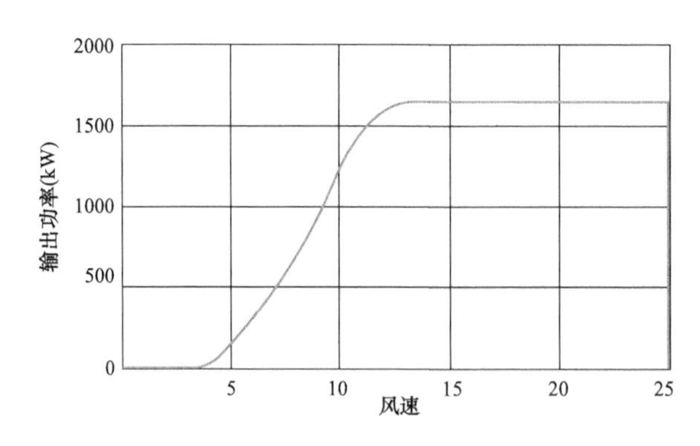

图 1-2　风速—功率特性曲线

风力发电机的风速-功率特性曲线可以通过多项式拟合得到，具体公式如式（1-1）所示。

$$P_{wt}=\begin{cases}0 & v<v_{ci}\\ av^3+bv^2+cv+d & v_{ci}\leqslant v\leqslant v_r\\ P_r & v_r<v<v_{co}\\ 0 & v\geqslant v_{co}\end{cases} \tag{1-1}$$

式中　P_{wt}——风力发电机的输出有功功率，kW；

P_r——风力发电机的额定功率，kW；

v_{ci}、v_r、v_{co}——风力发电机的切入风速、额定风速和切出风速，m/s；

a、b、c、d——风速参数，是根据风力发电机生产厂商提供的风速-功率特性曲线拟合得到的。

单台风力发电机的风速-功率特性曲线是在标准测试条件下得到的，在实际优化调度中，为了获得较为准确的风力发电机功率预测数据，需要根据实际环境条件对风速-功率特性曲线进行修正。

（2）环境参数修正模型。风速随高度的增加而变化，气象局提供的风速数据通常都是在9m的高度上测得的，而风速-功率曲线需要提供风机轮毂高度处的风速，因此，必须将其折算成风机轮毂处风速。折算公式如式（1-2）所示。

$$v_1=v_2\left(\frac{H_1}{H_2}\right)^{\alpha} \tag{1-2}$$

式中　v_1、v_2——在不同高度上的风速，单位为m/s；

H_1、H_2——不同的高度，m；

α——幂律指数，与地面的粗糙度有关，取值范围为$\left[\frac{1}{8},\frac{1}{2}\right]$，平坦、开阔的地区为1/7。

空气密度是影响风速-功率特性曲线的重要参数。实际环境下的风力发电机输出功率与标准环境下的功率关系如式（1-3）所示。

$$P_{site}=P_0\frac{\rho}{\rho_0} \tag{1-3}$$

式中　P_{site}——实际环境下的风力发电机输出功率；

P_0——标准测试条件下的风力发电机输出功率，kW；

ρ——实际环境下的空气密度，kg/m^3；

ρ_0——标准测试条件下的空气密度，kg/m^3，通常取1.225。

实际空气密度和标准空气密度的比值有两种方式可以求得：式（1-4）是根据平均温度和海平面温度求得；式（1-6）是根据平均温度和大气压求得。

$$\frac{\rho}{\rho_0}=\left(\frac{T_{SL,0}}{T_{SL}}\right)\left(\frac{T_{site}}{T_{SL}}\right)^{4.26} \tag{1-4}$$

式中　$T_{SL,0}$——标准测试条件下的温度，K（0K＝－273.15℃），通常取293；

T_{SL}——海平面温度，K；

T_{site}——实际环境下的温度，K。

其中，海平面温度可由式（1-5）估算得到。

$$T_{SL}=T_{site}+H_{site}\times l_{apse} \tag{1-5}$$

式中 H_{site}——海拔高度，m；

l_{apse}——绝对递减率，K/m，通常取−0.00638。

$$\frac{\rho}{\rho_0}=\frac{Pr_{site}T_{SL,0}}{Pr_{SL,0}T_{site}} \tag{1-6}$$

式中 Pr_{site}——实际环境下的平均大气压，Pa；

$Pr_{SL,0}$——标准测试条件下的大气压，Pa，通常取 1.01×10^5。

(3) 风力发电机功率输出仿真。风力发电机的功率输出仿真流程如下所示。

1) 根据风机厂商提供的风速-功率特性曲线拟合得到式 (1-1) 中的各参数。

2) 根据实际环境下来自气象台的天气预报，预测一天 24h 的平均风速数据。其风速对应的是风速测量点处的风速，利用式 (1-2) 求出风机轮毂处风速。

3) 将步骤 2) 中求出的风机轮毂处风速代入式 (1-1)，求得标准测试条件下风力发电机一天 24h 的输出功率。

4) 根据风力发电机所处的实际环境数据，由式 (1-4) 或式 (1-6) 求出$\frac{\rho}{\rho_0}$，最后将空气密度比值代入式 (1-3)，求出实际环境下风力发电机一天 24h 的有功功率预测数据。

按照以上仿真流程，以额定功率为 1650kW，型号为 Vestas V82 风力发电机为例进行仿真。Vestas V82 的风速-功率特性曲线如图 1-2 所示，在 MATLAB 上对风速-功率特性曲线进行多项式拟合，求得的风速参数如表 1-1 所示，其他仿真参数也在表 1-1 中定义。风速选取上海市城郊秋季典型的平均风速预测数据，如表 1-2 所示。

表 1-1　　仿 真 参 数

测量点高度 H_1(m)	风机轮毂高度 H_2(m)	实际环境气压Pr_{site}(Pa)	实际环境温度 T_{site}(K)
9	70	1.004×10^5	290.15
幂律指数 α	a	b	c
$\frac{1}{7}$	−3.3872	87.7673	−505.1193
d	切入风速 v_{ci}(m/s)	额定风速 v_r(m/s)	切出风速 v_{co}(m/s)
871.6202	4	12	25

表 1-2　　上海秋季平均风速预测

时段 (h)	平均风速 (m/s)	时段 (h)	平均风速 (m/s)
0：00～1：00	10.27	12：00～13：00	10.68
1：00～2：00	9.34	13：00～14：00	11.02
2：00～3：00	10.52	14：00～15：00	13.92
3：00～4：00	10.67	15：00～16：00	14.16
4：00～5：00	10.48	16：00～17：00	12.81
5：00～6：00	11.45	17：00～18：00	10.58
6：00～7：00	10.28	18：00～19：00	8.04
7：00～8：00	9.90	19：00～20：00	9.07
8：00～9：00	10.92	20：00～21：00	10.43
9：00～10：00	8.94	21：00～22：00	10.40
10：00～11：00	8.91	22：00～23：00	9.97
11：00～12：00	9.70	23：00～24：00	11.71

根据仿真步骤和仿真参数在 MATLAB 上进行算例仿真，图 1-3 和图 1-4 分别是测量点风速和风机轮毂处的风速仿真图，对比图 1-3 和图 1-4 可以看出，计算得出的风机轮毂处的风速比气象局公布的测量点的风速高。从图 1-3 可以看出，测量点的风速最低为 8m/s 左右，最高风速为 14m/s 左右。由于风机轮毂比测量点的高度高，所以图 1-4 计算得到的风机轮毂处风速最低为 11m/s 左右，最高为 19m/s 左右。

图 1-5 和图 1-6 分别是根据图 1-3 风机轮毂风速计算得到的标准测试条件下的风力发电机输出功率预测图和实际环境下的风力发电机输出功率预测图。对比图 1-5 和图 1-6 可以看出，实际环境下预测风力发电机输出功率比标准测试条件下的预测的风力发电机输出功率值稍高，经过准确计算高 1.0038 倍。从图 1-6 可以看出，在一天 24h 里，根据上海地区的秋季风速数据预测得到的风力发电机输出功率，大部分时间是额定功率，只有在 9：00～11：00 和 18：00～19：00 低于额定功率。

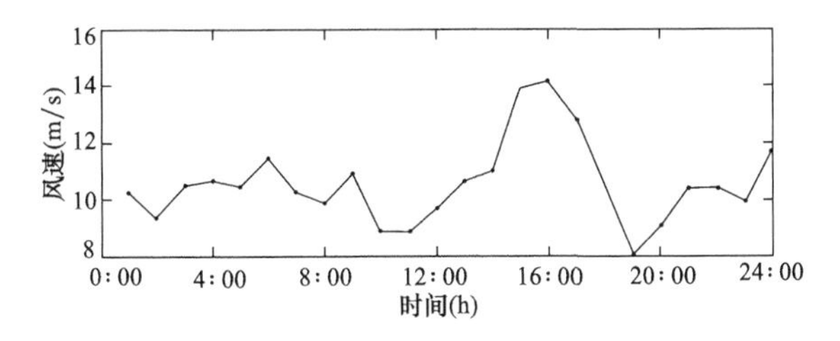

图 1-3　测量点风速图

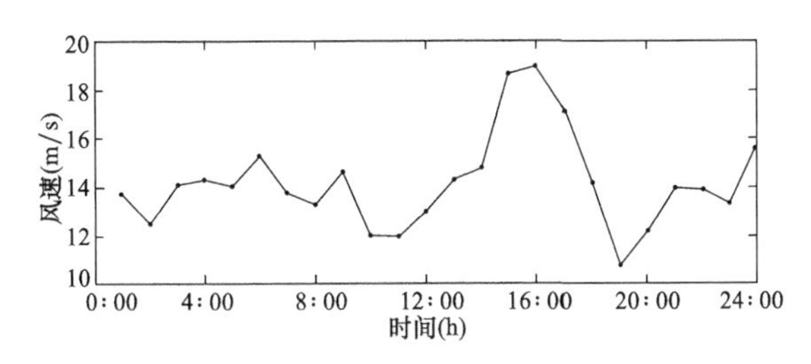

图 1-4　风机轮毂处风速预测图

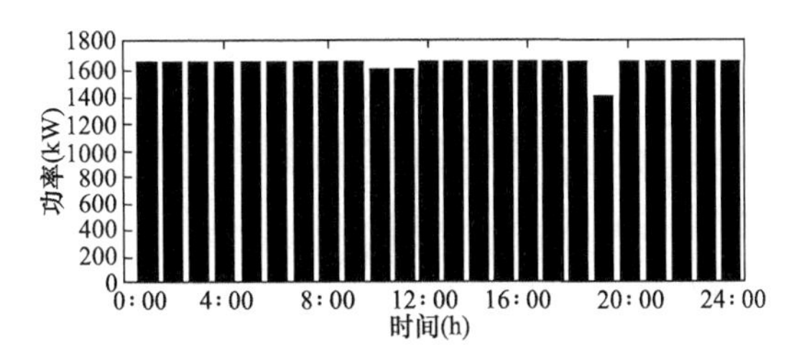

图 1-5　标准测试条件下的风力发电机输出功率预测图

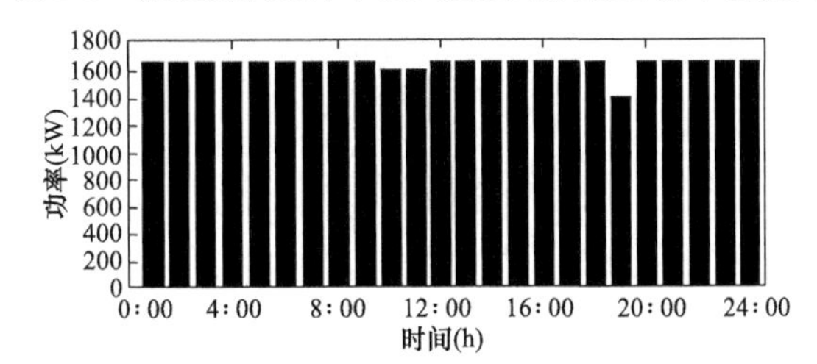

图 1-6　实际环境下的风力发电机输出功率预测图

三、太阳能发电的基本原理及模型

太阳能是在世界上应用很广泛的清洁能源，传统的能源在使用时产生污染并且储存量在逐渐减少，而当今社会发展对能源需求量在逐年递增，在比较重视环境问题的今天，清洁能源越来越受到青睐，并在今后的社会发展中扮演着重要的角色。太阳能发电（PV，Photovoltaic cell）也是微电网系统中不可或缺的主要组成部分。由于太阳能收集比较方便，使用比较便捷，资源也比较丰富，所以太阳能发电技术在未来有比较好的市场前景。

1. 太阳能发电的基本原理

太阳能电池发电是利用半导体材料的光电伏特效应，太阳辐射经太阳能电池直接将光能转换成电能的一种发电方式。太阳能发电不需要热力电动机，它能向负载直接提供直流电能，提供交流电能时需要交直流变换器转换，它的运行方式有并网运行或孤岛运行。太阳能发电系统的组成主要由太阳能电池、控制器、变换器、蓄电池组和负载等部分组成。太阳能发电系统的结构组成如图 1-7 所示。

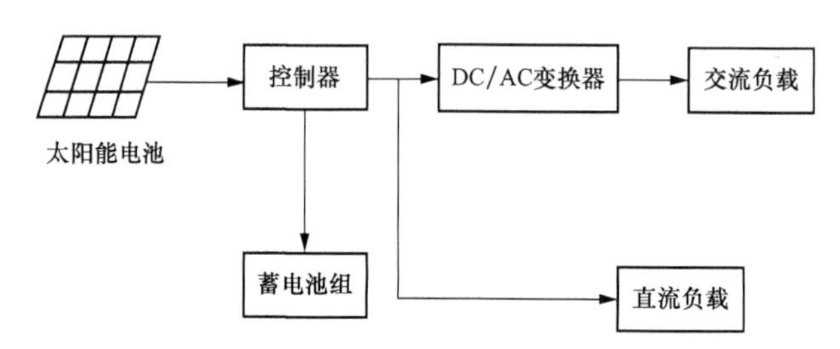

图 1-7 太阳能发电系统的基本原理

太阳能电池是太阳能发电系统的重要组成部分，太阳能电池发电功率的输出特性与其伏安特性有关。太阳能电池的输出功率波动性比较明显，影响太阳能电池转换效率的因素比较多，与光照强度、环境温度、天气环境条件、材料内部的杂散电阻、填充因数等因素密切相关。其中光照强度、温度和负荷特性是比较直接的影响因素。

2. 太阳能发电的数学模型

在微电网优化调度中，需要对光伏电池一天 24h 的输出功率进行预测。光伏电池的功率输出模型如式（1-7）所示。

$$P_{PV}=Y_{PV}f_{PV}\frac{\overline{G_{T}}}{\bar{G}_{T,STC}}[1+\alpha_{P}(T_{c}-T_{c,STC})] \tag{1-7}$$

式中 P_{PV}——光伏电池的输出有功功率，kW；

Y_{PV}——光伏阵列的额定容量，是光伏电池在标准测试条件下的输出功率，kW；

f_{PV}——光伏降额因子，表示光伏阵列上的尘土和积雪等对其的遮挡，通常取 0.8；

$\overline{G_{T}}$——实际环境下，当前时间步长的太阳辐照强度，kW/m^2；

$\bar{G}_{T,STC}$——标准测试条件（standard test condition，STC）下的太阳辐照强度，kW/m^2，通常取 1；

α_{P}——光伏电池板的功率温度系数，%/℃，通常取−0.0047[2]；

T_{c}——当前时间步长的光伏电池温度，℃；

$T_{c,STC}$——标准测试条件下的光伏电池温度，℃，通常取 25。

从式（1-7）可以看出，在确定了光伏阵列的额定容量后，未知量是$\overline{G_T}$和 T_c，因此需要对当前时间步长的太阳辐照强度和当前时间步长的光伏电池温度建模，通常情况下，为了便于计算，不考虑电池温度的影响，在有光照时 T_c 近似取 47℃。下文对太阳辐照强度和光伏电池温度建模。

（1）太阳辐照强度模型。太阳光在任意时间对任意朝向的光伏阵列的入射角的公式如式（1-8）所示。

$$\begin{aligned}\cos\theta = &\sin\delta\sin\phi\cos\beta - \sin\delta\cos\phi\sin\beta\cos\gamma \\ &+ \cos\delta\cos\phi\cos\beta\cos\omega \\ &+ \cos\delta\sin\phi\sin\beta\cos\gamma\cos\omega \\ &+ \cos\delta\sin\beta\sin\gamma\sin\omega\end{aligned} \tag{1-8}$$

式中 θ——入射角，(°)；

β——光伏阵列的表面斜率角，表示光伏阵列与水平面的夹角，(°)；

γ——方位角，表示水平面的朝向角，规定 0°代表正南方，指向西方角度为正，指向东南方为−45°，指向正西方为 90°；

ϕ——纬度，(°)；

δ——太阳赤纬，(°)；

ω——小时角，(°)。

其中，δ 和 ω 的计算公式如式（1-9）和式（1-10）所示。

$$\delta = 23.45^\circ \sin\left(360^\circ \frac{284 + m}{365}\right) \tag{1-9}$$

$$\omega = 15(t_s - 12) \tag{1-10}$$

式中 m——优化调度当日所代表的天数，从一年的 1 月 1 日作为起始日，距离 1 月 1 日的天数；

t_s——太阳时间，hr。

t_s 的计算公式如式（1-11）所示。

$$t_s = t_c + \frac{\lambda}{15} - Z_c + E \tag{1-11}$$

式中 t_c——光伏电池所在地的时间，hr；

λ——光伏电池所在地的经度，(°)；

Z_c——光伏电池所在地的时区，是本初子午线以东的时区，中国为 8；

E——时间方程，如式（1-12）所示。

$$\begin{aligned}E = 3.82(&7.5 \times 10^{-5} + 1.868 \times 10^{-3}\cos B - 0.032077\sin B \\ &- 0.014615\cos 2B - 0.04089\sin 2B)\end{aligned} \tag{1-12}$$

$$B = 360^\circ \frac{(m-1)}{365} \tag{1-13}$$

在式（1-8）中，令 $\beta=0^\circ$，得到太阳光与水平线的夹角 θ_Z 如式（1-14）所示。

$$\cos\theta_Z = \cos\phi\cos\delta\cos\omega + \sin\phi\sin\delta \tag{1-14}$$

大气层顶端的光照辐照强度如式（1-15）所示。

$$G_{on} = G_{sc}\left(1 + 0.033\cos\frac{360m}{365}\right) \tag{1-15}$$

式中 G_{on}——大气层顶端的光照辐照强度，kW/m^2。

G_{sc}——太阳常数，kW/m^2，通常取1.367。

水平辐照强度如式（1-16）所示。本文中，优化调度的仿真时间步长为1h，对式（1-16）积分可得单个时间步长内的水平辐照强度均值，如式（1-17）所示。

$$G_o = G_{on}\cos\theta_Z \tag{1-16}$$

$$\overline{G_o} = \frac{12}{\pi}G_{on}\left[\cos\phi\cos\delta(\sin\omega_2 - \sin\omega_1) + \frac{\pi(\omega_2 - \omega_1)}{180^\circ}\sin\phi\sin\delta\right] \tag{1-17}$$

式中 $\overline{G_o}$——单步长内的水平辐照强度均值，kW/m^2；

ω_2——仿真步长末的小时角，(°)；

ω_1——仿真步长初的小时角，(°)。

地表的光照由漫辐射和束辐射两部分组成，如式（1-18）所示。

$$\bar{G} = \bar{G}_b + \bar{G}_d \tag{1-18}$$

式中 $\bar{G}$——地表光照强度，kW/m^2；

$\bar{G}_b$——束辐射强度，kW/m^2；

$\bar{G}_d$——漫辐射强度，kW/m^2。

根据天气的晴朗程度，漫辐射强度与地表光照强度的比值可由式（1-19）所示。

$$\frac{\overline{G_d}}{\bar{G}} = \begin{cases} 1-0.09k_T & k_T \leqslant 0.22 \\ 0.9511-0.1604k_T+4.388k_T^2-16.638k_T^3+12.336k_T^4 & 0.22 < k_T \leqslant 0.8 \\ 0.165 & k_T > 0.8 \end{cases} \tag{1-19}$$

式中：k_T为晴朗指数，用来表示大气的清洁度，取值区间为［0，1］，通常，多云天气k_T取0.25，晴朗天气k_T取0.75。晴朗指数在不同的月份和地区取值均不同，上海地处北纬31°，其k_T的晴朗指数如表1-4所示。世界其他地区的晴朗指数表可以参考文献。k_T又可以由式（1-20）表示。

$$k_T = \frac{\bar{G}}{\bar{G}_o} \tag{1-20}$$

计算太阳辐照强度需要三个系数：R_b、A_i和f_p，计算公式分别如式（1-21）～式(1-23)所示。

$$R_b = \frac{\cos\theta}{\cos\theta_Z} \tag{1-21}$$

$$A_i = \frac{\bar{G}_b}{\bar{G}_o} \tag{1-22}$$

$$f_p = \sqrt{\frac{\bar{G}_b}{\bar{G}}} \tag{1-23}$$

最后，根据HDKR模型，得到单步长内的太阳辐照强度均值，如式（1-24）所示。

$$\overline{G_T} = R_b(\bar{G}_b + \bar{G}_d A_i) + \bar{G}_d(1-A_i)\left(\frac{1+\cos\beta}{2}\right)\left[1+f_p\sin^3\left(\frac{\beta}{2}\right)\right] + \bar{G}\rho_g\left(\frac{1-\cos\beta}{2}\right) \tag{1-24}$$

式中，ρ_g 是地面反射系数，又称为反照率，根据光伏电池板所建处的地表类型来取值，通常在 0.1～0.4，具体取值见表 1-3。表 1-4 为北纬 31°晴朗指数。

表 1-3　　北纬 31°反照率取值表

地表类型	新沥青	旧沥青	针叶林	落叶松木林	裸露土地
反照率 ρ_g	0.04	0.12	0.08～0.15	0.15～0.18	0.17
地表类型	草地	沙漠	混凝土	冰面	雪面
反照率 ρ_g	0.25	0.4	0.55	0.5～0.7	0.8～0.9

表 1-4　　北纬 31°晴朗指数表

月份	1	2	3	4	5	6	7	8	9	10	11	12
晴朗指数 k_T	0.42	0.40	0.41	0.39	0.38	0.36	0.42	0.47	0.42	0.46	0.44	0.43

（2）光伏电池温度模型。光伏电池温度是光伏阵列表面的温度，在夜间与周围环境温度相同，在白天比环境温度高。根据能量守恒原理，光伏电池温度模型如式（1-25）所示。

$$T_c = T_a + \overline{G_T}\frac{\tau\alpha}{U_L}\left(1-\frac{\eta_c}{\tau\alpha}\right) \tag{1-25}$$

式中　T_a——周围环境温度，（°）；

α——光伏电池板的太阳能吸收率，%；

τ——太阳能透射率，%，$\tau\alpha$ 通常取 0.9；

U_L——热量散失系数，kW/(m² · ℃)；

η_c——光伏电池的电转化效率，%。

其中，$\frac{\tau\alpha}{U_L}$可以用式（1-26）近似表示。

$$\frac{\tau\alpha}{U_L} = \frac{T_{c,NOCT} - T_{a,NOCT}}{G_{T,NOCT}} \tag{1-26}$$

式中　$T_{c,NOCT}$——光伏电池标称工作温度，℃，取值区间为［10，48］；

$T_{a,NOCT}$——光伏电池的标称环境温度，℃，通常取 20；

$G_{T,NOCT}$——标准的太阳辐照强度，kW/m²，通常取 0.8。

通常要对光伏电池采取最大功率跟踪控制，所以光伏电池多数时间工作在最大功率点附近，η_c 可以由光伏电池的最大功率点效率 η_{mp} 近似，如式（1-27）所示。

$$\eta_c = \eta_{mp} \tag{1-27}$$

光伏电池的最大功率点效率 η_{mp} 与光伏电池的温度有关，如式（1-28）所示。

$$\eta_{mp} = \eta_{mp,STC}[1 + \alpha_p(T_c - T_{c,STC})] \tag{1-28}$$

式中：$\eta_{mp,STC}$ 是在标准测试条件下，光伏电池的最大功率点效率，其取值与光伏电池板的材料有关，多晶硅取 0.13，单晶硅取 0.135，非晶硅取 0.164，薄膜非晶硅取 0.055。

将式（1-26）～式（1-28）代入式（1-25），可以求得光伏电池的温度模型，如式（1-29）所示。

$$T_c = \frac{T_a + \frac{\overline{G_T}}{G_{T,NOCT}}(T_{c,NOCT} - T_{a,NOCT})\left[1 - \frac{\eta_{mp,STC}(1-\alpha_p T_{c,STC})}{\tau\alpha}\right]}{1 + \frac{\overline{G_T}\alpha_p\eta_{mp,STC}}{G_{T,NOCT}\tau\alpha}(T_{c,NOCT} - T_{a,NOCT})} \tag{1-29}$$

(3) 光伏电池功率输出仿真。光伏电池的功率输出仿真流程如下所示。

1) 预测一天 24h 的光照辐照强度$\overline{G_T}$。

a. 仿真参数初始化。输入光伏电池所在地的经度 λ、纬度 ϕ、方位角 γ、晴朗指数 k_T、反照率 ρ_g；输入光伏电池的相关参数，如光伏阵列的额定容量 Y_{PV}、功率温度系数 α_P、光伏电池板与水平面的夹角 β；输入优化调度当日所代表的天数 m。

b. 由于夜间的光照辐照强度为 0，则 0：00～5：00 和 18：00～24：00 的光照辐照强度$\overline{G_T}$为 0。因此只需要求取 6：00～17：00 的光照辐照强度。将步骤 a 中的参数代入式（1-8)～式（1-24)，最终由式（1-24）求得 6：00～17：00 的光照辐照强度。

2) 若考虑光伏电池温度的影响，则需要预测一天 24h 的光伏电池温度 T_c。

a. 仿真参数初始化。输入光伏电池在标准测试条件下最大功率点的效率 $\eta_{mp,STC}$；输入一天 24h 的环境温度预测值 T_a。

b. 由于夜间的光伏电池温度 T_c 与周围环境温度相同，则 0：00～5：00 和 18：00～24：00 的 $T_c=T_a$。因此只需要求取 6：00～17：00 的光伏电池温度 T_c。根据式（1-29）求出 6：00～17：00 的光伏电池温度。

3) 若考虑光伏电池温度的影响，将步骤 1）和步骤 2）求取的$\overline{G_T}$和 T_c 代入式（1-7)，求出一天 24h 的光伏电池输出功率预测值。若不考虑光伏电池温度的影响，将求取的$\overline{G_T}$和近似值 T_c 代入式（1-7)，求出一天 24h 的光伏电池输出功率预测值。

按照以上仿真流程，设定仿真参数。光伏电池所在地的信息选取某地方研究院的微电网示范工程所在地的信息，由于示范工程地靠近上海市中心，所以选取上海市中心的地理位置信息。光伏电池参数根据示范工程中光伏电池的具体情况选取，如表 1-5 所示，为了便于计算，仿真中不考虑光伏电池温度的影响。

表 1-5 光伏电池仿真参数表

经度 λ/(°)	纬度 ϕ/(°)	方位角 γ/(°)	晴朗指数 k_T	反照率 ρ_g
121.488	31.249	−31.249	0.47	0.55
额定容量 Y_{PV}/kW	功率温度系数 α_P	夹角 β/(°)	天数 m/d	光伏电池近似温度 T_c(℃)
1000	−0.0047	33	300	47

图 1-8 是仿真得出的上海地区秋季典型的光照辐照强度曲线，从图中可以看出，受上海地区地理位置的影响，光照辐照强度在正午 11：00 左右达到最高值，约为 0.6kW/m²。图 1-9 是光伏电池的输出功率预测曲线，由于光照辐照强度的影响，光伏电池一天 24h 的输出功率最高为 400kW 左右。

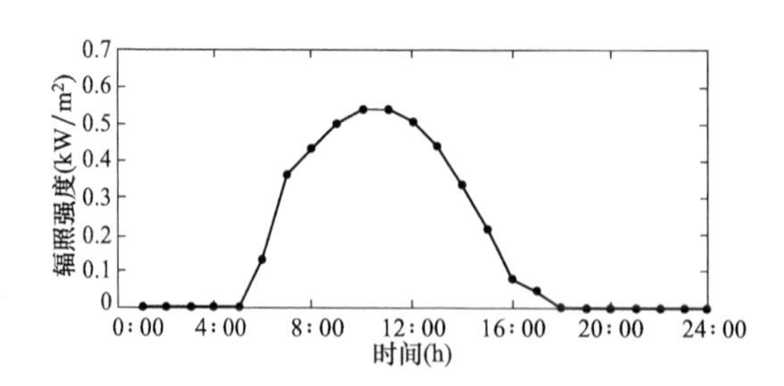

图 1-8 光照辐照强度预测曲线

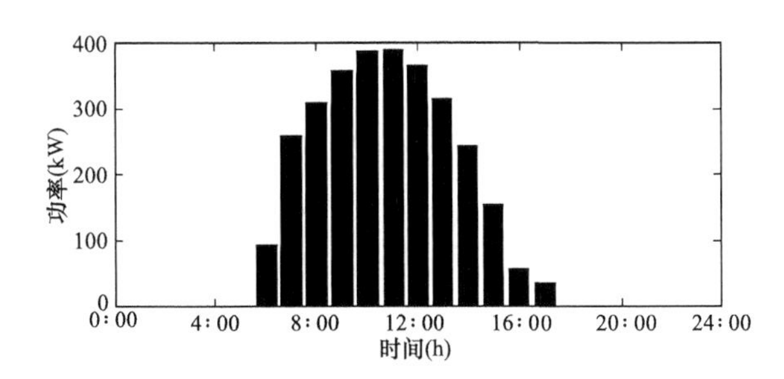

图 1-9　光伏电池输出功率预测曲线

四、蓄电池充放电的基本原理及模型

蓄电池作为储能设备，在可再生能源充足时，储备多余的能量，减少资源浪费。在可再生能源匮乏时，放出储存能量，为用户提供稳定的电力供应，保障系统安全稳定运行。由于蓄电池的充放电功率不像燃气轮机、柴油机等可以调控，充放功率受多种条件制约，导致优化调度蓄电池的功率与蓄电池实际能够充放电的功率不一致。

1. 蓄电池充放电的基本原理

本文采用 Kinetic 电池模型，是 Manwel 和 McGowan 在 1993 年第一次提出，用于解决蓄电池的充放电约束问题。模型来源于电化学动力学的思想，将一个电池分成可用能量、束缚能量两部分，如图 1-10 所示。

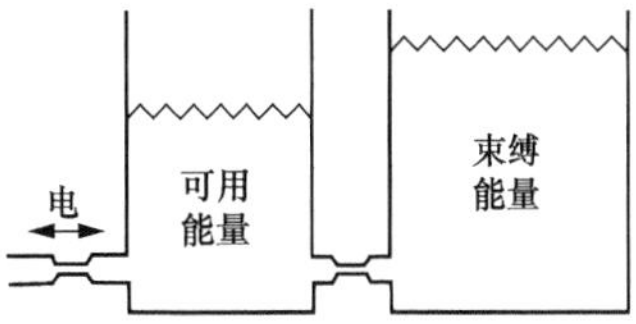

图 1-10　Kinetic 电池模型

则任意时刻电池的能量如式 (1-30) 所示。

$$Q = Q_1 + Q_2 \tag{1-30}$$

式中　Q——任意时刻的总能量，kWh；

Q_1——可用能量，kWh；

Q_2——束缚能量，kWh。

在微电网的优化调度中，由于蓄电池的放电和充电功率受自身特性的约束。分别建立蓄电池的充电和放电功率限制模型。

2. 蓄电池充电和放电功率模型

(1) 蓄电池放电功率模型。在微电网的优化调度中，蓄电池的放电功率受到剩余总能量和放电效率的限制，其放电功率限制模型如式 (1-31) 和式 (1-33) 所示。

在 Δt 的时间步长里，由电池剩余总能量决定的蓄电池的最大放电功率如式 (1-31) 所示。

$$P_{\text{batt,dmax,kbm}} = \frac{kQ_1 e^{-k\Delta t} + Qkc(1 - e^{-k\Delta t})}{1 - e^{-k\Delta t} + c(k\Delta t - 1 + e^{-k\Delta t})} \tag{1-31}$$

式中　k——充放电比率常量，是与电池自身特性有关的常量，在蓄电池放电过程中，k 反映电池中的束缚能量转化为可用能量的转化速率，hr^{-1}；

Δt——仿真步长，单位为 h；

c——容量比率常数，也是与电池自身特性有关的常量，表示蓄电池最大容量时可用能量与剩余总能量的比值，如式 (1-32) 所示。

$$c = \frac{Q_{10}}{Q_{\max}} \tag{1-32}$$

式中 Q_{10}——蓄电池最大容量时的可用能量，kW。

蓄电池的最大放电功率如式（1-33）所示。

$$P_{batt,dmax}=\eta_{batt,d}P_{batt,dmax,kbm} \tag{1-33}$$

式中 $\eta_{batt,d}$——电池的放电效率，电池的放电效率与电池的往返效率有关，如式（1-34）所示。

$$\eta_{batt,d}=\sqrt{\eta_{batt,n}} \tag{1-34}$$

式中 $\eta_{batt,n}$——电池的往返效率，表示电池在电力电子变换时的效率，通常为80%。

（2）蓄电池充电功率模型。在微电网的优化调度中，蓄电池的充电功率受到电池剩余总能量、最大充电率、最大充电电流和充电效率的限制，其充电功率限制模型如式（1-35）～式（1-37）所示。

在 Δt 的时间步长里，由电池剩余总能量决定的蓄电池最大充电功率约束如式（1-35）所示。

$$P_{batt,cmax,kbm}=\left|\frac{-kcQ_{max}+kQ_1e^{-k\Delta t}+Qkc(1-e^{-k\Delta t})}{1-e^{-k\Delta t}+c(k\Delta t-1+e^{-k\Delta t})}\right| \tag{1-35}$$

式中 $P_{batt,cmax,kbm}$——电池剩余总能量决定的蓄电池的最大充电功率，kW；

k——蓄电池充电过程中电池中的可用能量转化为束缚能量的转化速率，hr^{-1}。

由最大充电率决定的蓄电池的最大充电功率如式（1-36）所示。

$$P_{batt,cmax,mcr}=\frac{(1-e^{-\alpha_c\Delta t})(Q_{max}-Q)}{\Delta t} \tag{1-36}$$

式中 $P_{batt,cmax,mcr}$——由最大充电率决定的蓄电池的最大充电功率，kW；

Q_{max}——电池在极小电流下的最大荷电量；

α_c——蓄电池的最大充电率，最大充电率与电池当前时刻的最大充电电流有关，A/Ah。

假定电池的最大荷电量为350Ah，当前总荷电量为310Ah，最大充电率为0.4A/Ah，则当前时刻的最大充电电流为（350Ah－10Ah）×0.4A/Ah＝16A。由最大充电电流决定的蓄电池的最大充电功率如式（1-37）所示。

$$P_{batt,cmax,mcc}=\frac{N_{batt}I_{max}V_{nom}}{1000} \tag{1-37}$$

式中 $P_{batt,cmax,mcc}$——由最大充电电流决定的蓄电池的最大充电功率，kW；

N_{batt}——蓄电池的个数；

I_{max}——电池的最大充电电流；

V_{nom}——电池的额定电压。

由式（1-35）～式（1-37）可得蓄电池在 Δt 的仿真步长里的最大充电功率，如式（1-38）所示。

$$P_{batt,cmax}=\frac{\min(P_{batt,cmax,kbm},P_{batt,cmax,mcr},P_{batt,cmax,mcc})}{\eta_{batt,n}} \tag{1-38}$$

式中 $P_{batt,cmax}$——蓄电池的最大充电功率，kW；

$\eta_{batt,n}$——电池的充电效率，与电池的往返效率有关，如式（1-39）所示。

$$\eta_{batt,c}=\sqrt{\eta_{batt,n}} \tag{1-39}$$

（3）蓄电池荷电量转换模型。

1）蓄电池荷电量与荷电状态的转换模型。在调度过程中，每个仿真步长结束后的荷电量也是重要参数，蓄电池在 Δt 的时间里充电或放电结束时，电池内部的可用荷电量和束缚荷电量如式（1-40）和式（1-41）所示。

$$Q_{1,\text{end}} = Q_1 e^{-k\Delta t} + \frac{(Qkc - P_{\text{real}})(1 - e^{-k\Delta t})}{k} - \frac{P_{\text{real}} c(k\Delta t - 1 + e^{-k\Delta t})}{k} \tag{1-40}$$

$$Q_{2,\text{end}} = Q_2 e^{-k\Delta t} + Q(1-c)(1 - e^{-k\Delta t}) - \frac{P_{\text{real}}(1-c)(k\Delta t - 1 + e^{-k\Delta t})}{k} \tag{1-41}$$

式中 $Q_{1,\text{end}}$——时间步长 Δt 里，末时刻的可用能量；

$Q_{2,\text{end}}$——时间步长 Δt 里，末时刻的束缚能量；

Q_1——时间步长 Δt 里，初始时刻的可用能量；

Q_2——时间步长 Δt 里，初始时刻的束缚能量；

P_{real}——电池的实际充放电功率，电池放电时 P_{real} 为正值，电池充电时 P_{real} 为负值，kW。

蓄电池的荷电状态是电池的重要参数，表示蓄电池当前剩余总能量与电池最大能量的比值，计算公式如式（1-42）所示。放电深度与荷电状态的关系如式（1-43）所示。

$$SOC = \frac{Q}{Q_{\max}} \tag{1-42}$$

$$DOD = 1 - SOC \tag{1-43}$$

式中 SOC——蓄电池的荷电状态；

DOD——蓄电池的放电深度。

2）蓄电池能量与荷电量的转换模型。在 Kinetic Battery Model 模型中，电池剩余能量是 Q，单位为 kWh。日常生活中习惯称之为电池剩余荷电量，用 q 表示，单位是 Ah。模型中的能量与荷电量之间的转化关系如式（1-44）和式（1-45）所示。

蓄电池荷电量公式如式（1-44）所示。

$$q = It \tag{1-44}$$

式中 q——电池的荷电量，Ah；

I——电池的充放电电流，A；

t——电池的充放电时间，h。

电池能量公式如式（1-45）所示。

$$Q = UIt = Uq \tag{1-45}$$

式中 Q——电池的能量，Wh；

U——电池的端电压，V。

（4）蓄电池充放电功率仿真。蓄电池的充放电仿真步骤如下所示，仿真流程如图 1-11 所示。

1）蓄电池初始化参数设置，包括 Δt、Q、Q_1、Q_2、$Q_{\max}$、k、c、$\eta_{\text{batt},n}$、α_c、$I_{\max}$、N_{batt}、V_{nom}。给定所有仿真步长内蓄电池需要充放电的功率 P_1，P_2，…，P_{24}。

2）根据微电网系统在第 n 个仿真步长里所需的电池功率 P_n 的正负，判断蓄电池充放电状态。若 $P_n<0$，表示蓄电池需要充电，进行步骤 3）。若 $P_n>0$，表示蓄电池需要放电，进行步骤 4）。

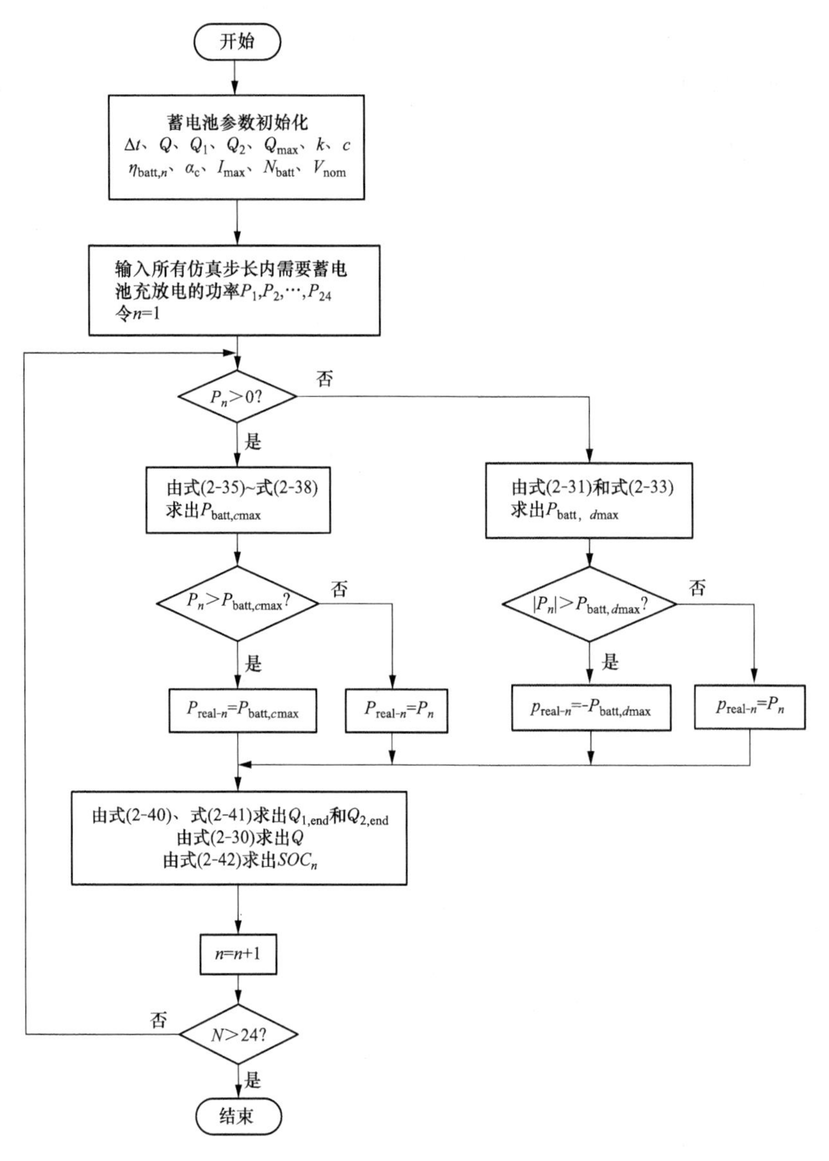

图 1-11 蓄电池充放电仿真流程图

3）根据式（1-35）～式（1-37）计算由电池剩余能量、最大充电率和最大充电电流决定的最大充电功率，最后由式（1-38）计算蓄电池的最大充电功率 $P_{batt,cmax}$。若 $|P_n|>P_{batt,cmax}$，则第 n 个仿真步长里，蓄电池实际充电功率值 $P_{real\text{-}n}=-P_{batt,cmax}$。若 $|P_n|<P_{batt,cmax}$，则第 n 个仿真步长里，蓄电池实际充电功率值 $P_{real\text{-}n}=P_n$。

4）根据式（1-31）计算由电池剩余能量决定的最大放电功率，最后由式（1-33）计算蓄电池的最大放电功率。若 $P_n<P_{batt,dmax}$，则在第 n 个仿真步长里，蓄电池实际放电功率为 $P_{real\text{-}n}=P_n$。若 $P_n>P_{batt,dmax}$，则在第 n 个仿真步长里，蓄电池的实际放电功率为 $P_{real\text{-}n}=P_{batt,dmax}$。

5）由步骤 3）和步骤 4）求出了蓄电池在第 n 个仿真步长内的实际充放电功率，根据式（1-40）～式（1-41）求出蓄电池在第 n 个仿真步长结束时的 $Q_{1,end}$ 和 $Q_{2,end}$。根据式（1-30）求出蓄电池的 Q，根据式（1-42）求出蓄电池的 SOC_n。

6）把当前的 $Q_{1,\mathrm{end}}$ 和 $Q_{2,\mathrm{end}}$ 作为第 $n+1$ 个仿真步长的 Q_1 和 Q_2，重复步骤 3）到步骤 5），求出所有仿真步长的蓄电池实际充放电功率 $P_{\mathrm{real\text{-}1}}$，$P_{\mathrm{real\text{-}2}}$，…，$P_{\mathrm{real\text{-}24}}$ 和蓄电池的荷电状态 SOC_1，SOC_2，…，SOC_{24}。

按照以上仿真步骤，以 Surrette 公司生产的型号为 4KS25P 的蓄电池为例，在 MATLAB 上对蓄电池进行充放电仿真，电池特性参数如表 1-6 所示。假定蓄电池 24h 需要调度的放电功率如表 1-7 所示。

表 1-6　蓄电池仿真参数

仿真步长 Δt(h)	额定电压 V_{nom}(V)	往返效率 $\eta_{\mathrm{batt,n}}$(%)	最大充电率 α_c(A/Ah)	SOC_0
1	4	80	1	1
最大充电电流 $I_{\max}$(A)	最大荷电量 $Q_{\max}$(Ah)	放电比率常量 k(hr^{-1})	容量比率常数 c	蓄电池个数 N_{batt}
67.5	1887	0.5281	0.254	1

表 1-7　蓄电池充放电调度功率

时段（h）	蓄电池调度功率（kW）	时段（h）	蓄电池调度功率（kW）
0：00～1：00	3.2	12：00～13：00	−1.1
1：00～2：00	−1.3	13：00～14：00	0.3
2：00～3：00	−1.2	14：00～15：00	0.4
3：00～4：00	1.4	15：00～16：00	0.9
4：00～5：00	3.4	16：00～17：00	1.4
5：00～6：00	−4.1	17：00～18：00	2.3
6：00～7：00	−1.2	18：00～19：00	4.1
7：00～8：00	0.3	19：00～20：00	−2.5
8：00～9：00	0.4	20：00～21：00	3.1
9：00～10：00	−2.1	21：00～22：00	2.1
10：00～11：00	−0.8	22：00～23：00	0.5
11：00～12：00	−0.7	23：00～24：00	0.8

图 1-12 是在 MATLAB 上仿真得出的蓄电池实际充放电功率，与图 1-12 相比可见，蓄电池的实际充放电功率不能完全满足调度所需功率，在 0：00～1：00、16：00～19：00、20：00～22：00 和 23：00～24：00，由于蓄电池放电约束，蓄电池实际放电量小于调度所需功率。在1：00～3：00、5：00～7：00、9：00～13：00 和 19：00～20：00，由于蓄电池充电约束，蓄电池实际充电量小于调度所需功率。从图 1-13 和图 1-14 可以看出蓄电池的可用能量和束缚能量。图 1-15 和图 1-16 分别是蓄电池的剩余总能量和荷电状态图，反映了蓄电池内荷电量的多少，由于蓄电池充放电条件的限制，蓄电池的荷电状态曲线变化较平缓（见图 1-17），符合蓄电池的充放电特性。

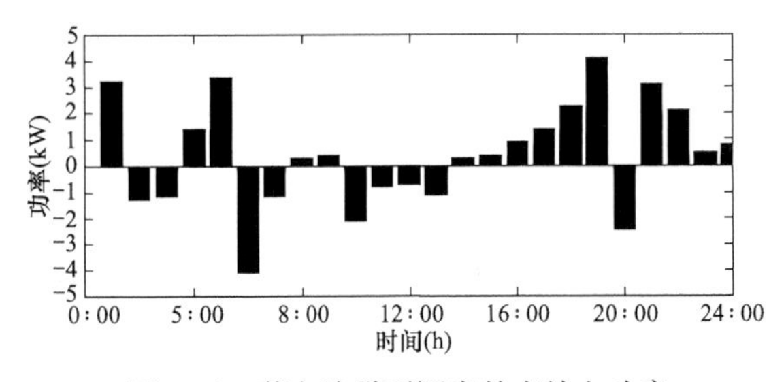

图 1-12　蓄电池需要调度的充放电功率

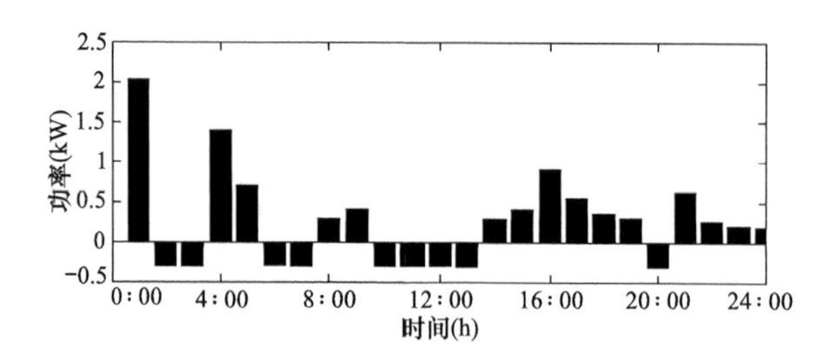

图 1-13　蓄电池实际充放电功率

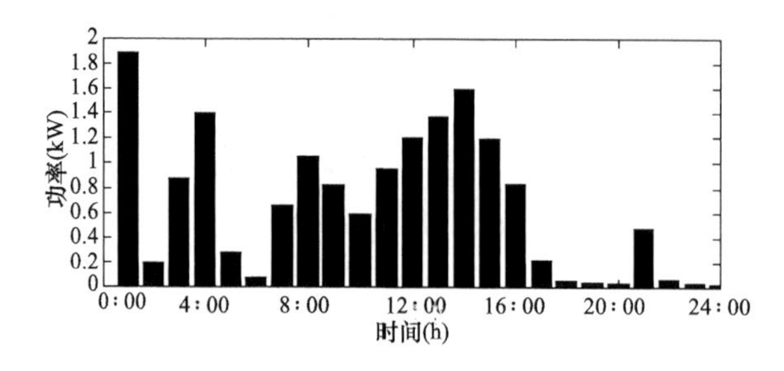

图 1-14　蓄电池可用能量

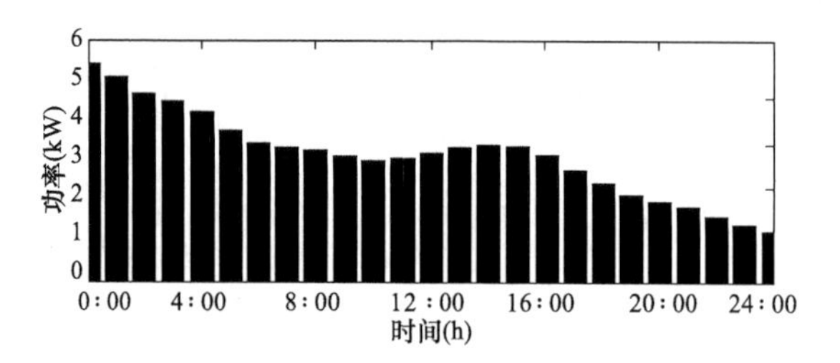

图 1-15　蓄电池束缚能量

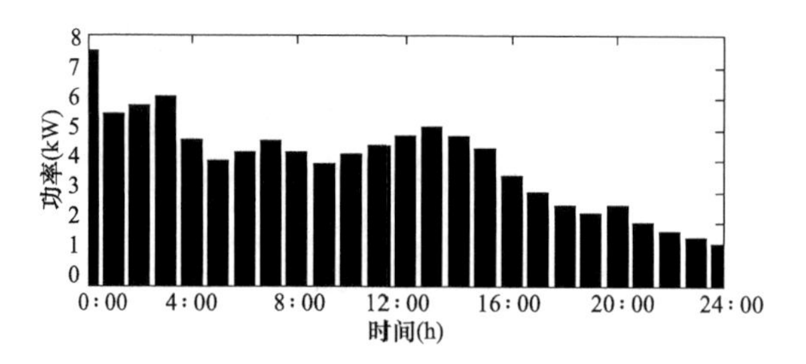

图 1-16　蓄电池剩余总能量

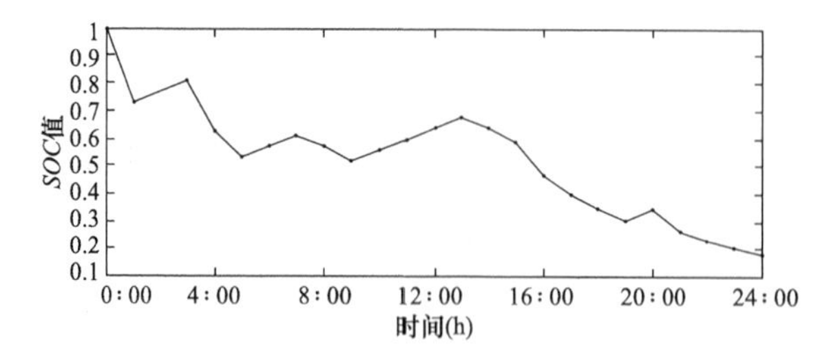

图 1-17　蓄电池荷电状态变化曲线

五、微型燃气轮机的基本原理及数学模型

1. 微型燃气轮机基本原理

燃气轮机热电联产系统包括“以热定电”和“以电定热”两种控制方式。

微型燃气轮机在冬季和夏季采用“以热/冷定电”的方式运行，而在春季和秋季采用“以电定热/冷”的方式运行。燃气轮机靠消耗燃料来发电，微型燃气轮机的额定功率一般在1000kW以下，其输出功率可以自由控制，并且响应速度快。微燃气轮机系统结构组成如图1-18所示。

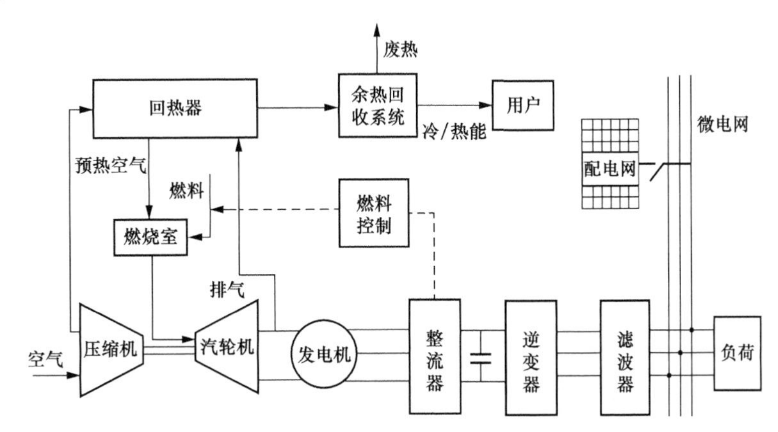

图1-18 微型燃气轮机系统结构组成

2. 微型燃气轮机的数学模型

本文主要调度微型燃气轮机的电功率。微型燃气轮机的输出功率与燃料供给量和燃料的低热值等因素有关。微型燃气轮机的运行效率与其输出的有功功率有关，其数学模型如式（1-46）所示。

$$\eta_{MT}=0.0753\left(\frac{P_{MT}}{65}\right)^3-0.3095\left(\frac{P_{MT}}{65}\right)^2+0.4174\frac{P_{MT}}{65}+0.1068 \quad (1\text{-}46)$$

式中 P_{MT}——微型燃气轮机的输出有功功率；

η_{MT}——燃气轮机的运行效率。

第二节 微电网的研究现状

近年来我国工业和社会经济得到了迅猛的发展，能源在国民经济和工业生产中的作用也越来越重要。世界上使用的能源绝大多数是非再生传统能源，并且储量在逐渐减少，传统能源的大规模使用造成的能源危机、环境污染问题越来越严重。微电网能比较完善的应对电力系统中负荷的增长，能较大的降低传统能源的消耗，提高了能源利用率，降低了系统的发电成本，实现了节能减排。同时为分布式发电单元与电网的链接提供了较好的平台，充分利用了分布式电源的发电优势。随着微电网发电技术的不断成熟，许多国家都已经开始对微电网系统进行研究和开发，并在理论和实验方面且取到了一定的成果。

一、微电网国内研究现状

我国在分布式发电和微电网相关技术的研究方面仍处于初步示范作用阶段，在“十二

五”战略中，可再生能源已经被列为中国重点战略项目之一。我国 863、973 等科技项目，已经重点出资研究微电网的相关理论和核心技术问题。中国已经重点着手于分布式能源的建设，并且取得了一定的成果。其中，由于光伏发电成本高，因此在我国发展尚处于初级阶段，风力发电是我国目前发展的重点方向。如今研究分布式电源设备开发的单位越来越多，而分布式发电运行的研究往往是和配网研究相结合的。总的来说，由于微电网很适合中国电力建设的需求，微电网在中国的发展潜力还是相当可观的。

在中国，微电网是可再生能源发展的一种战略形式。可再生能源的发展解决了中国能源匮乏、污染严重、东西部经济不平衡、地域供电不均等多个问题，具有很重要的战略意义和发展前景。此外，中国重点发展的热电联供系统，也需要微电网的配合。在容量匹配、距离适宜的前提下，将热力用户与电力用户结合，构成优化发电的微电网，更可以很好地解决可再生能源不能解决的众多问题。微电网与大电网通过相互配合运行，可以起到削峰填谷的调节平衡作用，保证了电网的可靠性和经济性。

二、微电网国外研究现状

微电网概念最早由美国电气可靠性技术协会（CERTS）提出：微电网是一种由各种分布式电源和负荷共同组成的可以同时提供电能和热能的系统；这些分布式电源称为微电源，其能量的转换和控制由电力电子器件完成。微电网对于电力系统来说，可以作为单一可控的单元，能够同时满足用户对供电质量和可靠性的要求。提出微电网的概念以后，美国建设了微电网的第一个示范性工程，并且命名为 Mad River 微电网，此工程得到了各位专家和学者的认可，并为微电网的建模和仿真提供了平台，形成了微电网初步的管理政策，分析了微电网系统的经济收益和控制策略等重点研究问题。该工程对微电网的发展起到了关键作用，为将来微电网的工程建设构建了基础的框架。

欧洲于 2005 年提出了“智能电网”的目标，并于第二年颁布了 Smart Grid 的实现方案，通过这一计划，欧洲电网将向着更加灵活、可靠以及可接入的方向发展。基于以上发展方向，充分利用分布式发电、电力电子控制技术以及智能技术来实现分布式发电接入大电网集中供电；同时，可以达到积极鼓励独立的发电商参与市场交易的目的。通过微电网的发展，可以快速推进欧洲电网的智能化发展脚步，使欧洲电网朝着更加清洁、灵活和高效稳定的方向发展。微电网以其显而易见的优点，将成为未来电网发展十分重要的组成部分。

在日本，微电网研究较为深入，居于世界前列。由于国内资源短缺，环境污染日益严重，用户负荷需求不断增长等实际情况，日本积极开展微电网技术的开发，在储能技术和控制技术的研究方面取得了一些成果，并且对用户负荷灵活、多样性的特点准确把握，重点研究了微电网经济和节能的特性。日本将新能源的开发和利用列为重要发展战略，并且设立了专职机构，即新能源产业技术综合开发机构（NEDO），对新能源的开发、利用进行管理。在此基础上，综合协调国内企业、高校和重点实验室对新能源及其应用的研究方向和动态。日本在微电网的开发和研究方面，技术体系主要集中在维持传统电网供电时如何利用新能源发电，以及如何提供多重的电能质量可靠性和系统的稳定性方面。

三、小结

本节重点讨论了微电网中各发电单元的数学模型。首先建立了考虑风速和空气密度的风力发电机的平均功率输出模型，在给定预测风速下，仿真出风力发电机的输出功率。然后建立了考虑太阳辐照强度和温度的光伏电池的平均功率输出模型，并根据上海市实际情况仿真了光伏电池的输出功率。接着建立了蓄电池的充电和放电模型，并在给定调度指令下仿真出了蓄电池的实际充放电能力。最后，建立了微型燃气轮机的运行效率模型。微电网中各发电单元模型的建立为后续优化调度奠定了理论基础。

第二章

微电网优化调度

本章主要针对微电网能量管理系统优化调度问题展开分析，建立了含维护费用、买卖电费用、燃料费用、蓄电池损耗费用和停电损失费用的微电网优化调度模型，提出了利用 AFSA 算法和 PSO 算法混合求解微电网的优化调度方法。以含有风力发电机、光伏电池、微型燃气轮机和锂电池储能的微电网系统为例，分别采用 PSO 算法和 AFSA-PSO 算法，对微电网在并网和孤岛两种模式中的六种典型运行状态进行仿真，通过对两种仿真方法比较分析，验证了本章所提出的优化调度方法的正确性和优越性。

第一节 微电网优化调度概念

微电网优化调度是一种非线性、多模型、多目标的复杂系统优化问题。传统电力系统的能量供需平衡是优化调度首先要解决的问题。微电网作为一种新型的电力系统网络也是如此。微电网能量平衡的基本任务，是指在一定的控制策略下，使微电网中的各分布式电源及储能装置的输出功率满足微电网的负荷需求，保证微电网的安全稳定，实现微电网的经济优化运行。

与传统的电网优化调度相比，微电网的优化调度模型更加复杂。首先，微电网能够为地区提高热（冷）电负荷，因此，在考虑电功率平衡的同时，也要保证热（冷）负荷供需平衡。其次，微电网中分布式电源发电形式各异，其运行特性各不相同。而风力发电、光伏发电等可再生能源也易受天气因素影响。同时这类电源容量较小，单一的负荷变化都可能对微电网的功率平衡产生显著影响。最后，微电网的优化调度不仅需要考虑发电的经济成本，还需要考虑分布式电源组合的整体环境效益。这无形中增加了微电网优化调度的难度，由原来传统的单目标优化问题转变成了一个多目标的优化问题。

因此，微电网的优化调度必须从微电网整体出发，考虑微电网运行的经济性与环保性，综合热（冷）电负荷需求、分布式电源发电特性、电能质量要求、需求侧管理等信息，确定各个微电源的处理分配、微电网与大电网间的交互功率以及负荷控制命令，实现微电网中的各分布式电源、储能单元与负荷间的最佳配置。

第二节 基于混合粒子群算法的微电网优化调度

微电网在发电单元的类型、电能质量约束和运行方式上都和大电网存在较大区别。微电网在稳定运行的基础上，经济运行将是未来发展的趋势。微电网优化调度是能量管理研究中的一项关键技术，本章建立了含维护费用、买卖电费用、燃料费用、蓄电池损耗费用和停电损失费用的优化调度模型，并且针对微电网系统实际运行情况给出约束条件。最后，考虑风光燃储微电网系统六种典型的运行状态，针对微电网优化调度模型的高维度、多目标、非线性特点，提出了基于 AFSA-PSO 算法的微电网优化调度方法，并给出了微电网在六种运行状态下，基于 AFSA-PSO 算法的优化调度方法的求解步骤。

一、微电网优化调度模型

1. 微电网系统结构

本文的微电网系统结构如图 2-1 所示，由风机发电系统、太阳能发电系统、储能系统和微型燃气轮机发电系统四个分布式发电系统组成，负荷由可控负荷和重要负荷组成，四个分布式发电系统和大电网为微电网用户提供稳定的电力。

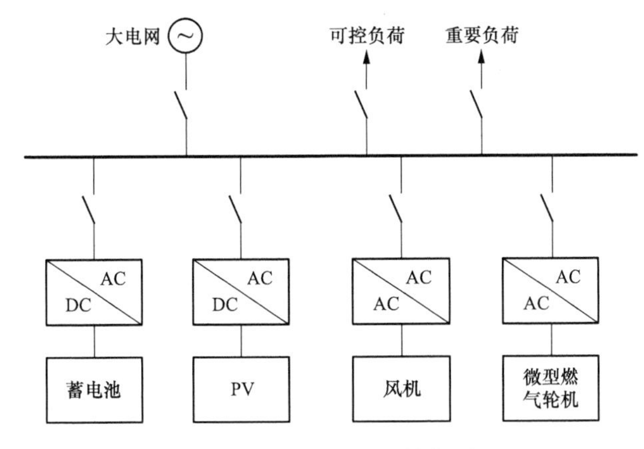

图 2-1 微电网系统结构图

2. 目标函数

（1）并网运行模式。并网运行模式下，微电网优化调度的目标是运行维护费用最小。运行维护费用包括四部分：维护费用、买卖电费用、燃料费用和蓄电池损耗费用。由于风力发电机、光伏电池和微型燃气轮机的使用寿命较长，所以目标函数里风力发电机、光伏电池和微型燃气轮机部分需要考虑其维护费用。由于蓄电池 1～3 年就需要更换，所以目标函数里蓄电池部分主要考虑其损耗费用。在并网运行模式下，需要考虑微电网与大电网功率交换时的买电和卖电费用。微电网在并网运行模式下，优化调度的经济模型如式（2-1）所示。

$$\min M_{\mathrm{ope}} = \sum_{i=1}^{24}[C_{\mathrm{OM}}(P_{\mathrm{wt}-i}) + C_{\mathrm{OM}}(P_{\mathrm{pv}-i}) + o_{\mathrm{MT}}C_{\mathrm{OM}}(P_{\mathrm{MT}-i})] + \sum_{i=1}^{24}(M_{\mathrm{buy}-i} - o_{\mathrm{sell}}M_{\mathrm{sell}-i}) + o_{\mathrm{MT}}\sum_{i=1}^{24}F_{\mathrm{MT}-i} + \sum_{i=1}^{24}\frac{W}{Q_{\mathrm{lifetime}-i}\sqrt{\eta_{\mathrm{rt}}}} \tag{2-1}$$

$$C_{\mathrm{OM}}(P_i) = K_{\mathrm{OM}} \cdot P_i \tag{2-2}$$

$$M_{\mathrm{buy}} = dP_{\mathrm{buy}-i} \tag{2-3}$$

$$M_{\mathrm{sell}} = hP_{\mathrm{sell}-i} \tag{2-4}$$

$$F_{\mathrm{MT}-i} = C\frac{1}{LHV}\frac{P_{\mathrm{MT}-i}}{\eta_{\mathrm{MT}-i}} \tag{2-5}$$

$$Q_{lifetime-i}=DOD_i\frac{u_iq_{max}V_{nom}}{1000} \tag{2-6}$$

式中 M_{ope}——微电网的运行维护费用；

$\min M_{ope}$——整个微电网运行维护费用最小；

P_{wt-i}、P_{pv-i}、P_{MT-i}——风力发电机、光伏电池和微型燃气轮机在第 i 小时里的输出有功功率；

P_{buy-i}、P_{sell-i}——大电网传输给微电网的功率和微电网传输给大电网的功率；

$C_{OM}(P_i)$——可再生发电单元的维护费用；

K_{OM}——可再生发电单元的维护系数；

M_{buy}、M_{sell}——微电网向大电网买电和卖电的费用；

d、h——买电和卖电的价格系数；

F_{MT-i}——微型燃气轮机在第 i 小时的燃料成本；

LHV——天然气的低热热值，本文取 9.7kWh/m^3；

C——燃气轮机的燃料气体单价，本文取 3 元/m^3；

W——蓄电池的购买成本；

$Q_{lifetime-i}$——蓄电池的全寿命输出量，kWh；

η_{rt}——蓄电池的往返效率，通常取 0.8；

u_i——蓄电池的疲劳循环量，与放电深度有关，不同型号蓄电池的疲劳循环量不同；

DOD_i——蓄电池的放电深度；

q_{max}——蓄电池的最大容量，Ah；

o_{MT}——微型燃气轮机的启停状态。

$o_{MT}=1$ 表示微型燃气轮机开启，$o_{MT}=0$ 表示微型燃气轮机关停。同理，$o_{sell}=1$ 表示微电网与大电网可以进行双向能量交换，即微电网既能向大电网买电，又能向大电网卖电，$o_{sell}=0$ 表示微电网与大电网只能进行单向能量交换，即微电网只能向大电网买电。

(2) 孤岛运行模式。在孤岛运行模式下，微电网优化调度的目标是运行维护费用最小，运行维护费用包括四部分：维护费用、燃料费用、蓄电池损耗费用和停电损失费用。维护费用考虑风力发电机、光伏电池和微型燃气轮机。当供电不足时，需要切除部分负荷，考虑切除负荷的停电损失费用。微电网在孤岛运行模式下，优化调度的经济模型如式 (2-7) 所示。

$$\begin{aligned}\min M_{ope}=&\sum_{i=1}^{24}[C_{OM}(P_{wt-i})+C_{OM}(P_{pv-i})+C_{OM}(P_{MT-i})]\\&+\sum_{i=1}^{24}F_{MT-i}+\sum_{i=1}^{24}\frac{W}{Q_{lifetime-i}\sqrt{\eta_{rt}}}+\sum_{i=1}^{24}\xi P_{loadloss-i}\end{aligned} \tag{2-7}$$

式中 $P_{loadloss-i}$——因供电不足切除的负荷功率；

ξ——因电力供应不足切除单位负荷所造成的经济损失费用，取值根据实际情况确定。

3. 约束条件

(1) 并网运行模式。

1) 功率平衡约束。微电网系统要保证供电和用电的功率平衡，如式 (2-8) 所示。

$$P_{pv-i}+P_{wt-i}+P_{bat-i}+P_{buy-i}-o_{sell}P_{sell-i}+o_{MT}P_{MT-i}=P_{load-i} \tag{2-8}$$

2）发电容量约束。为保持运行的稳定性，每个发电机的实际输出功率有严格的上、下限约束，如式（2-9）所示。

$$P_{min}\leqslant P_i\leqslant P_{max} \tag{2-9}$$

3）电网传输容量约束。微电网并网需要与国家电网签订电力传输协议，微电网与大电网的交互功率不能超出协议中的限值，如式（2-10）和式（2-11）所示。

$$P_{buymin}\leqslant P_{buy-i}\leqslant P_{buymax} \tag{2-10}$$

$$P_{sellmin}\leqslant P_{sell-i}\leqslant P_{sellmax} \tag{2-11}$$

（2）孤岛运行模式。

1）功率平衡约束。微电网系统要保证供电和用电的功率平衡，如式（2-12）所示。

$$P_{pv-i}+P_{wt-i}+P_{bat-i}+P_{MT-i}=P_{load-i} \tag{2-12}$$

2）发电容量约束。为保持运行的稳定性，每个发电机的实际输出功率有严格的上、下限约束，如式（2-13）所示。

$$P_{min}\leqslant P_i\leqslant P_{max} \tag{2-13}$$

4. 优化变量

（1）并网运行模式。微电网在并网运行模式下，考虑到风能和太阳能都是间歇性能源，输出功率不可控，不能作为优化变量，只能作为前期的预测量。而蓄电池、微型燃气轮机和大电网的输出功率可调度，故调度变量即优化变量选取蓄电池一天24h的充放电功率（充电为负，放电为正）、微型燃气轮机一天24h的输出功率和微电网与大电网一天24h的买卖电功率：

$$P_{bat-1},P_{bat-2},P_{bat-3},\cdots,P_{bat-23},P_{bat-24}$$
$$P_{sell-1},P_{sell-2},P_{sell-3},\cdots,P_{sell-23},P_{sell-24}$$
$$P_{buy-1},P_{buy-2},P_{buy-3},\cdots,P_{buy-23},P_{buy-24}$$
$$P_{MT-1},P_{MT-2},P_{MT-3},\cdots,P_{MT-23},P_{MT-24}$$

（2）孤岛运行模式。微电网在孤岛运行模式下，微电网不与大电网连接。调度变量即优化变量选取蓄电池一天24h的充放电功率（充电为负，放电为正）和微型燃气轮机一天24h的输出功率：

$$P_{bat-1},P_{bat-2},P_{bat-3},\cdots,P_{bat-23},P_{bat-24}$$
$$P_{MT-1},P_{MT-2},P_{MT-3},\cdots,P_{MT-23},P_{MT-24}$$

二、AFSA-PSO算法原理

微电网优化调度问题属于典型的高维度、多目标、非线性优化问题，要求优化算法能够快速并且准确地搜索到全局最优解。针对微电网能量管理优化调度中存在的问题，许多优化和改进算法不断涌现，如神经网络、动态规划法、PSO算法和遗传算法等。动态规划法虽然编程简单，但是状态离散点数目多，易造成“维数灾”。神经网络方法则需要大量的训练样本和很长的训练时间才能保证优化调度的效果。遗传算法局部搜索能力差，存在未成熟收敛和随机游走现象，算法的收敛性能差，需要很长时间才能找到最优解。粒子群算法对复杂非线性问题具有较强的寻优能力，且简单通用、鲁棒性强、精度高、收敛快，在解决微电网优化调度问题上有着较强的优越性，但粒子群算法在优化过程中受初始值影响较大，容易陷入局部极值。本章针对粒子群算法的缺点，将鱼群算法中的聚群思想和粒子群算法混合，弥补粒子群算法局部收敛能力差的缺陷。

1. PSO 算法原理

粒子群算法（particle swarm optimization，PSO）是一种模拟鸟类迁徙行为的随机全局优化算法，最早由 Keunedy 和 Eberhart 于 1995 年提出。算法中，每个粒子不断地学习自身经历过的最佳位置（p_{best}）和种群中的最好位置（g_{best}），通过对自身和社会群体的不断学习，最终靠近食物位置。图 2-2 给出了粒子速度和位置调整图，☆为全局最优解位置。其中，v_1 表示“社会群体”引起粒子向 g_{best} 方向飞行的速度；v_2 表示“自身”学习引起粒子向 p_{best} 方向飞行的速度；v_3 表示粒子自己具有的速度。在 v_1、v_2、和 v_3 共同作用下，最终粒子 $v_1+v_2+v_3$ 从 x_t 到达新的位置 x_{t+1}，下一迭代时刻，粒子从位置 x_{t+1} 继续迭代，逐步逼近☆[58]。

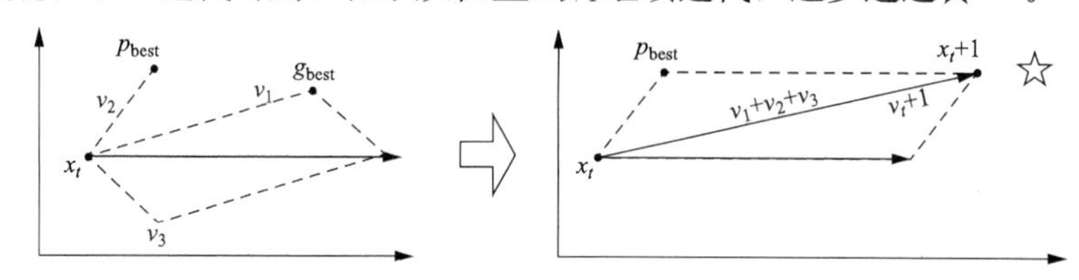

图 2-2 粒子速度和位置调整示意图

PSO 算法的核心是粒子速度更新公式。假设 PSO 算法的种群规模为 N，在 t 时刻，单个粒子在 D 维空间中的坐标位置为：$x_j(t)=(x_1, x_2, \cdots x_i \cdots, x_D)$，粒子速度表示为：$v_j(t)=(v_1, v_2, \cdots, v_i \cdots, v_D)$，在 $t+1$ 时刻单个粒子的速度 $v_j(t+1)$ 和位置 $x_j(t+1)$ 如式（2-14）和式（2-15）所示。

$$v_j(t+1)=\omega v_j(t)+C_1\Phi_1[p_{best}-x_j(t)]+C_2\Phi_2[g_{best}-x_j(t)] \tag{2-14}$$

$$x_j(t+1)=x_j(t)+v_j(t+1) \tag{2-15}$$

式中 C_1 和 C_2——学习因子；

Φ_1 和 Φ_2——（0，1）区间内的两个随机正数；

ω——惯性权重，表示粒子惯性对速度的影响，取值的大小可以调节粒子群算法的全局与局部寻优能力。

在迭代过程中可以对 ω 进行动态调整：算法初始时刻，给 ω 赋予较大正值，随着迭代次数的增加，线性地减小 ω 的数值，可以保证在算法开始时，每个粒子能够以较快的速度在全局范围内搜索到最优解的区域，而在迭代后期，较小的 ω 值则保证粒子能够在最优解周围精细地搜索，最终使算法有较大的概率向全局最优解处收敛。目前，应用较广的是线性递减权值（linearly decreasing weight）策略，如式（2-16）所示。

$$\omega=\omega_{max}-\frac{(\omega_{max}-\omega_{min})\times k}{maxgen2} \tag{2-16}$$

式中 ω_{max}——最大惯性权值；

ω_{min}——最小惯性权值；

k——当前迭代次数；

$maxgen2$——最大进化代数。

PSO 算法的基本流程如图 2-3 所示。

2. AFSA 算法原理

人工鱼群算法（artificial fish swarm algorithm，AFSA）是在 2002 年首次被提出的，是模拟自然界生物系统、完全依赖生物体自身本能、通过无意识寻优行为来优化其生态状态

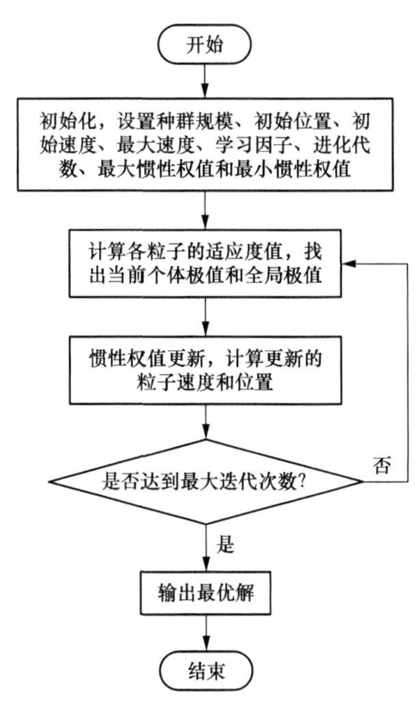

图 2-3　粒子群算法基本流程图

以适应环境需要的最优化智能算法。它主要运用了鱼的觅食、聚群和追尾行为，通过鱼群中各个个体的局部寻优，从而达到群体全局寻优的目的。

AFSA 的核心是人工鱼的四种行为下的位置更新公式。假设人工鱼的种群规模为 N，每条鱼在 D 维空间中的坐标位置可以表示为：$x_j(t)=(x_1, x_2, \cdots, x_i, \cdots, x_D)$，人工鱼当前所在位置的食物浓度为 $Y=f(x)$，其中 Y 为目标函数。人工鱼个体之间的距离为 $d_{sj}=\|x_s-x_j\|$，$visual$ 为人工鱼的感知范围，$step$ 为人工鱼的移动步长，δ 为拥挤度因子。在每次迭代过程中，人工鱼通过随机、觅食、聚群和追尾行为来更新自己，实现寻优，具体行为如下所示。

（1）随机行为。随机行为指人工鱼在其感知范围 $visual$ 内随机移动。单个人工鱼随机行为的移动方程如式（2-17）所示。

$$x_j(t+1)=x_j(t)+rand\times visual \tag{2-17}$$

式中　$rand$——一个 D 维的随机向量。

（2）觅食行为。觅食行为指人工鱼朝食物多的方向游动的一种行为。人工鱼 x_j 在其感知范围 $visual$ 内随机选择一个状态 x_s，分别计算两者所在位置的食物浓度，若 Y_s 比 Y_j 更优，则 x_j 向 x_s 的方向移动一步，否则，人工鱼继续在其视野范围 $visual$ 内随机选择另一个状态 x_h，反复尝试 $trynumber$ 次后若仍不满足移动条件，则执行随机行为。单个人工鱼觅食行为的移动方程如式（2-18）所示。

$$x_j(t+1)=x_j(t)+rand\times step\frac{x_s(t)-x_j(t)}{\|x_s(t)-x_j(t)\|} \tag{2-18}$$

（3）聚群行为。聚群行为指人工鱼在游动过程中尽量向邻近伙伴的中心移动并避免过分拥挤的一种寻优行为。计算人工鱼 x_j 在其感知范围 $visual$ 内所有伙伴的数目 n_f 和伙伴中心位置 x_c，若满足 $Y_c n_f<\delta Y_j$，表明伙伴中心有较多的食物且不太拥挤，朝伙伴中心的位置移动一步，否则执行觅食行为。单个人工鱼聚群行为的移动方程如式（2-19）

所示。

$$x_j(t+1)=x_j(t)+rand\times step\,\frac{x_c(t)-x_j(t)}{\|x_c(t)-x_j(t)\|} \tag{2-19}$$

（4）追尾行为。追尾行为指人工鱼向其可视域范围内最优方向移动的一种行为。人工鱼 x_j 在其感知范围 $visual$ 内所有伙伴中找到食物浓度最优 Y_{best} 的一个伙伴 x_{best}，若满足 $\frac{Y_{\text{best}}}{n_f}>\delta Y_j$，表明最优伙伴的周围不太拥挤，朝最优伙伴移动一步，否则执行觅食行为。单个人工鱼追尾行为的移动方程如式（2-20）所示。

$$x_j(t+1)=x_j(t)+rand\times step\,\frac{x_{\text{best}}(t)-x_j(t)}{\|x_{\text{best}}(t)-x_j(t)\|} \tag{2-20}$$

人工鱼群算法（AFSA）的基本流程如图 2-4 所示。

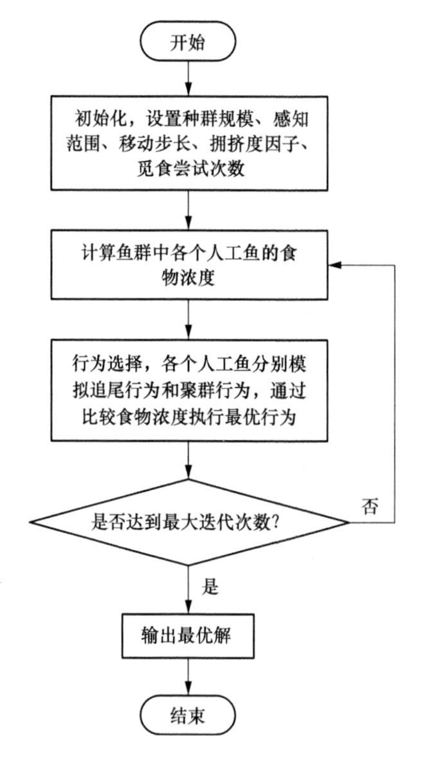

图 2-4 人工鱼群算法基本流程图

3. AFSA-PSO 算法原理

AFSA 的聚群行为能够很好地跳出局部极值，追尾行为有助于快速向某个极值方向前进，加速寻优过程。但 AFSA 只能快速找到全局极值的邻域，不能求取高精度的最优解，这是 AFSA 的最大缺陷。而 PSO 算法虽然能够精确搜索最优解，但其在优化过程中受初始值影响较大，容易陷入局部极值。

本小节将 AFSA 的聚群行为和追尾行为与 PSO 算法混合，首先用 AFSA 的聚群行为和追尾行为调整粒子的飞行方向和目标位置，粗略搜索粒子的全局最优解，并将 AFSA 的聚群行为和追尾行为之后的粒子作为 PSO 算法的初始值，最后用 PSO 算法精确搜索全局最优解。混合粒子群算法（AFSA-PSO）的主要步骤如下。

（1）AFSA-PSO 算法初始化。设置种群规模 N，迭代次数 $maxgen1$、$maxgen2$，感知范围 $visual$，移动步长 $step$，拥挤度因子 δ，觅食尝试次数 $trynumber$，学习因子 C_1、C_2，最大惯性权值 $\omega_{\max}$、最小惯性权值 $\omega_{\min}$，最大速度 $v_{\max}$ 和最小速度 $v_{\min}$。

（2）随机产生种群规模为 N 且满足所有限制条件的粒子 x_1，x_2，…，x_j…，x_N。计算所有粒子位置的食物浓度 Y_1，Y_2，…Y_j…，Y_N。食物浓度最优值所在粒子的位置为全局最优位置。令 $u=0$，当 $u<maxgen1$ 时执行以下循环：

1）对每个粒子执行聚群行为和追尾行为，根据式（2-19）或式（2-20）计算聚群行为和追尾行为之后的粒子位置，并计算更新后粒子位置的食物浓度，取食物浓度最优的行为前进一步。

2）$u=u+1$。

3）将单个粒子经历过的最好位置记为个体最优位置，将个体最优位置的食物浓度记为个体极值 pbest，将所有粒子经历过的最好位置记为全局最优位置，将全局最优位置的食物浓度记为全局极值 gbest。

（3）将步骤 2）迭代后的粒子位置记为初始位置。

（4）令 $k=0$，当 $k<maxgen2$ 时执行以下循环。

1）根据式（2-14）和式（2-15）对每个粒子进行速度和位置更新。根据式（2-16）对惯性权重 ω 进行更新。

2）更新粒子的个体极值 p_{best} 和全局极值 g_{best}。

3）$k=k+1$。

三、基于 AFSA-PSO 算法的微电网优化调度方法

微电网运行模式分为并网模式和孤岛模式。根据微电网与大电网间是否进行能量交互、是否以自发自用为主和分布式电源的组合方式给出以下六种典型的微电网运行状态。

运行状态一：并网运行模式，微电网可以与大电网进行双向能量交互，微型燃气轮机开启，优先利用可再生能源，优先利用微电网内部的各发电单元出力来满足负荷需求。

运行状态二：并网运行模式，微电网可以与大电网进行双向能量交互，微型燃气轮机开启，优先利用可再生能源，大电网与微电网内各发电单元享有同等的优先级。

运行状态三：并网运行模式，微电网只能从大电网买电，微型燃气轮机开启，优先利用可再生能源，优先利用微电网内部的各发电单元出力来满足负荷需求。

运行状态四：并网运行模式，微电网只能从大电网买电，微型燃气轮机开启，优先利用可再生能源，大电网与微电网内各发电单元享有同等的优先级。

运行状态五：并网运行模式，微电网可以与大电网进行双向能量交互，微型燃气轮机不开启，优先利用可再生能源。

运行状态六：孤岛运行模式，微电网不能与大电网进行能量交互，微型燃气轮机开启，优先利用可再生能源。

用 AFSA-PSO 算法求解六种运行状态下的微电网系统优化调度步骤如下所示：

（1）算法初始化。设置种群规模 $N=20$，粒子维度 $D=72$，迭代次数 $maxgen1=20$，$maxgen1=300$，感知范围 $visual=1.5$，移动步长 $step=0.5$，拥挤度因子 $\delta=0.4$，觅食尝试次数 $trynumber=10$，学习因子 $C_1=C_2=1.49$，最大惯性权值 $\omega_{max}=0.9$，最小惯性权值 $\omega_{min}=0.4$，最大速度 $v_{max}=0.05$，最小速度 $v_{min}=-0.05$，微型燃气轮机最大和最小输出功率限值 $P_{MTmax}=2000$，$P_{MTmin}=0$，蓄电池最大放电和充电功率限值 $P_{batmax}=159.727$，$P_{batmin}=-21.197$，微电网与大电网交互功率限值 $P_{buymax}=6000$，$P_{sellmax}=-6000$，风力发电机一天 24h 功率预测量 $P_{wt-i}(i=1,2,\cdots,24)$（第一章风力发电机的功率输出仿真的结果），光伏电池一天 24h 功率预测量 $P_{pv\text{-}i}(i=1,2,\cdots,24)$（第一章光伏电池的功率输出仿真的结果），一天 24h 的负荷需求预测量 $P_{load\text{-}i}(i=1,2,\cdots,24)$，求一天 24h 的净负荷 $P_{jing-i}=P_{load-i}-P_{wt-i}-P_{pv-i}(i=1,2,\cdots,24)$。

（2）产生符合条件的初始粒子。随机产生种群规模为 20 维数为 72 的粒子 pop，其中，1～24 维表示微型燃气轮机的调度功率，25～48 维表示蓄电池的充放电功率，49～72 维表示微电网与大电网的交互功率。

（3）AFSA-PSO 算法求最优解。

1）AFSA 对所有粒子的初始值进行优化。令 $u=1$，当 $u<maxgen1$ 时执行以下循环。

a. 并网运行模式下，根据式（2-1）求取所有粒子处的食物浓度 Y_1，Y_2，…，Y_j，Y_N。孤岛运行模式下，根据式（2-7）求取所有粒子处的食物浓度 Y_1，Y_2，…，Y_j，Y_N。对 $pop_u(j,:)$ 执行聚群行为和追尾行为，根据式（2-19）和式（2-20）计算聚群行为和追尾行为之后的 $pop_u(j,:)$，更新后 $pop_u(j,:)$ 有可能不符合运行状态要求和限制条件，需要根据图 2-5～图 2-10 各运行状态下初始粒子产生流程里的限制条件对更新后的 $pop_u(j,:)$ 进行修正，根据式（2-1）或式（2-7）重新计算修正后粒子处的食物浓度 Y_{u1}，Y_{u2}，…，Y_{uj}，…，Y_{uN}，取食物浓度最优的行为前进一步。

b. $u=u+1$，将单个粒子经历过的最好位置记为个体最优位置 $pop_{best}(j,:)$，将个体最优位置的食物浓度记为个体极值 p_{best}，将所有粒子经历过的最好位置记为全局最优位置 $pop_{best}(\text{bestindex},:)$，将全局最优位置的食物浓度记为全局极值 g_{best}。

2）将步骤 1）迭代后的粒子 $pop_{best}(j,:)$ 作为粒子的初始值代入下述 PSO 算法。

3）令 $k=0$，当 $k<maxgen2$ 时执行以下循环：

a. 根据式（1-16）对惯性权重 ω 进行更新。根据式（2-14）对每个粒子 $pop_{best}(j,:)$ 的速度 $v(j,:)$ 进行更新，当 $v(j,i)>0.05$ 时，$v(j,i)=0.05$，当 $v(j,i)<-0.05$ 时，$v(j,i)=-0.05$。根据式（2-15）对 $pop_{best}(j,:)$ 进行更新，更新后的粒子为 $pop_{kbest}(j,:)$。更新后 $pop_{kbest}(j,:)$ 有可能不符合运行状态要求和限制条件，需要根据图 2-5～图 2-10 各运行状态下初始粒子产生流程里的限制条件对更新后的 $pop_{kbest}(j,:)$ 进行修正。

b. $k=k+1$，将单个粒子经历过的最好位置替换原个体最优位置 $pop_{best}(j,:)$，将个体最优位置的食物浓度替换原个体极值 $pbest$，将所有粒子经历过的最好位置替换原全局最优位置 $pop_{best}(\text{bestindex},:)$，将全局最优位置的食物浓度替换原全局极值 $gbest$。

4）输出 $pop_{best}(\text{bestindex}, 1:24)$、$pop_{best}(\text{bestindex}, 25:48)$、$pop_{best}(\text{bestindex}, 49:72)$ 分别为微型燃气轮机、蓄电池和大电网一天 24h 的优化调度功率。将 $pop_{best}(\text{bestindex}, 25:48)$ 代入第一章蓄电池充放电功率仿真中，输出蓄电池一天 24h 的 SOC。

四、小结

本节根据微电网的实际情况，建立了含维护费用、买卖电费用、燃料费用、蓄电池损耗费用和停电损失费用的优化调度模型。根据微电网与大电网间是否进行能量交互、是否以自发自用为主和分布式电源的组合方式给出了六种典型的微电网运行状态。介绍了 AFSA-PSO 算法的基本原理，综合 AFSA 容易跳出局部极值和 PSO 算法精确搜索的优点，用 AFSA 的聚群行为和追尾行为调整粒子的飞行方向和目标位置，粗略搜索粒子的全局最优解，并将 AFSA 的聚群行为和追尾行为之后的粒子作为 PSO 算法的初始值，最后用 PSO 算法精确搜索全局最优解，解决了微电网优化调度问题。最后，给出了 AFSA-PSO 算法求解微电网在六种运行状态下的优化调度方法。

第三节　微电网优化调度仿真

一、引言

多种能源互补的微电网供电模式，是保证负荷需求的有效方式之一。微电网的运行状态、各发电单元的容量配比和微电网内发电单元的组成均会影响系统的运行维护成本。本章主要以含有风力发电机、光伏电池、微型燃气轮机和锂电池储能的微电网系统为例，以第一章中各分布式发电单元的功率输出模型为基础，利用 MATLAB 软件，采用第二节中的 AFSA-PSO 和 PSO 算法，分别对微电网在六种运行状态下的各发电单元进行优化调度仿真，并且对仿真结果进行了分析和对比。

二、微电网仿真系统

本算例以一含风力发电系统、光伏发电系统、燃气轮机发电系统、和锂电池储能系统的微电网为例，其装机规模为：1000kW 光伏电池、1650kW 风力发电机、530kW 锂电池和 8×250kW 微型燃气轮机，系统架构如图 2-5 所示。

微电网优化调度需要前期的光伏发电、风机发电和负荷需求的功率预测数据，如图 2-6 所示。光伏电池功率预测和风力发电机功率预测数据采用第一节里的风力发电机功率输出模型和光伏电池功率输出模型的方法求得，负荷需求量是对长期用电负荷的统计量。所有预测数据如图 2-6 所示。从图中可以看出，风力发电机基本上是按照额定功率发电。由于地理位置限制，光照辐照强度不高，光伏最高可输出有功功率 400kW，光伏电池在中午 10：00～13：00 输出功率最多。负荷在 19：00～21：00 需求量最大，凌晨用电需求较小。

各发电系统的维护系数参考文献［36］、［37］，如表 2-1 所示。初始参数根据微电网实际运行情况和微电网搭建的费用来设定，如表 2-2 所示。根据 2014 年沪价管〔2014〕3 号文件《关于疏导本市燃气电价矛盾的通知》，上海市非居民用户分时电价如表 2-3 所示。上网卖电价格与新能源类型有关，国家仅仅针对单一的光伏发电和海上风电出台了上网电价的相关政策，但对微电网系统还没有出台相关上网电价的标准政策，光伏上网电价为 1.42 元/kWh，海上风电上网电价为 0.85 元/kWh。由于本文是由多种新能源组成的微电网系统，上网电价 h 定为 0.9 元/kWh。

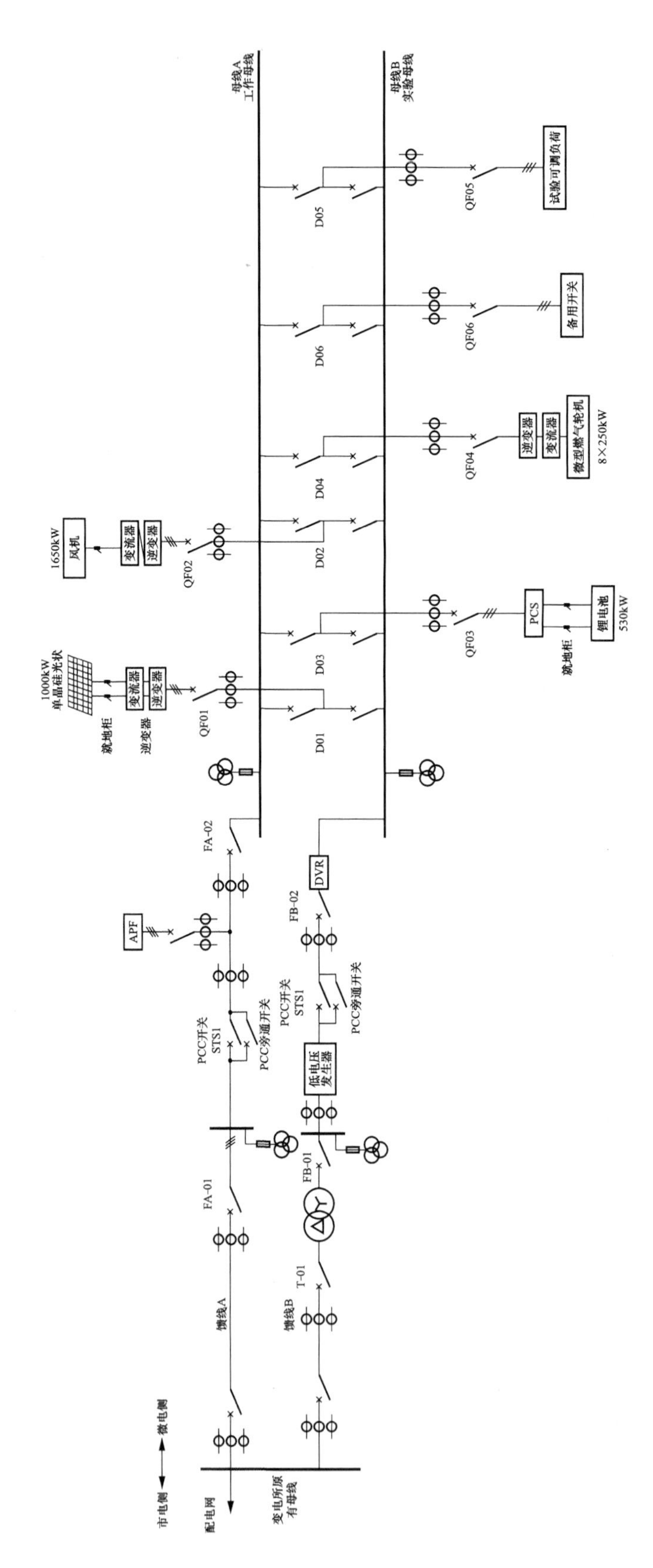

图 2-5 微电网系统架构图

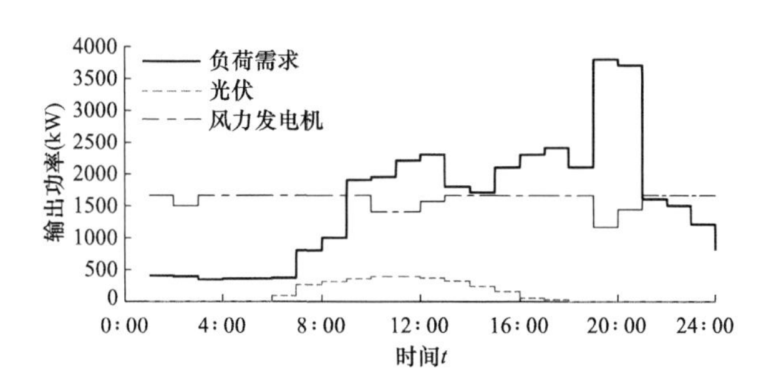

图 2-6　光伏、风机功率预测数据和负荷需求预测量

表 2-1　　维护系数表

类型	光伏电池板	风力发电机	微型燃气轮机
维护系数 K_{OM}（元/kWh）	0.0096	0.0296	0.0401

表 2-2　　初始参数表

SOC_{min}	SOC_{max}	P_{batmax}(kW)	P_{batmin}(kW)	P_{MTmin}(kW)	P_{MTmax}(kW)	W(元)	ξ(元/kW)
0.02	1	159.73	−21.20	0	2000	1.5×10^5	2
$P_{sellmin}$(kW)	$P_{sellmax}$(kW)	P_{buymin}(kW)	P_{buymax}(kW)	SOC_0	h(元/kW)	q_{max}(Ah)	V_{nom}(V)
0	6000	0	6000	1	0.9	1.33×10^5	4

表 2-3　　分时电价表　　单位：元

时间	1～6 月份，10～12 月份	7～9 月份
峰时（8：00～10：00，13：00～16：00，18：00～21：00）	1.252	1.287
平时（6：00～7：00，11：00～12：00，17：00）	0.782	0.817
谷时（22：00～5：00）	0.37	0.305

在求蓄电池损耗费用时，需要由电池厂家提供疲劳循环量表，4KS25P 型号的疲劳循环量如表 2-4 所示，但厂家提供的疲劳循环量表是不连续的点，本文在 MATLAB 软件里采用最小二乘法对其数据进行拟合，拟合方程为 $u=3491.3DOD^2-8479.6DOD+6539.2$。将拟合结果与原数据进行曲线对比，如图 2-7 所示，从图中可以看出，拟合效果较好，拟合得到的疲劳循环量 u 和电池放电深度 DOD 的方程用于计算蓄电池损耗费用。

表 2-4　　4KS25P 电池的疲劳循环量表

疲劳循环量 u	5100	4220	3580	3170	2750	2400	2000	1750	1500
放电深度 DOD	0.2	0.3	0.4	0.5	0.6	0.7	0.8	0.9	1

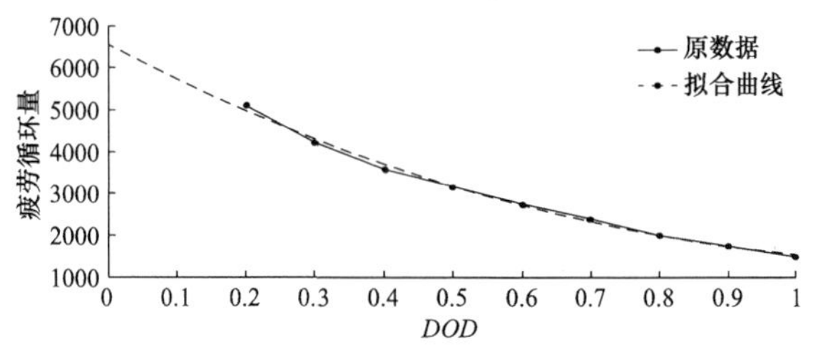

图 2-7　4KS25P 蓄电池的疲劳循环量拟合对比图

三、微电网在六种运行状态下的两种优化调度方法仿真分析

微电网系统的优化调度受多种因素的影响，微电网系统有并网和孤岛两种运行模式，每种运行模式下有不同的运行状态。不同的运行状态和不同的算法仿真得出的优化调度结果均不同。按照本文基于 AFSA-PSO 算法的微电网优化调度方法，分别采用 PSO 算法和 AFSA-PSO 算法，仿真微电网在六种运行状态下的优化调度结果，结果如图 2-8～图 2-35 所示。

1. 微电网在运行状态一下的优化调度仿真分析

微电网在运行状态一下优化调度仿真如图 2-8～图 2-11 所示。

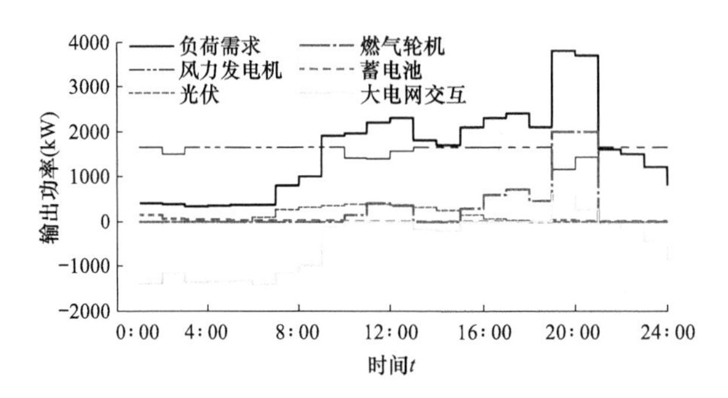

图 2-8 粒子群算法求解运行状态一下的优化调度结果

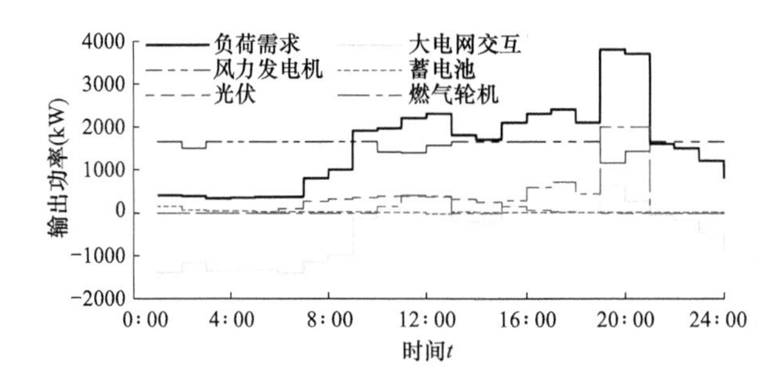

图 2-9 混合粒子群算法求解运行状态一下的优化调度结果

从图 2-8 和图 2-9 的调度结果可以看出，在 0：00～7：00 和 23：00～24：00 由于负荷需求量较少，微型燃气轮机不工作，主要是风力发电机给负荷供电，多余的电能卖给大电网。在 7：00～9：00 和 13：00～15：00，负荷需求量开始增加，此时，光照条件较好，光伏和风机一起为负荷供电，同时多余的电能卖给大电网。在 10：00～13：00 和 15：00～19：00，由于风力发电机和光伏发出的电不足以满足负荷需求，需要开启微型燃气轮机来配合可再生能源一起为负荷供电。在 19：00～21：00，负荷需求量达到顶峰，微型燃气轮机按照额定功率输出也满足不了负荷需求，微电网从大电网买电。

将图 2-8 与图 2-9 对比，可以看出 PSO 算法和 AFSA-PSO 算法对各发电单元的调度是在 11：00～13：00 对微型燃气轮机的调度上有微小差别。从图 2-10 蓄电池的荷电状态可以清楚地看出，在第 11：00 和 12：00 小时内，采用 AFSA-PSO 算法调度的蓄电池的荷电状态比采用 PSO 算法调度的蓄电池荷电状态低，说明 AFSA-PSO 算法对蓄电池放电调度更为彻底。从图 2-11 可以看出，AFSA-PSO 算法初始解比 PSO 算法小，优化调度求得微电网的运行维护费用较低，迭代效果优。

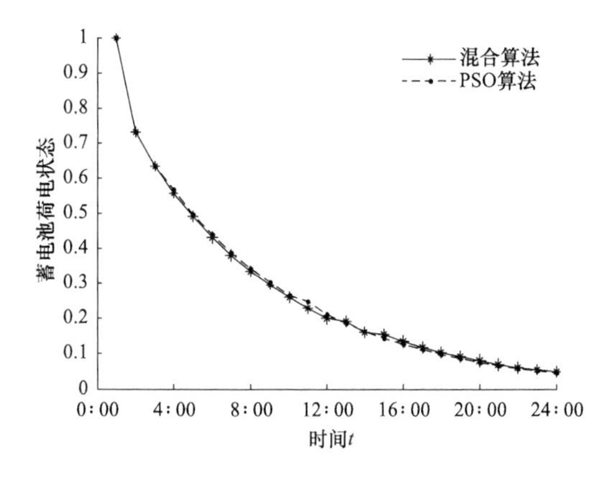

图 2-10 粒子群算法和混合粒子群算法求解运行状态一下的蓄电池荷电状态

图 2-11 运行状态一下的粒子群算法和混合粒子群算法的迭代效果

2. 微电网在运行状态二下的优化调度仿真分析

微电网在运行状态二下优化调度仿真如图 2-12～图 2-17 所示。

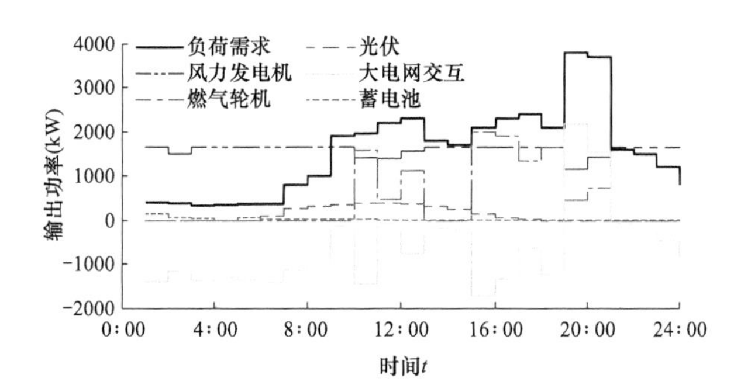

图 2-12 粒子群算法求解运行状态二下的优化调度结果

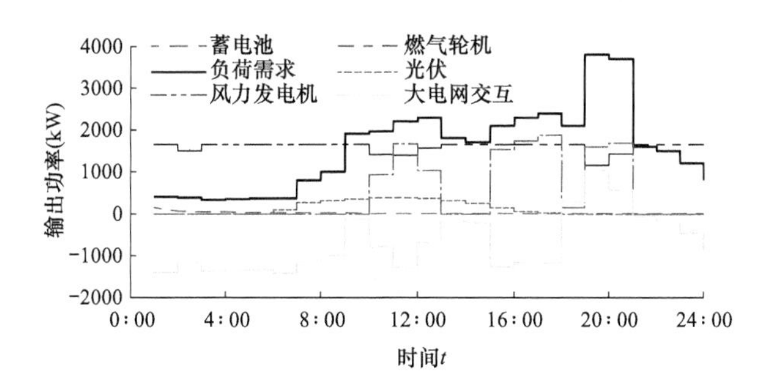

图 2-13 混合粒子群算法求解运行状态二下的优化调度结果

从图 2-12 和图 2-13 的调度结果可以看出，0：00～10：00 和 21：00～24：00 的调度结果分析与运行状态一的分析类似。在 10：00～13：00 和 15：00～18：00 微型燃气轮机输出功率较多，多余的电能卖给大电网。在 19：00～21：00，由于微型燃气轮机和大电网出力享有同等的优先权，微型燃气轮机、大电网和可再生能源一起配合满足负荷需求。

将图 2-12 和图 2-13 对比，可以看出 PSO 算法和 AFSA-PSO 算法对各发电单元的调度是在 10：00～13：00 和 15：00～21：00 对微型燃气轮机和大电网的调度上有较大差别，总体来看，采用 PSO 算法对微型燃气轮机出力调度比 AFSA-PSO 算法多，因而运行维护成本较

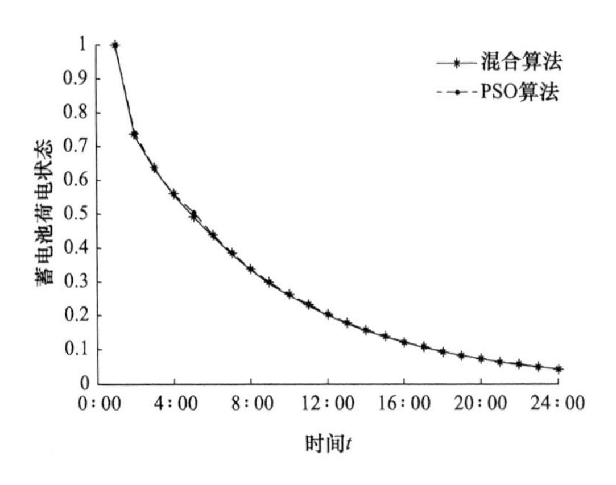

图 2-14 粒子群算法和混合粒子群算法求解运行状态二下的蓄电池荷电状态

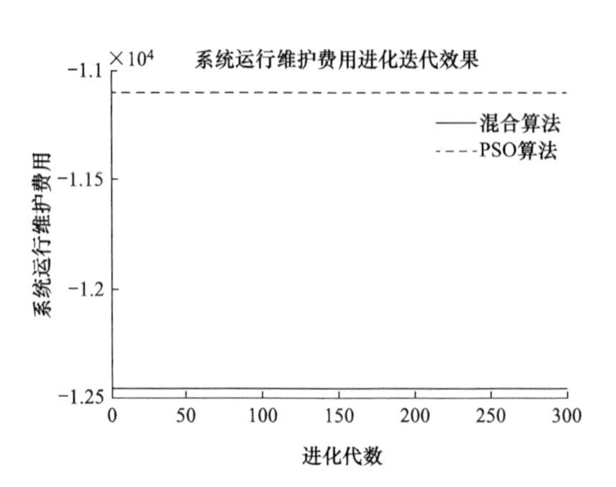

图 2-15 运行状态二下的粒子群算法和混合粒子群算法的迭代效果

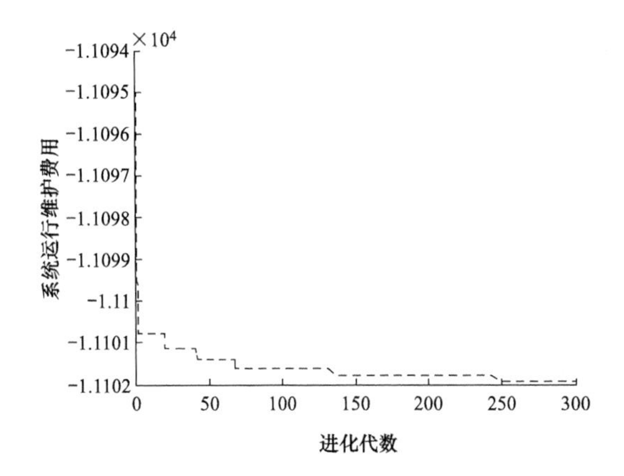

图 2-16 运行状态二下的粒子群算法迭代效果

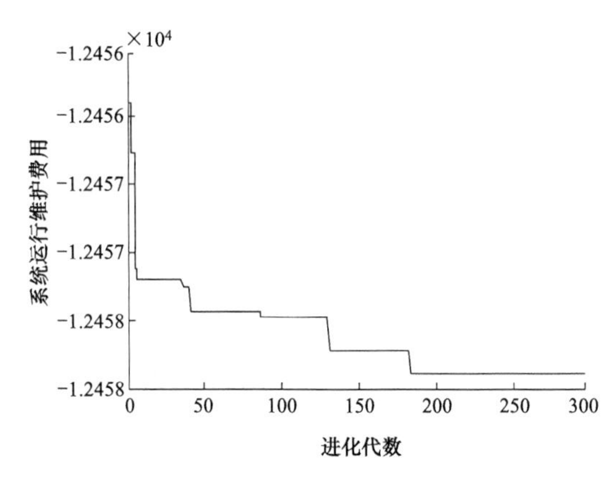

图 2-17 运行状态二下的混合粒子群算法迭代效果

大。从图 2-20 蓄电池的荷电状态可以看出，两种算法对蓄电池的调度几乎无差别。从图 2-25 可以看出，采用 AFSA-PSO 算法求得的运行维护费用比 PSO 算法低。从图 2-16 和图 2-17 可以清楚地看出两种算法的迭代效果，AFSA-PSO 算法比 PSO 算法迭代效果优。

3. 微电网在运行状态三下的优化调度仿真分析

微电网在运行状态三下优化调度仿真如图 2-18～图 2-21 所示。

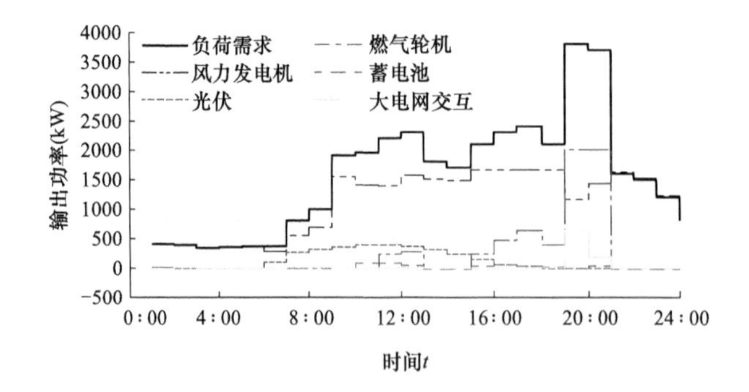

图 2-18 粒子群算法求解运行状态三下的优化调度结果

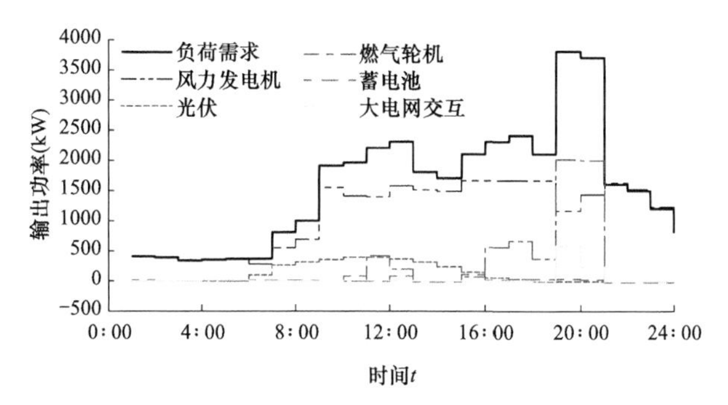

图 2-19　混合粒子群算法求解运行状态三下的优化调度结果

从图 2-18 和图 2-19 的调度结果可以看出，在 0：00～6：00，由于负荷需求量较少，风力发电机发出的电能能够满足负荷需求，切掉了风力发电机多发出的电能。在 6：00～10：00，此时，由于光照条件好，光伏与风力发电机一起给负荷供电，由于光伏电池的维护费用比风力发电机低，所以优先调度了光伏电池发出的功率。在 10：00～12：00，负荷需求量增加，风力发电机和光伏电池发出的电能不足以满足负荷需求，微型燃气轮机和蓄电池同风力发电机和光伏电池一同为负荷供电。13：00～15：00 与 6：00～10：00 的调度结果类似，增加了蓄电池一同与风力发电机和光伏电池为负荷供电。在 15：00～19：00，负荷需求量较大，可再生能源不足以满足负荷需求，需要开启微型燃气轮机来为负荷供电。19：00～21：00 的调度结果与运行状态一下的调度结果类似。

从图 2-20 可以看出，在 12：00～13：00，蓄电池荷电状态增加，表示蓄电池在此时第一次充电。在 21：00～24：00，蓄电池第二次充电。

将图 2-18 和图 2-19 对比可以看出，PSO 算法和 AFSA-PSO 算法对各发电单元的调度差异体现在 11：00～12：00 和 15：00～16：00 对微型燃气轮机和蓄电池的调度、19：00～21：00 对蓄电池和大电网的调度。在 11：00～12：00 和 15：00～16：00，AFSA-PSO 算法趋向于优先调度蓄电池，而不是靠微型燃气轮机消耗燃料来满足负荷的用电需求，AFSA-PSO 算法的调度结果在一定程度上可以节省运行维护费用。在 19：00～21：00，AFSA-PSO 算法对大电网的调度量比 PSO 算法少，更趋向与从蓄电池取电，从表 2-2 分时电价的角度分析，由于 19：00～21：00 是用电高峰期，微电网向大电网购电价格高，AFSA-PSO 算法的调度结果在一定程度上可以节省运行维护费用。从图 2-20 蓄电池的荷电状态可以看出，两种算法对蓄电池的调度差别较大。从图 2-21 可以看出，采用 AFSA-PSO 算法求得的运行维护费用比 PSO 算法低，且迭代效果更优。

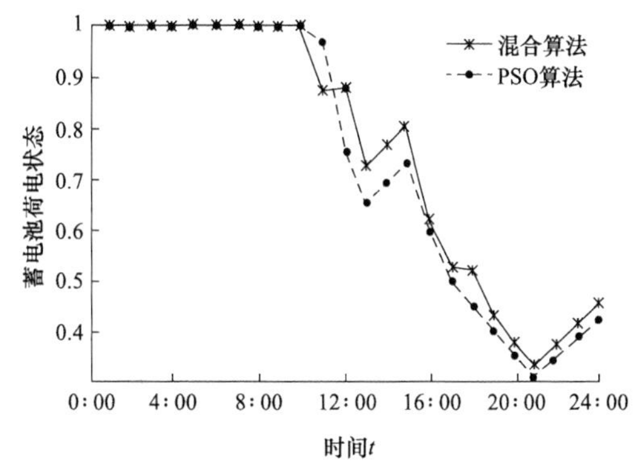

图 2-20　粒子群算法和混合粒子群算法求解运行状态三下的蓄电池荷电状态

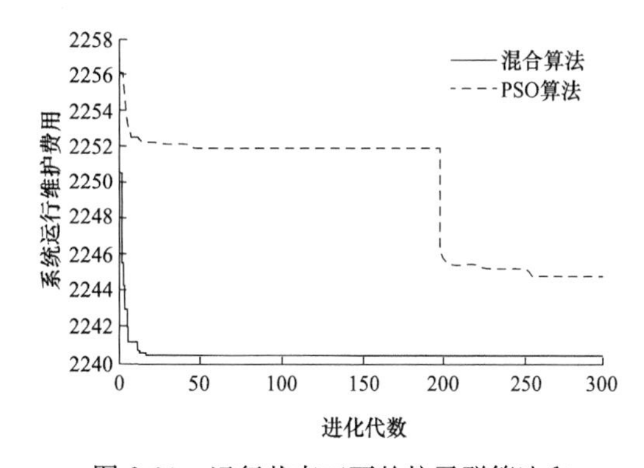

图 2-21　运行状态三下的粒子群算法和混合粒子群算法的迭代效果

4. 微电网在运行状态四下的优化调度仿真分析

微电网在运行状态四下优化调度仿真如图 2-22～图 2-27 所示。

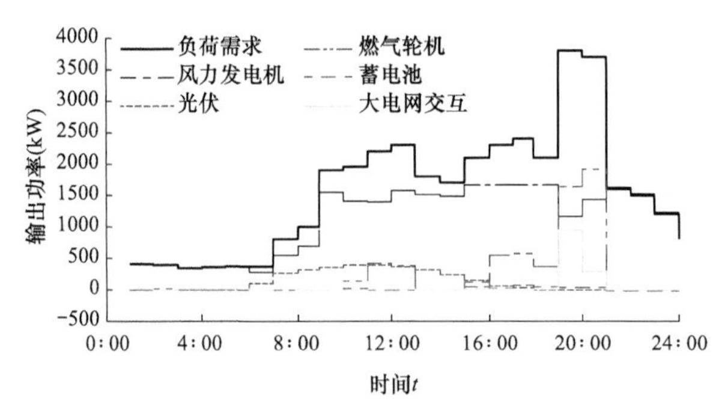

图 2-22 粒子群算法求解运行状态四下的优化调度结果

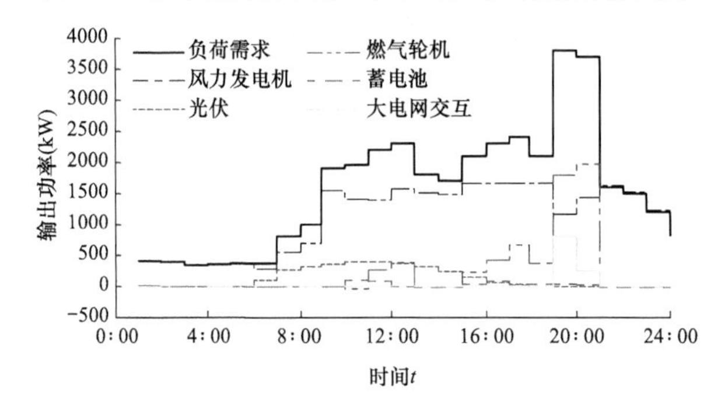

图 2-23 混合粒子群算法求解运行状态四下的优化调度结果

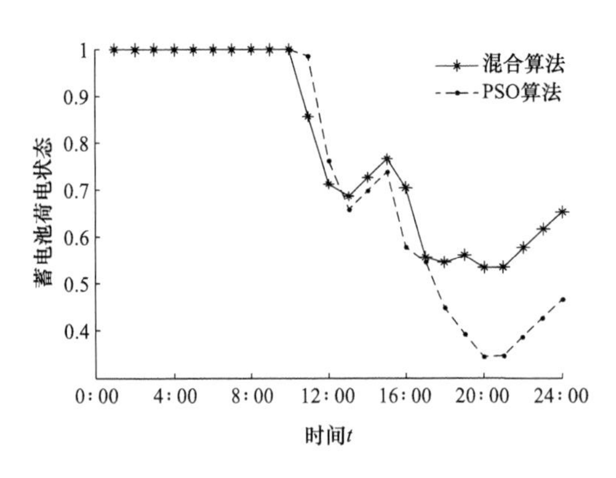

图 2-24 粒子群算法和混合粒子群算法求解运行状态四下的蓄电池荷电状态

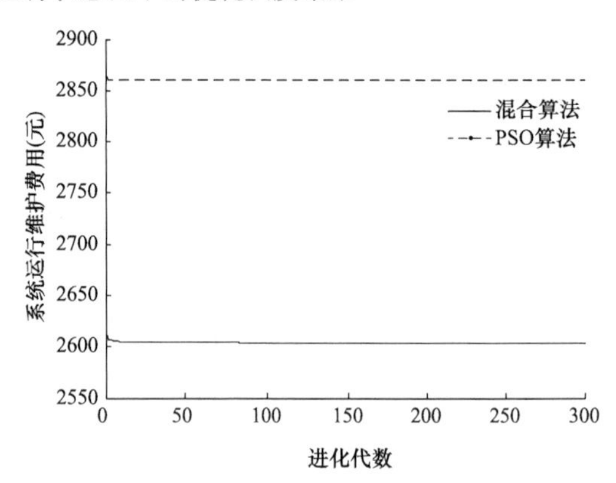

图 2-25 运行状态四下的粒子群算法和混合粒子群算法的迭代效果

从图 2-22 和图 2-23 的调度结果可以看出，0：00～19：00 和 21：00～24：00 的调度与运行状态四下的调度结果类似，区别在于 19：00～21：00，由于微型燃气轮机和大电网出力享有同等的优先权，微型燃气轮机、大电网和可再生能源一起配合满足负荷需求。

将图 2-22 和图 2-23 对比可以看出，PSO 算法和 AFSA-PSO 算法对各发电单元的调度差异体现在 10：00～12：00 和 15：00～18：00 对微型燃气轮机和蓄电池的调度、19：00～21：00 对微型燃气轮机和大电网的调度。从总体上来看，在 10：00～12：00 和 15：00～18：00，AFSA-PSO 算法对蓄电池的调度较多，趋向于优先调度蓄电池而不是靠微型燃气轮机消耗

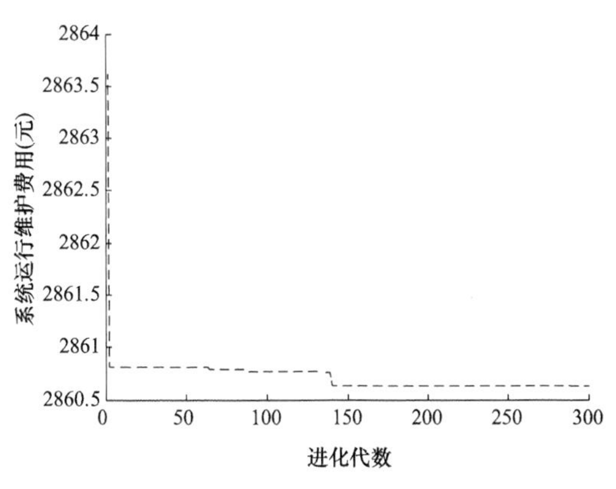

图 2-26 运行状态四下的粒子群算法迭代效果

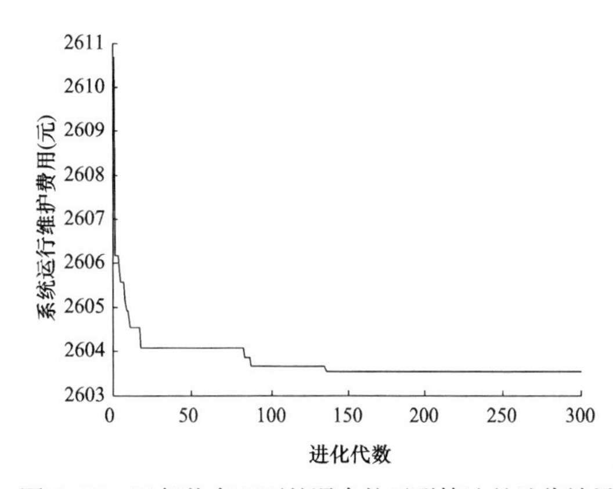

图 2-27 运行状态四下的混合粒子群算法的迭代效果

燃料来满足负荷的用电需求，AFSA-PSO 算法的调度结果在一定程度上可以节省运行维护费用。在 19：00～21：00，AFSA-PSO 算法对大电网的调度量比 PSO 算法少，更趋向与从微型燃气轮机取电，从表 2-3 分时电价的角度分析是由于 19：00～21：00 是用电高峰期，微电网向大电网购电价格高，AFSA-PSO 算法的调度结果在一定程度上可以节省运行维护费用。从图 2-24 蓄电池的荷电状态可以看出，两种算法对蓄电池的调度差别较大。从图 2-25 可以看出，采用 AFSA-PSO 算法求得的运行维护费用比 PSO 算法少 260 元左右。将图 2-26 和图 2-27 对比，可以清晰看出 AFSA-PSO 算法比 PSO 算法迭代效果更优。

5. 微电网在运行状态五下的优化调度仿真分析

微电网在运行状态五下优化调度仿真如图 2-28～图 2-31 所示。

从图 2-28 和图 2-29 的调度结果可以看出，微型燃气轮机不启动，所以没有功率输出，负荷需求主要靠风力发电机、光伏电池和大电网来满足。在 0：00～10：00、13：00～15：00 和 22：00～24：00，可再生能源发电量有剩余，剩余的电能卖给大电网。从图 2-30 可以看出，蓄电池在一天 24h 里放电较平缓。

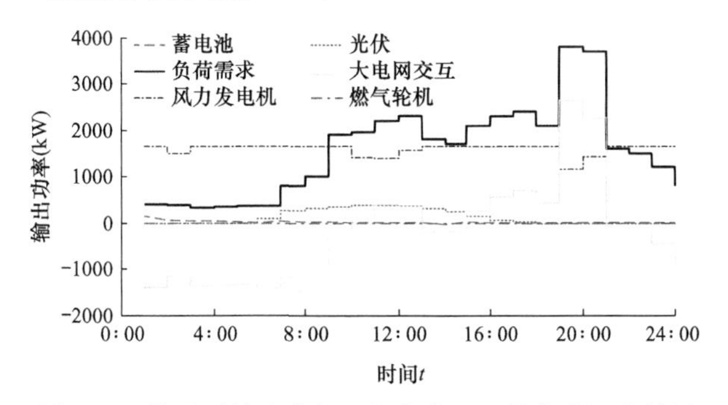

图 2-28 粒子群算法求解运行状态五下的优化调度结果

将图 2-28 和图 2-29 对比可以看出，PSO 算法和 AFSA-PSO 算法对各发电单元的调度差异体现在 14：00～15：00 对大电网和蓄电池的调度，AFSA-PSO 算法调度下的微电网卖电量比 PSO 算法小。从图 2-36 可以清晰看出，在 14：00～15：00，AFSA-PSO 算法调度下的荷电状态下降的速度比 PSO 算法快，说明 AFSA-PSO 算法调度下的蓄电池比 PSO 算法调度下的蓄电池放电量多，而多余的电量卖给大电网，赚取一定费用，因此 AFSA-PSO 算法求得的运行维护费用较 PSO 算法低。从图 2-31 可以看出，AFSA-PSO 算法迭代效果比 PSO 算法好。

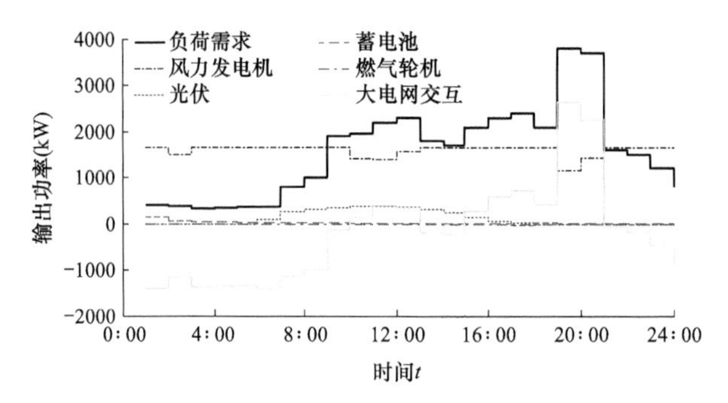

图 2-29 混合粒子群算法求解运行状态五下的优化调度结果

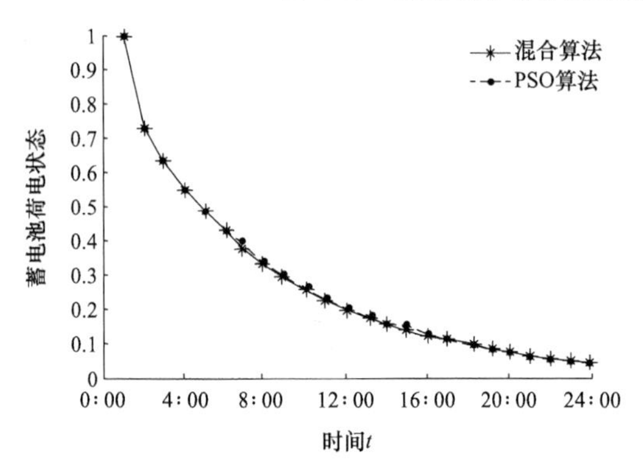

图 2-30 粒子群算法和混合粒子群算法求解运行状态五下的蓄电池荷电状态

图 2-31 运行状态五下的粒子群算法和混合粒子群算法的迭代效果

6. 微电网在运行状态六下的优化调度仿真分析

微电网在运行状态六下优化调度仿真如图 2-32～图 2-35 所示。

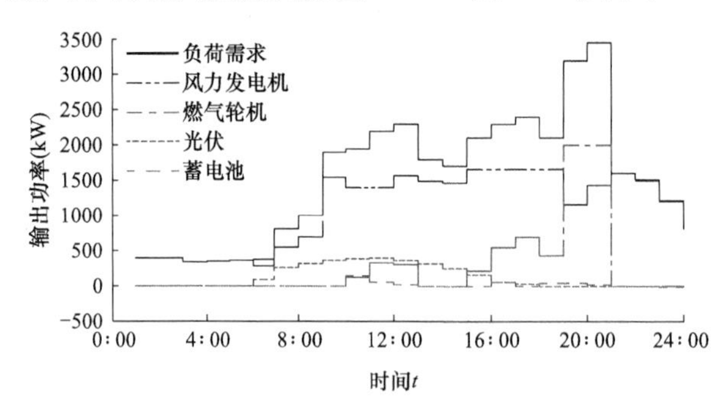

图 2-32 粒子群算法求解运行状态六下的优化调度结果

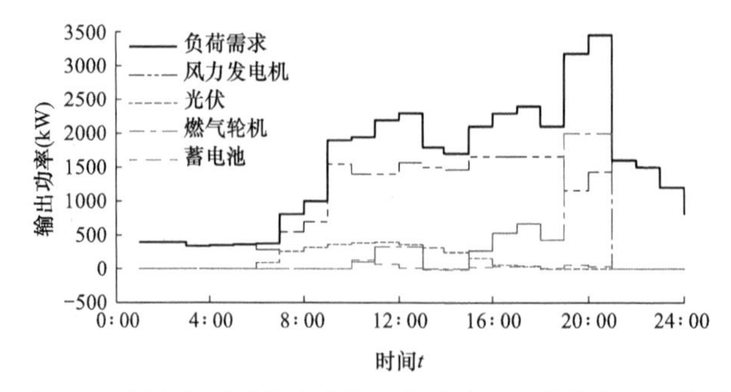

图 2-33 混合粒子群算法求解运行状态六下的优化调度结果

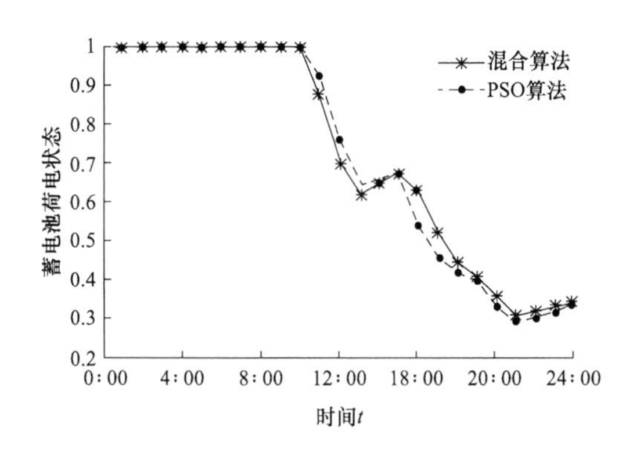

图 2-34 粒子群算法和混合粒子群算法求解运行状态六下的蓄电池荷电状态

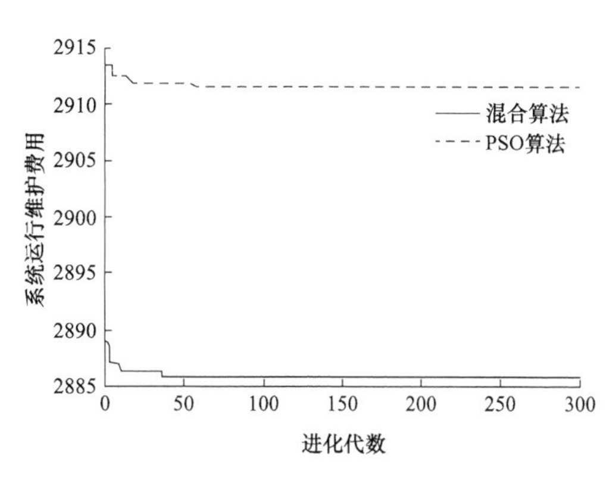

图 2-35 运行状态六下的粒子群算法和混合粒子群算法的迭代效果

从图 2-32 和图 2-33 的调度结果可以看出，由于孤岛运行模式，大电网没有功率输出，负荷需求主要靠风力发电机、光伏电池和微型燃气轮机来满足。微型燃气轮机在 10：00～13：00 和 15：00～21：00 出力。将图 2-32 和图 2-33 与图 2-16 对比，可以看出在 19：00～21：00 负荷需求达到顶峰，微型燃气轮机按照额定功率出力仍然不能满足负荷需求，切除了部分负荷。从图 2-40 可以看出，在 13：00～15：00 和 21：00～24：00，蓄电池荷电状态增加，是由于可再生能源发电量有剩余，给蓄电池充电。

表 2-5 是两种算法在运行 100 次后，求得的微电网不同运行状态下的平均运行维护费用对比表。从表中可以看出，AFSA-PSO 算法求得的运行维护费用比 PSO 算法小。微电网在运行状态一、二、五下可以与大电网进行双向能量交互，微电网内多余的电能可以卖给大电网，总体的运行维护费用为负值，说明微电网运行不仅不花钱还可以通过卖电来赚钱。微电网在运行状态二下的经济效益较好。微电网在运行状态三和四下只能从大电网买电，在运行状态三下的经济效益较好。孤岛模式下的运行维护费用比并网运行高。

表 2-5 粒子群算法和混合粒子群算法求解微电网在不同运行状态下的平均运行成本

运行状态	PSO 算法	AFSA-PSO 算法
一	−8170.5	−8189.72
二	−11101.85	−12458.38
三	2244.92	2240.52
四	2663.52	2603.65
五	−718.43	−719.41
六	2911.61	2885.76

表 2-6 是两种算法在运行 100 次后，微电网在不同运行状态下的平均迭代次数对比表，从表中可以看出，AFSA-PSO 算法比 PSO 算法能更快地寻到最优解。

表 2-6 PSO 算法和混合粒子群算法求解微电网在不同运行状态下的平均迭代次数表

运行状态	PSO 算法	AFSA-PSO 算法
一	230	20
二	240	180
三	250	20

续表

运行状态	PSO 算法	AFSA-PSO 算法
四	130	130
五	100	40
六	65	110

四、小结

本节建立了含光伏电池、风力发电机、微型燃气轮机和锂电池储能的典型微电网系统，利用 MATLAB 软件仿真，采用 PSO 算法和 AFSA-PSO 算法分别对微电网在并网和孤岛两种模式中，六种运行状态下进行算例仿真。仿真结果证明了所提出的基于 AFSA-PSO 优化调度方法的正确性和优越性。

第三章

需求侧响应管理

本章主要针对微电网系统能量管理中的运行优化问题，提出了在普通运行调度中引入需求响应的优化模型，并最终用改进粒子群算法完成了优化求解。

本章以典型可控负荷的数学模型为基础，提出了反映用户舒适度的需求响应约束条件。其次，考虑储能装置折损费用、分布式发电单元维护费用、购电费用、卖电费用及燃料费用建立了微电网优化运行的目标函数，并利用改进粒子群算法对该函数进行了求解。基于包含风电、光伏、微燃机、储能装置和复合负荷的典型微电网系统，针对三种不同运行模式，对比分析了采用需求响应及未采用需求响应情况下微电网的运行状况。仿真结果表明，采用需求响应技术时，微电网运行经济效益更优。

第一节 需求侧响应管理概述

一、适用于微电网需求侧管理的负荷分类与分级

本节对微电网下用户使用的各种设备进行了分类和分级，有助于针对不同类型的负荷制定相应控制策略，并针对负荷响应策略制定响应优先级别，为微电网中需求侧管理技术的实施奠定基础。

1. 负荷分类

我们可以按照负荷与耗电量关系、负荷接入电网时段、负荷智能程度进行分类，如图 3-1 所示。

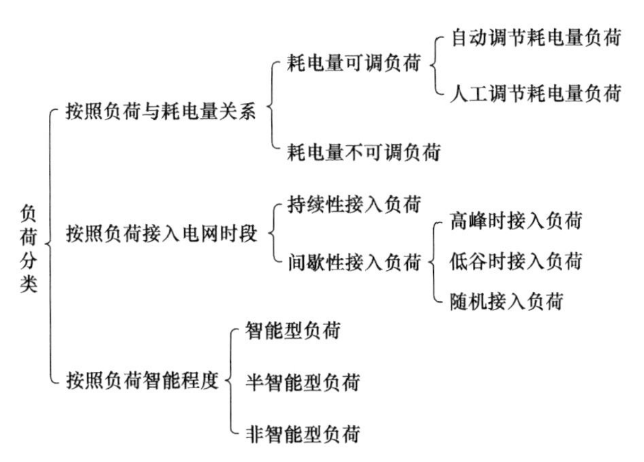

图 3-1 适用于微电网需求侧管理的负荷分类

（1）从耗电量是否可调角度考虑。

1）有些设备可以通过改变一项或几项运行参数来改变其耗电量，调节参数包括温度、

风速、接入电阻的大小等，也就是说在不同参数设定下其消耗的电能是不同的。有些用电设备出厂自带了多项工作状态挡位，在不同状态下用电设备耗电程度不同。以上设备可统称为耗电量可控负荷，又可以细分成耗电量自动控制负荷和耗电量人工控制负荷两种。

2）有些设备运行模式单一，其运行参数不能被改变，耗电量也不会随时间、外界温度等因素的改变而变化，如节能灯、微波炉、洗衣机、电视机等设备。这类负荷很难通过算法控制其运行参数去改变耗电量，只可以对其进行运行时间上的提前或推迟来进行需求响应。

（2）从接入电网时段角度考虑。

1）有些设备在全天时段内基本上持续接入电网，需要电网为期持续提供电能，称为持续性接入负荷。这种类型的负荷不会根据时间或气候的变化而改变运行状态，同时也是居民生活用电中不可或缺的组成部分，负荷的持续性由于用户的持续需求而产生，不能随意切断此种负荷的电能提供。

2）有些设备可以根据用户在不同时段的需求不同而间歇接入电网，称为间歇性接入负荷。电网需求曲线具有的峰谷不平衡现象就是由用户在不同时段接入此种类型的负荷到电网中引起的。根据接入电网的时段的不同，间歇性负荷又可以细分为电力峰值时接入负荷、电力谷值时接入负荷和随机接入负荷三种不同类型[72]。

（3）从智能程度角度考虑。

1）有些设备结构组成复杂，出厂自带功能强大的智能芯片，可以根据周围环境及自身运行情况自动改变运行方式，称为智能型负荷。

2）有些设备同样具有计算机芯片，但功能不够完善，某些情况下仍需要人工调节，即半自动化设备，称为半智能型负荷。这类设备在功能上可以满足用户需求，价格上，相对于智能型负荷设备，这类设备成本较低，性价比较高。

3）有些设备功能单一，仅仅为满足用户在某一方面特定需求而设计，结构简单，没有复杂的程序，价格相对较低，称为非智能型负荷。

2. 负荷分级

加热、通风、冷却（heating，ventilation and cooling，HVC）负荷（一般情况指的是空调、热水器、电冰箱等设备）占功率可调负荷的很大一部分，所以本文设定可以进行负荷响应的负荷为以空调为主的暖通系统、热水器系统及以冰箱为主的冷却系统，且其响应优先级别如表 3-1 所示。由于热水器系统模型简单，且对用户舒适度影响最小，设为最高优先级；空调暖通系统对用户影响最大，但其分布广泛、总功率很大，轻微调节就可以达到理想效果，设为中间优先级；冰箱理想工作状态较为稳定，且控制效果不佳，设为低的优先级。

表 3-1　负荷响应优先级别

可控负荷	响应优先级
热水器	高
空调	中
冰箱	低

二、热水器模型

热水器中的水可以由分别位于水箱顶部及底部的两个加热器协调加热，加热器在检测到周边水温低于温度设定值或冷水水位高于水位限定值时启动，但两个加热器的启动优先级不同，顶部加热器优先。热水器可以分成三种状态：充满状态、部分充满状态和空箱状态。

热水器工作消耗的电能会由于水箱状态的变化而发生改变，并与水箱容量大小、恒温器设定值、流速、水箱中水的热容、水箱外壳热损失、控制区间、外界温度等因素密切相关。本文设定热水器空箱状态及充满状态是单节点模型，部分充满状态是双节点模型，其示意图分别如图 3-2（a)、3-2（b）所示。

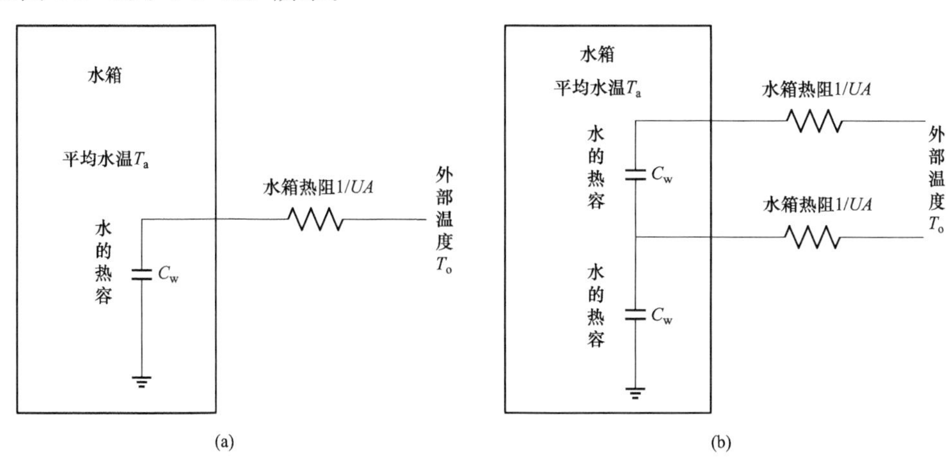

图 3-2　热水器模型示意图

（a）单节点；（b）双节点

单节点模型将热水器整体水箱设定为一个均一温度的水聚合体，是简单的集中参数近似电气模型，已知水箱内水的原始温度的情况下，可以计算经过特定时间后水的最终温度，其热平衡过程可以由式（3-1）～式（3-5）描述。

$$C_w \frac{dT}{dt} = Q_{ele} - \dot{m}C_p(T - T_{in}) + UA(T_o - T) \tag{3-1}$$

$$\frac{dT}{dt} = \frac{Q_{ele} - \dot{m}C_p(T - T_{in})}{C_w} + \frac{UA(T_o - T)}{C_w} \tag{3-2}$$

$$dt = \frac{dT \cdot C_w}{Q_{ele} - \dot{m}C_p(T - T_{in}) + UA(T_o - T)} \tag{3-3}$$

$$\Delta t = \frac{-C_w}{\dot{m}C_p + UA} \cdot \log_{T_w}\left(\frac{Q_{ele} + \dot{m}C_pT_{in} + UA \cdot T_o}{C_w} - \frac{UA + \dot{m}C_p}{C_w} \cdot T\right) \tag{3-4}$$

$$T = T_{in} \cdot e^{b\Delta t} + \left(\frac{Q_{ele} + \dot{m}C_pT_{in} + UA \cdot T_o}{UA + \dot{m}C_p}\right) \cdot (1 - e^{b\Delta t}) \tag{3-5}$$

式中　C_w——水箱中水的平均热容，取 4.2×10³J/℃；

Q_{ele}——水箱吸热速率；

m——注入水的流速；

C_p——功率因数；

T——水箱最终温度值，℃；

T_{in}——注入水的初始温度，℃；

T_o——水箱外部温度，℃；

UA——水箱传递热的热导值，J/℃；

T_w——水的平均温度，℃；

Δt——温度变化时间差。

双节点模型将热水器水箱中的水分成具有各自统一温度的两部分：上部分温度假定为热水器恒温器的设定温度；下部分温度假定为水箱进水的温度。针对冷热水之间的边界问题，将其假设为时间的积分，则可以通过温度差计算出新的冷热水边界高度，其数学描述如式（3-6）～式（3-11）所示。

$$t_1 - t_0 = \frac{1}{a_2} \cdot \log_{h_0}\left(\frac{\mathrm{d}h}{\mathrm{d}t}\right) \tag{3-6}$$

$$\frac{\mathrm{d}h}{\mathrm{d}t} = a_1 + a_2 h \tag{3-7}$$

$$t_1 - t_0 = \frac{1}{a_2} \cdot \log_{h_0}(a_1 + a_2 h) \tag{3-8}$$

$$h = \frac{\mathrm{e}^{bT_{\mathrm{w}}}(a_1 + a_2 h_0) - a_1}{a_2} \tag{3-9}$$

$$a_1 = \frac{Q_{\mathrm{ele}} + UAT_0}{C_{\mathrm{w}} T_{\mathrm{lower}}} - \frac{\dot{m} C_p}{C_{\mathrm{w}}} \tag{3-10}$$

$$a_2 = \frac{UA}{C_{\mathrm{w}}} \tag{3-11}$$

式中　h——冷热水新边界高度；

h_0——冷热水原边界高度；

T_{lower}——水箱下半部分水的平均温度。

三、空调模型

空气调节器（air conditioner，AC）简称为空调，是一种设计来给特定空间区域提供空气状态改变的设备，它可以调节该空间区域内空气的温度、湿度、流速及洁净度等参数，最终满足人体舒适度要求或工艺过程要求。

1. 人体舒适度研究

人体舒适度是由很多方面综合决定的，本小节重点研究了与空调运行状态关系较大的用户环境热舒适度。P. O. Fanger 教授（丹麦）提出了预期平均投票数（predicted mean vote，PMV）来评价人体对冷热环境的反应，可以用来描述某一环境中大多数人的平均冷热感觉[74]。现今，ISO7730 国际标准和美国的 ASHRE 44—2004 标准中都是使用的该指标来判断环境冷热是否舒适。*PMV* 指标已经是国际通用的热舒适度评价指标，其计算如式（3-12）所示。

$$\begin{aligned} PMV = & [0.303\exp(-0.036M) + 0.028]\{M - W' - 3.05 \times 10^{-3} \times \\ & [5733 - 6.99(M - W') - P_{\mathrm{a}}] - 0.42[(M - W') - 58.15] - \\ & 1.72 \times 10^{-5} M \times (5867 - P_{\mathrm{a}}) - 0.0014M \times (34 - t_{\mathrm{a}}) - \\ & 3.96 \times 10^{-8} f_{\mathrm{cl}} \times [(t_{\mathrm{cl}} + 273)^4 - (\bar{t}_{\mathrm{r}} + 273)4] - f_{\mathrm{cl}} h_{\mathrm{c}}(t_{\mathrm{cl}} - t_{\mathrm{a}})\} \end{aligned} \tag{3-12}$$

式中　M——人体能量代谢率，$\mathrm{W/m^2}$；

W'——人体所作的机械功，$\mathrm{W/m^2}$；

P_{a}——空气环境的水蒸气分压量，Pa；

f_{cl}——着装面积系数；

t_{cl}——衣服外表面温度，℃；

$\bar{t}_r$——平均辐射温度，℃；

h_c——对流换热系数，W/(m^2 · K)；

t_a——室内平均温度，℃。

式（3-12）中参数 P_a，f_{cl}，h_c，t_{cl}的计算公式如式（3-13）~式（3-16）所示。

$$P_a = \Phi_a \times \exp[16.6536 - 4030.183/(t_a + 235)] \quad (3-13)$$

$$f_{cl} = \begin{cases} 1.00 + 1.290 I_{cl}, & I_{cl} \leqslant 0.078 \\ 1.05 + 0.645 I_{cl}, & I_{cl} > 0.078 \end{cases} \quad (3-14)$$

$$h_c = \begin{cases} 2.38(t_{cl} - t_a)0.25, & 2.38(t_{cl} - t_a)0.25 \geqslant 12.1\sqrt{v_a} \\ 12.1\sqrt{v_a}, & 2.38(t_{cl} - t_a)0.25 < 12.1\sqrt{v_a} \end{cases} \quad (3-15)$$

$$t_{cl} = t_{msk} - I_{cl}(R + C) \quad (3-16)$$

式中　Φ_a——空气相对湿度，%；

I_{cl}——衣服基本热阻，clo；

v_a——空气流速，m/s；

t_{msk}——人体皮肤温度，取 36.5℃；

R——人体由于辐射热交换损失的热量，W/m^2；

C——人体由于对流热交换损失的热量，W/m^2。

由于人只有在产热与散热平衡时才会感觉舒适，即当 $S=M-W-R-C-E=0$ 成立时人体感到最舒适，因此由式（3-16）可以推导出 t_{cl}计算方法如下。

$$t_{cl} = 36.5 - 0.028(M - W') - I_{cl}(M - W' - E) \quad (3-17)$$

$$E = L + E_{res} + E_d + E_{sw} \quad (3-18)$$

$$L = 0.0014W'(34 - t_a) \quad (3-19)$$

$$E_{res} = 1.72 \times 10^{-5} M(5867 - p_a) \quad (3-20)$$

$$E_d = 3.05 \times 10^{-3}(254 t_a - 3335 - p_a) \quad (3-21)$$

$$E_{sw} = 0.45(M - W' - 58.15) \quad (3-22)$$

式中　E——呼吸及汗液蒸发所带走的热量，W/m^2；

L——吸入冷空气时产生的热损失，W/m^2；

E_{res}——呼出水分是产生的热损失，W/m^2；

E_d——皮肤无汗情况下的热量损失，W/m^2；

E_{sw}——皮肤出汗情况下的热量损失，W/m^2。

PMV 指标表示同一个环境中大部分人的冷热感觉，*PMV* 值可以通过人体活动代谢率、服装基本热阻及所处环境的参数计算得出。由于不同个体之间具有生理感觉差异，*PMV* 指标不能代表全部个体的冷热感觉，因此，又有预期不满意百分率（predicted percentage of dissatisfied，PPD）来表示对环境冷热不满意的个体数量在总人数中的比例，*PMV-PPD* 对照表如表 3-2 所示。

表 3-2　*PMV-PPD* 对照表

冷热感觉	冷	凉	微凉	适中	微暖	暖	热
PWV	−3	−2	−1	0	−1	−2	−3
PPD	100%	75%	25%	5%	25%	75%	100%

PMV 值与 PPD 值之间的数学关系可以由式（3-23）描述。

$$PPD = 100 - 95 \times \exp(-0.03353 \times PMV^4 - 0.2179 \times PMV^2) \quad (3\text{-}23)$$

根据式（3-23）编写如下 Matlab 程序进行图形绘制，可得 PPD 与 PMV 之间的关系如图 3-3 所示。

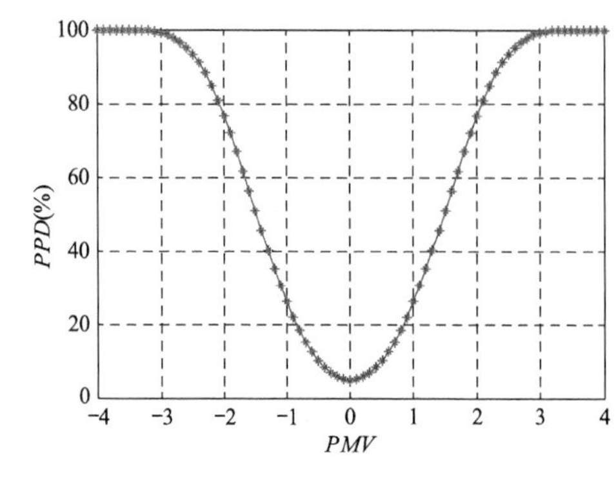

图 3-3 PMV 与 PPD 关系图

```
1- pmv = -4: 0.1: 4;
2- ppd = 100 - 95 * exp ( - 0.03353 * pmv.^4 - 0.2179 * pmv.^2);
3- plot (pmv, ppd, 'r * -');
4- xlabel ('PMV');
5- ylabel ('PPD ( % )');
6- grid on;
```

对图 3-3 进行分析，在 $PMV=0$ 时，$PPD=5$，这表明在最佳温度环境中仍然存在 5%的个体觉得不舒适，因为不同人体对冷热的感觉存在差异。在国际标准 ISO 7730 中，对 PMV-PPD 的推荐范围是 $PPD<10\%$，即 PMV 值在 ± 0.5 之间就能够认定该环境下热舒适度合格。

我国先后颁布了 GB 50019《采暖通风与空气调节设计规范》（2003 年）和 JGJ 134《夏热冬冷地区居住建筑节能设计标准》（2010 年），规定在夏季空调制冷功能对室内环境热舒适产生的影响应该采用 PMV-PPD 指标对其进行评价，要求 $-1 \leqslant PMV \leqslant 1$、$PPD \leqslant 25\%$。本文根据 GB/T 5701—1985 对 PMV-PPD 指标及室内家居最适温度的规定进行空调的需求响应控制。

2. 空调模型研究

在装设有空调设备的房间里，室内温度在温度设定值附近上下变化，空调的开关时刻由给定温度上、下边界决定。

温度下降过程对应着功率消耗，表示电能转变为冷能，即空调运行使室内温度降低；温度上升意味着空调关闭，温度自然上升，没有电功率的消耗，该过程基本热力学原理如图 3-4 所示。

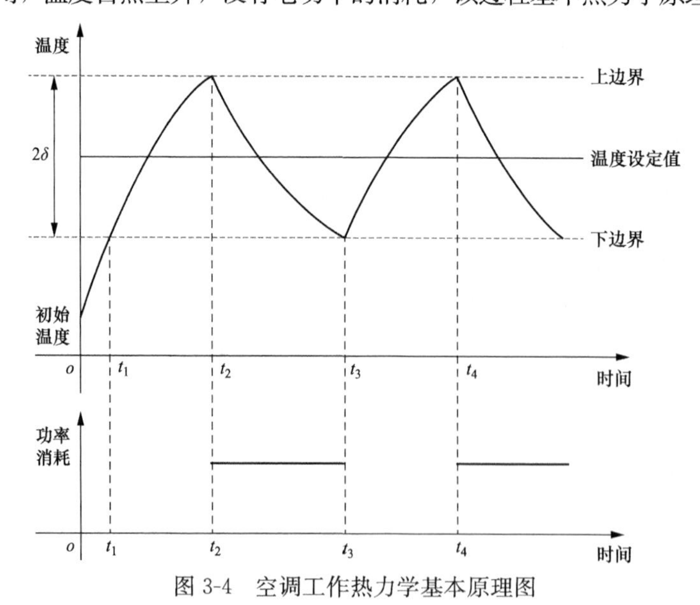

图 3-4 空调工作热力学基本原理图

图 3-4 所示的空调热力学动态特性可以用等值热力学参数模型描述，如图 3-5 所示。

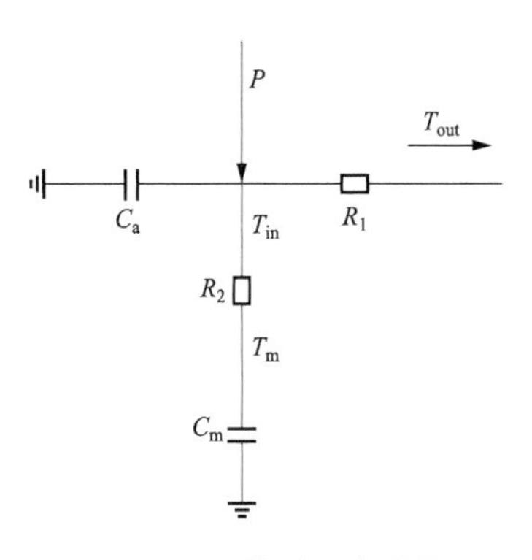

图 3-5 空调等效热参数模型

图 3-5 中 R_1 及 R_2 的计算方法如式（3-24）所示。

$$R_1=\frac{1}{UA'},\quad R_2=\frac{1}{UA_{mass}} \tag{3-24}$$

式中 UA'——待机空气热损系数，Btu/(°F · hr) 或 W/℃；

UA_{mass}——待机物质热损系数，Btu/°F · hr 或 W/℃。

图 3-5 所示等效热参数模型可以由二阶常系数热力学微分方程组来描述，如式（3-25）～式（3-27）所示。

$$\begin{aligned}\dot{x}&=\boldsymbol{A}x+\boldsymbol{B}u\\ y&=\boldsymbol{C}x+\boldsymbol{D}u\end{aligned} \tag{3-25}$$

$$\dot{x}=\begin{pmatrix}\dot{T}_{in}\\ \dot{T}_{m}\end{pmatrix}\quad x=\begin{pmatrix}T_{in}\\ T_{m}\end{pmatrix}\quad u=1 \tag{3-26}$$

$$\boldsymbol{A}=\begin{pmatrix}-\left(\frac{1}{R_2C_a}+\frac{1}{R_1C_a}\right) & \frac{1}{R_2C_a}\\ \frac{1}{R_2C_m} & -\frac{1}{R_2C_m}\end{pmatrix}\quad \boldsymbol{B}=\begin{pmatrix}\frac{T_{out}}{R_1C_a}+\frac{P}{C_a}\\ 0\end{pmatrix}$$
$$\boldsymbol{C}=\begin{pmatrix}1&0\\0&1\end{pmatrix}\quad \boldsymbol{D}=\begin{pmatrix}0\\0\end{pmatrix} \tag{3-27}$$

式中 C_a——空气比热容，Btu/°F 或 J/℃；

C_m——物质比热容，Btu/°F 或 J/℃；

P——空调机组的热功率，Btu/hr 或 W；

T_{out}——外界环境温度，℃；

T_{in}——室内气体温度，℃；

T_m——室内物质温度，℃。

假定室内物质的温度不存在动态变化，那么上述二阶常系数微分方程组模型就可以简化成表示空调运行功率与室内气体温度动态变化关系的一阶差分方程，如式（3-28）、式（3-29）所示。

$$T_{in}^{t+1}=\begin{cases}T_{out}^{t+1}-(T_{out}^{t+1}-T_{in}^{t})\cdot\varepsilon, & S_{AC}=0\\ T_{out}^{t+1}-\frac{\eta\cdot P_{AC,x}}{A}-\left(T_{out}^{t+1}-\frac{\eta\cdot P_{AC,x}}{A}-T_{in}^{t}\right)\cdot\varepsilon, & S_{AC}=1\end{cases} \tag{3-28}$$

$$\varepsilon=e^{-\frac{\tau}{T_c}} \tag{3-29}$$

式中 T_{in}^{t+1}——$t+1$ 时刻的室内温度，℃；

T_{out}^{t+1}——$t+1$ 时刻的室外温度，℃；

T_{in}^{t}——t 时刻的室内温度，℃；

ε——散热系数；

τ——控制时间间隔，取 1h；

T_c——时间常数，取 24h；

η——空调能效比；

A——导热系数，1/(kW·℃$^{-1}$)，取 0.239[22]；

$P_{AC,x}$——x 时刻空调的额定制冷消耗功率，kW；

P_{AC}——空调的额定制冷量，kW；

S_{AC}——空调的开启状态，$S_{AC}=0$ 表示空调关闭，$S_{AC}=1$ 表示空调开启。

四、冰箱模型

电冰箱的制冷方式有很多种，例如压缩式、吸收式、半导体式、电磁振动式、绝热去磁式、辐射制冷式等多种。其中，压缩式电冰箱的制冷系统主要工作原理是沸点较低的制冷剂蒸发吸热，制作方便，寿命较长，目前世界上的大多数电冰箱属于此类。因此，本文的主要研究对象是压缩式电冰箱。

电冰箱可以通过控制压缩机的启停状态来保持冰箱冷藏室温度在［T_-，T_+］的允许范围内变化。冰箱压缩机运行状态可以分为开启（“on”，即 $S_{fridge}=1$）和关闭（“off”，即 $S_{fridge}=0$）两种，其工作状态的转换由冷藏室温度 T_c 进行控制。图 3-6 展示了电冰箱工作热力学特性曲线，当冷藏室温度 T_c 上升至 T_+，压缩机状态为“on”，制冷剂气化吸收热量，T_e 降低，并通过热传递使 T_c 降低，此时冰箱的功率消耗为 P_r；当 T_c 下降至 T_- 时，压缩机状态切换为“off”，外界环境和冷藏室有热传递效应，T_c 升高，冰箱消耗的功率为 0[79]。

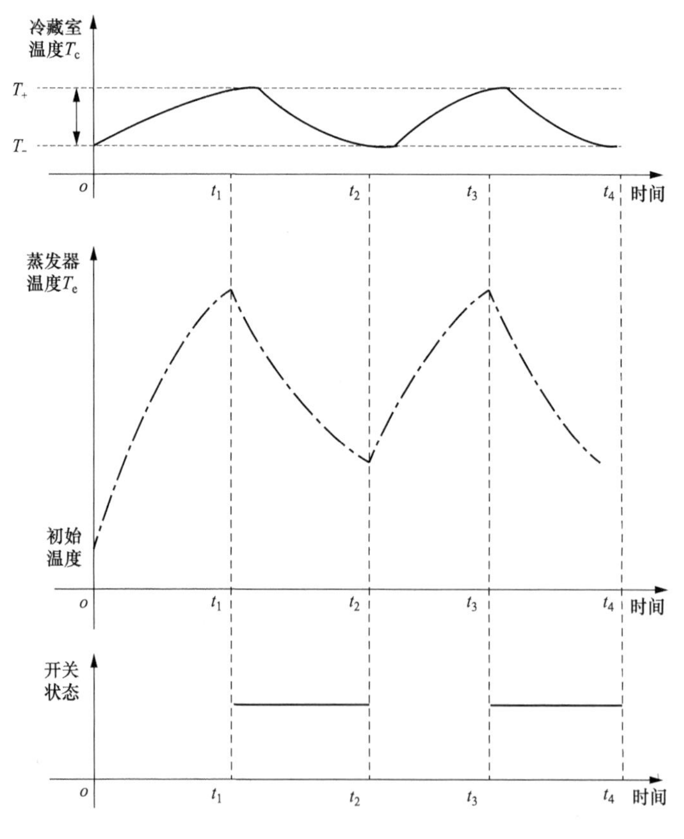

图 3-6 电冰箱工作热力学特性曲线

由图 3-6 可以看出，压缩式电冰箱包含一个与空调模型类似的表示其热力学特性的一阶常系数微分方程组，但另外有一个表示压缩机控制滞后效应的迟滞环节，如式（3-30）～式（3-32）所示。

$$\begin{pmatrix} \dot{T}_e \\ \dot{T}_c \end{pmatrix} = \boldsymbol{A} \begin{pmatrix} T_e \\ T_c \end{pmatrix} + \boldsymbol{B} \begin{pmatrix} S_{fridge} \\ T_a \end{pmatrix} \tag{3-30}$$

$$S_{fridge}(t_n) = \begin{cases} 1, & T_c \geqslant T_+ \\ 0, & T_c \leqslant T_- \\ S_{fridge}(t_{n-1}), & T_- \leqslant T_c \leqslant T_+ \end{cases} \tag{3-31}$$

$$\boldsymbol{A} = \begin{pmatrix} -\dfrac{K_{ec}S_{ec}}{C_e m_e} & \dfrac{K_{ec}S_{ec}}{C_e m_e} \\ -\dfrac{K_{ec}S_{ec} + K_{ca}S_{ca}}{C_c m_c} & \dfrac{K_{ec}S_{ec}}{C_c m_c} \end{pmatrix} \quad \boldsymbol{B} = \begin{pmatrix} -\dfrac{P_{fridge}}{C_e m_e} \\ \dfrac{K_{ca}S_{ca}}{C_c m_c} \end{pmatrix} \tag{3-32}$$

式中 T_e——蒸发器温度，℃；
T_c——冷藏室温度，℃；
T_a——外界环境温度，℃；
T_+——冰箱上触发温度，℃；
T_-——冰箱下触发温度，℃；
K_{ec}——冷藏室、蒸发器之间的传热系数，W/(m^2·℃)；
S_{fridge}——电冰箱压缩机工作状态，$S_{fridge}=0$ 表示关闭，$S_{fridge}=1$ 表示开启；
S_{ec}——蒸发器、冷藏室之间的接触面积，m^2；
C_e——蒸发器比热容，J/(kg·℃)；
m_e——蒸发器中物质质量，kg；
K_{ca}——冷藏室、外界环境之间的传热系数，W/(m^2·℃)；
S_{ca}——冷藏室、外界环境之间的接触面积，m^2；
C_c——冷藏室比热容，J/(kg·℃)；
m_c——冷藏室物质的质量，kg；
P_{fridge}——冰箱额定功率，kW。

五、小结

本节重点介绍了微电网中典型发电单元及储能装置的数学模型，以及本文设计参与到需求响应的负荷的数学模型。首先，分别建立了风力发电机功率输出模型、光伏电池功率输出模型、微型燃气轮机运行效率模型、电池储能充放电模型及荷电量模型。然后，对适用于微电网需求侧管理的负荷进行了分类与分级。最后，分别建立了精细化的热水器模型、空调模型、冰箱模型，其中，空调模型部分考虑到了人体对外界冷热环境的舒适度要求。各分布式电源模型、储能模型及负荷模型的建立，为后续进行微电网的优化运行奠定了理论基础。

第二节 基于改进粒子群算法的微电网优化运行

微电网在安全稳定运行的基础上，经济性是其追求的关键指标之一，而运行优化作为能量管理的一部分，是实现微电网经济运行的重要手段。本章建立了考虑风电、光伏、微燃机、电池储能、负荷响应的微电网运行优化模型，目标函数包含设备维护费用、燃料费用、配电网交互费用、电池储能全寿命周期损耗费用，并且充分考虑了针对微电网实际运行的功率平衡、各发电单元容量限制、储能充放电限制、用户舒适容忍度等多种约束条件。

微电网优化运行问题具有多模型、高维度、非线性等特点，针对其特点，提出了基于改进粒子群算法的微电网优化运行方法，并给出了微电网在三种不同运行模式下的求解步骤。

一、微电网优化运行数学模型

1. 微电网系统结构

如图 3-7 所示，本文研究的微电网系统主要可分成微燃机系统、储能系统、光伏系统、风电系统及负荷几个部分。其中，负荷分为可控负荷和固定负荷，二者通过不同馈线接入母线，以方便进行需求响应的控制。为保证满足该系统在孤岛模式下的用电需求，配置了储能系统和微型燃气轮机。

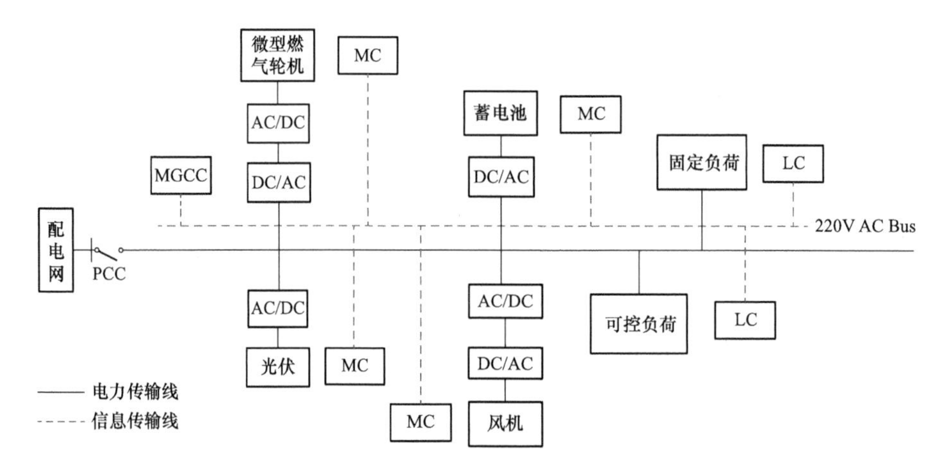

图 3-7 微电网系统模型示意图

MGCC—微网中心控制器；MC—微电源控制器；LC—负荷控制器

2. 目标函数

（1）并网运行模式下。该模式下的运行维护成本主要包括分布式发电设备维护费用、电池储能损耗费用、买卖电费用及燃料购买费用四个部分，如式（3-33）～式（3-38）所示。由于光伏、风机和微燃机的使用寿命较长，其投资折旧成本很低，所以目标函数中仅包含其维护费用；由于电池储能寿命较短、更换频繁，所以目标函数中包含了其损耗费用；由于处于并网运行模式，与配电网交互会产生买电与卖电，所以目标函数中包含买卖电费用；由于微型燃气轮机的运行需要消耗燃料，所以目标函数中包含燃料购买费用；由于本文所研究的微电网系统为用户自筹搭建，所以目标函数不包含微电网向用户售电的费用及采用需求响应需要向用户补贴的费用。

$$\min M_{\mathrm{ope}} = \sum_{i=1}^{24}\left[C_{\mathrm{OM}}(P_{\mathrm{wt-}i}) + C_{\mathrm{OM}}(P_{\mathrm{pv-}i}) + O_{\mathrm{MT}}C_{\mathrm{OM}}(P_{\mathrm{MT-}i})\right] + \sum_{i=1}^{24}\frac{W}{Q_{\mathrm{lifetime-}i}\sqrt{\eta_{\mathrm{rt}}}}$$

$$+\sum_{i=1}^{24}(M_{buy-i}-O_{sell}M_{sell-i})+\sum_{i=1}^{24}F_{MT-i} \tag{3-33}$$

$$C_{OM}(P_{x-i})=K_{OM-x}\cdot P_{x-i} \tag{3-34}$$

$$Q_{lifetime-i}=DOD_{i}u_{i}\cdot\frac{q_{max}V_{nom}}{1000} \tag{3-35}$$

$$M_{buy-i}=d\cdot P_{buy-i} \tag{3-36}$$

$$M_{sell-i}=h\cdot P_{sell-i} \tag{3-37}$$

$$F_{MT-i}=\frac{C}{LHV}\cdot\frac{P_{MT-i}}{\eta_{MT-i}} \tag{3-38}$$

式中 M_{ope}——系统运行维护成本，元；

P_{wt-i}——风力发电系统在第 i 个时段的功率输出，kW；

P_{pv-i}——光伏发电系统在第 i 个时段的功率输出，kW；

P_{MT-i}——MT 在第 i 个时段的功率输出，kW；

O_{MT}——MT 启停状态，取 1 时表示 MT 开启，取 0 时表示 MT 停机；

W——电池储能购买费用，元；

$Q_{lifetime-i}$——电池储能全寿命输出量，kWh；

η_{rt}——电池储能往返效率，取 80%；

M_{buy-i}——微电网在第 i 个时段的买电成本，元/kWh；

M_{sell-i}——微电网在第 i 个时段的卖电费用，元/kWh；

O_{sell}——表征微电网是否可以与配电网进行能量交互，取 1 时表示微电网可以进行买电及卖电，取 0 时表示微电网只能从配电网买电；

F_{MT-i}——MT 在第 i 个优化时段燃料成本，元；

K_{OM-x}——可再生发电单元的维护系数，元/kWh；

u_i——电池储能疲劳循环量，与 DOD 存在函数关系；

q_{max}——电池储能最大容量，Ah；

V_{nom}——电池储能额定电压；

d——买电价格，按照分时电价政策，随时间的不同而不同；

h——卖电价格，取 0.9 元/kWh；

C——MT 中燃料气体的单价，取 3 元/m^3[80]；

LHV——天然气低热热值，取 9.7kWh/m^3[80]；

η_{MT}——MT 发电效率，无单位，取百分制。

（2）孤岛运行模式下。该模式下的运行维护成本与并网模式下的相比，少了买卖电费用，主要包括维护费用、电池储能损耗费用及燃料购买费用 3 个部分，如式（3-39）～式（3-42）所示。

$$\begin{aligned}\min M_{ope}=&\sum_{i=1}^{24}[C_{OM}(P_{wt-i})+C_{OM}(P_{pv-i})+C_{OM}(P_{MT-i})]\\&+\sum_{i=1}^{24}F_{MT-i}+\sum_{i=1}^{24}\frac{W}{Q_{lifetime-i}\sqrt{\eta_{rt}}}\end{aligned} \tag{3-39}$$

$$C_{OM}(P_{x-i})=K_{OM-x}\cdot P_{x-i} \tag{3-40}$$

$$Q_{\text{lifetime}-i} = DOD_i u_i \cdot \frac{q_{\max} V_{\text{nom}}}{1000} \tag{3-41}$$

$$F_{\text{MT}-i} = \frac{C}{LHV} \cdot \frac{P_{\text{MT}-i}}{\eta_{\text{MT}-i}} \tag{3-42}$$

（3）约束条件。由于引入了需求侧管理技术，在进行负荷响应的同时必须保证用户舒适度不会受到极大影响，因此，本文除了需要考虑到传统的微电网运行基本约束外，还需要将用户舒适度约束也考虑进来。

接下来，对微电网运行基本约束、针对热水器的时间/温度舒适度约束、针对空调的冷热环境舒适度约束、针对冰箱的温度容忍度约束进行详细阐述。

（1）微电网运行基本约束。

1）并网运行模式下。微电网系统应该保证系统出力和负荷的实时功率平衡，此为功率平衡约束，如式（3-43）所示。

$$P_{\text{pv}-i} + P_{\text{wt}-i} + P_{\text{bat}-i} + P_{\text{buy}-i} - O_{\text{sell}} P_{\text{sell}-i} + O_{\text{MT}} P_{\text{MT}-i} = P_{\text{load}-i} \tag{3-43}$$

微电网与配电网之间的功率交互不能超出电力传输设定值，此为电网传输容量约束，如式（3-44）～式（3-45）所示。

$$P_{\text{buymin}} \leqslant P_{\text{buy}-i} \leqslant P_{\text{buymax}} \tag{3-44}$$

$$P_{\text{sellmin}} \leqslant P_{\text{sell}-i} \leqslant P_{\text{sellmax}} \tag{3-45}$$

为了保证整个系统的安全性及稳定性，各个发电单元的实际功率输出都存在严格的限幅规定，此为发电容量约束，如式（3-46）所示。

$$P_{\min} \leqslant P_i \leqslant P_{\max} \tag{3-46}$$

在蓄电池工作过程中，应保持荷电状态在一定范围内。较大的充放电电流、蓄电池过充或过放等都会对蓄电池造成伤害，此为蓄电池工作约束条件，如式（3-47）～式（3-50）所示。

$$I_{\text{charge}} < I_{\text{chrage,max}} \tag{3-47}$$

$$I_{\text{discharge}} < I_{\text{dischrage,max}} \tag{3-48}$$

$$V_{\text{battery,min}} < V < V_{\text{battery,max}} \tag{3-49}$$

$$SOC_{\min} < SOC < SOC_{\max} \tag{3-50}$$

2）孤岛运行模式下。微电网系统应该保证系统出力和负荷的实时功率平衡，此为功率平衡约束，如式（3-47）所示。

$$P_{\text{pv}-i} + P_{\text{wt}-i} + P_{\text{bat}-i} + P_{\text{MT}-i} = P_{\text{load}-i} \tag{3-51}$$

各发电单元与蓄电池的约束条件与并网模式下无异，不再赘述。

（2）热水器工作条件约束。本文采用A.O.史密斯的EES-30型电热水器为算例进行负荷响应仿真，基于冷水供应充足的前提条件，假定热水器一直处在全充满状态，其详细参数见表3-3。

表3-3　热水器详细参数表

额定功率（W）	能量利用率（%）	水箱容量（L）	水温调节（℃）	尺寸（mm×mm×mm）
1250	97	120	37-75	520×530×1000

由热水器额定功率、能量利用率两个参数计算可得，热水器在开启状态下单位时间段内能向水箱提供 $Q_{hot}=4365\text{kJ}$ 热量，根据能量计算式（3-49），水箱内水温变化可以由式（3-50）描述。

$$Q_{hot}=cm\Delta T \tag{3-52}$$

$$T_{water}^{(n+1)}=T_{water}^{(n)}+8.66\cdot S_{water}^{(n)} \tag{3-53}$$

式中　Q_{hot}——热水器单位时间段内向水箱提供的热量，J；

c——水的比热容，取 $4.2\times10^3\text{J/(kg}\cdot℃)$；

m——水箱内水的质量，kg；

ΔT——水箱内水的温度变化量，℃；

S_{water}——热水器工作状态，$S_{water}=1$ 表示热水器开启，$S_{water}=0$ 表示热水器关闭。

本文假定空调的控制效果良好，即热水器外部温度保持在空调设定温度 26℃，则热水器单位时间段内流失的热能如式（3-54）所示。

$$Q_{loss}=h's'\Delta T' \tag{3-54}$$

式中　h'——水箱的热对流转换系数，取 0.15；

s'——热水器等效散热面积，取 1.68m^2；

$\Delta T'$——热水器内部水温与外部温度的差值。

对比式（3-52）及式（3-54），即便是在极端情况下，Q_{loss}/Q_{hot} 仍为 10^{-6} 量级，说明可以把水箱散热导致的水温下降忽略，即单位时间段内仅考虑散热作用对水温并不能产生影响。

用户对热水的需求一天内基本保持在平稳的较低水平，但是在 20：00 之后会发生洗浴高峰，因此本文设置热水器的约束条件是在一天的优化过程中，热水器水箱内水的温度在 20：00 达到洗浴所需热水温度，根据前期调查，设定为 65℃，即要保证式（3-55）成立。

$$M_{water}=(T_{water}^{20:00}-65)^2\approx0 \tag{3-55}$$

式中　$T_{water}^{20:00}$——20：00 时刻热水器内水的温度。

（3）空调工作条件约束。本文采用上海日立家用电器有限公司的 KFR-120LW/C3 空调为例进行负荷响应仿真，其详细参数如表 3-4 所示。

表 3-4　　空调详细参数表

输入功率（W）	能效比	额定制冷量（W）	耗能等级	循环风量（m^3/h）
4650	2.58	12 000	5	660

将上述参数带入已建立的空调模型，即式（3-28）～式（3-29）中，可得空调运行的数学模型如式（3-56）所示。

$$T_{in}^{n+1}=0.041T_{out}^{n+1}+0.959T_{in}^{n}-2.06\cdot S_{AC}^{n} \tag{3-56}$$

由前文人体舒适度研究可知，一般情况下，室内冷热环境舒适度可以由空气温度、空气平均流速、相对湿度及墙壁平均辐射温度四个参数综合决定。实际上，室内风速特别小，墙壁壁面温度与室内温度也没有太大差别，墙壁平均辐射温度的影响可以忽略不计，所以空气温度与相对湿度即评价房间冷热环境舒适度的两个因素，综合二者即可表示室内冷热环境的舒适度，但是湿度变化不能通过对空调开关状态的设置来控制，因此，本文设置房间最适宜温度为 26℃，上边界温度为 28℃，下边界温度为 24℃，即允许房间温度在（26±2)℃范围内变动。则，本文关于空调运行的约束条件如式（3-57）所示。

$$24 \leqslant T_{\text{in}-i} \leqslant 28 \tag{3-57}$$

式中　$T_{\text{in}-i}$——第 i 个时段的室内温度，℃。

（4）电冰箱工作条件约束。本文采用青岛海尔特种电冰箱有限公司的 SC-316 电冰箱为例进行负荷响应仿真，其详细参数如表 3-5 所示。

表 3-5　　　　电冰箱详细参数表

输入功率（W）	能耗等级	输入电流（A）	有效容积（L）	箱内温度（℃）
270	2	1.8	316	0～10

将表中各项参数带入前文建立的冰箱模型，即式（3-30）～式（3-32）中，可得冰箱运行的数学模型如式（3-58）所示。

$$T_{\text{c}}^{n+1} = 0.059T_{\text{in}}^{n+1} + 0.941T_{\text{c}}^{n} - 2.89 \cdot S_{\text{fridge}}^{n} \tag{3-58}$$

本文设置冰箱最适宜温度为 5℃，上边界温度为 6℃，下边界温度为 4℃，即允许冰箱冷藏室温度在（5±1)℃范围内变动。因此，本文关于冰箱温度容忍度的约束条件如式（3-59）所示。

$$4 \leqslant T_{\text{c}-i} \leqslant 6 \tag{3-59}$$

式中　$T_{\text{c}-i}$——第 i 个时段的冰箱冷藏室温度，℃。

3. 优化变量

（1）并网运行模式。风力发电系统出力及光伏发电系统的出力存在随机性，对其采用最大消纳原则，并不具备可调度性，因此，本文设定可优化变量为：储能系统功率交互（充电时为负值，放电时为正值）、微型燃气轮机出力、微电网与配电网电量交互（卖电时为负值，买电时为正值）、热水器工作状态、空调工作状态、冰箱工作状态，如下所示：

$$P_{\text{bat}-1}, P_{\text{bat}-2}, P_{\text{bat}-3}, \cdots, P_{\text{bat}-23}, P_{\text{bat}-24}$$

$$P_{\text{MT}-1}, P_{\text{MT}-2}, P_{\text{MT}-3}, \cdots, P_{\text{MT}-23}, P_{\text{MT}-24}$$

$$P_{\text{grid}-1}, P_{\text{grid}-2}, P_{\text{grid}-3}, \cdots, P_{\text{grid}-23}, P_{\text{grid}-24}$$

$$S_{\text{water}-1}, S_{\text{water}-2}, S_{\text{water}-3}, \cdots, S_{\text{water}-23}, S_{\text{water}-24}$$

$$S_{\text{AC}-1}, S_{\text{AC}-2}, S_{\text{AC}-3}, \cdots, S_{\text{AC}-23}, S_{\text{AC}-24}$$

$$S_{\text{fridge}-1}, S_{\text{fridge}-2}, S_{\text{fridge}-3}, \cdots, S_{\text{fridge}-23}, S_{\text{fridge}-24}$$

（2）孤岛运行模式。孤岛运行模式下不存在与配电网的电量交互，其他各方面与并网模式下无异，即可优化变量为：储能系统功率交互（充电时为负值，放电时为正值）、微型燃气轮机出力、热水器工作状态、空调工作状态、冰箱工作状态，如下所示：

$$P_{\text{bat}-1}, P_{\text{bat}-2}, P_{\text{bat}-3}, \cdots, P_{\text{bat}-23}, P_{\text{bat}-24}$$

$$P_{\text{MT}-1}, P_{\text{MT}-2}, P_{\text{MT}-3}, \cdots, P_{\text{MT}-23}, P_{\text{MT}-24}$$

$$S_{\text{water}-1}, S_{\text{water}-2}, S_{\text{water}-3}, \cdots, S_{\text{water}-23}, S_{\text{water}-24}$$

$$S_{\text{AC}-1}, S_{\text{AC}-2}, S_{\text{AC}-3}, \cdots, S_{\text{AC}-23}, S_{\text{AC}-24}$$

$$S_{\text{fridge}-1}, S_{\text{fridge}-2}, S_{\text{fridge}-3}, \cdots, S_{\text{fridge}-23}, S_{\text{fridge}-24}$$

二、改进的粒子群算法

微电网系统中的可再生能源、储能装备、负荷及与配电网能量交互之间存在着复杂的匹配关系，不论处于并网状态还是孤岛状态下，微电网的优化运行问题都是高维度、多约束、多变量、非线性的复杂问题。

非线性规划法、混合整数规划法等传统的优化算法求得的全局最优解不够精确，因此神经网络、动态规划法、遗传算法及粒子群算法等新方法得以发展。其中，粒子群算法具有简单通用、精度高、收敛快、鲁棒性强等优点，在求解复杂问题上体现出了极强的优越性。但是，粒子群算法的优化过程容易受初始值影响，且陷入局部极值的可能性较大，本节针对其缺点，对粒子群算法进行了相应改进。

1. 粒子群算法基本原理

基于对鸟群觅食行为的详细研究，Kennedy 和 Eberhart 在 1995 年提出了粒子群优化算法（Rarticle Swarm Optimization，PSO），其核心思想是信息共享，粒子之间相互借鉴经验，共同促进种群发展。最近几年，为解决多目标优化问题，多目标粒子群算法（multi objective particle swarm optimization，MOPSO）得到了快速发展，其中，基于 Pareto 最优概念的 MOPSO 最为常见。

PSO 算法利用一群代表候选解的粒子的迭代进化来解决问题。粒子不存在质量和体积，只有位置、速度、适应度三种属性。其中，位置代表候选解的决策向量，表示粒子在决策区域中的位置；速度代表上一次移动中候选解决策向量发生的变化，表示粒子在决策区域中移动的长度及方向；适应度代表候选解的目标向量，表示粒子在目标区域中的优劣程度。算法中各个粒子的个体最优位置指的是该粒子经过的所有位置中适应度最好的位置，记为 p_{best}，种群全局最优位置指的是所有个体最优位置中适应度最好的位置，记为 g_{best}，所有粒子个体通过向 p_{best} 及 g_{best} 不断学习最终靠近食物所在位置。

粒子位置及速度调整示意图如 3-8 所示。其中，v_1 是粒子向 g_{best} 方向靠近的速度，由“社会群体”引起，v_2 是粒子向 p_{best} 方向靠近的速度，由“自身学习”引起，v_3 是粒子自身原来的速度，☆是全局最优解所处位置。粒子在 v_1、v_2、v_3 共同作用下，从 x_t 移动到新的位置 x_{t+1}，下一迭代时刻开始时，粒子将以 x_{t+1} 为初始迭代位置，按照此步骤使所有粒子最终逼近全局最优解所在位置。

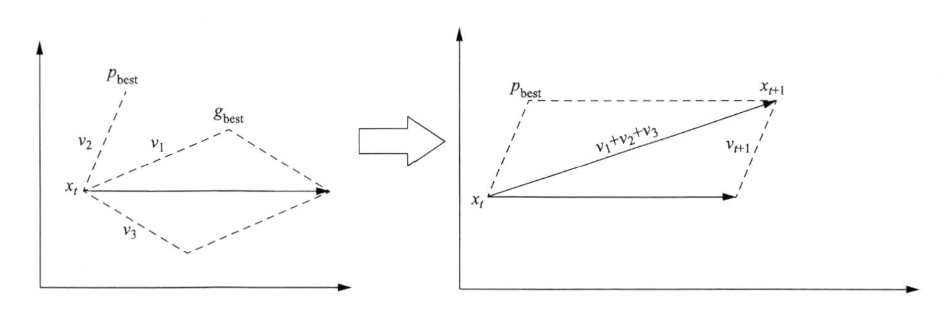

图 3-8 粒子位置及速度调整示意图

粒子速度更新的计算公式是粒子群算法最关键的地方。假定粒子群算法的种群规模为 N，优化问题的维度为 D，且在 t 时刻某粒子的位置坐标是 $x_j(t)=(x_1, x_2, \cdots x_i \cdots, x_D)$，速

度是 $v_j(t)=(v_1, v_2, \cdots, v_i, \cdots, v_D)$，则在 $t+1$ 时刻，该粒子的速度 $v_j(t+1)$ 及位置 $x_j(t+1)$ 如式（3-60）～式（3-61）所示。

$$v_j(t+1) = \omega v_j(t) + C_1\Phi_1[p_{\text{best}} - x_j(t)] + C_2\Phi_2[g_{\text{best}} - x_j(t)] \tag{3-60}$$

$$x_j(t+1) = x_j(t) + v_j(t+1) \tag{3-61}$$

式中　ω——惯性权重，代表粒子惯性对速度产生影响的程度，用以调节 PSO 算法的局部与全局寻优能力；

C_1——针对个体经验的学习因子；

C_2——针对社会经验的学习因子；

Φ_1——（0，1）区间内的某随机数；

Φ_2——（0，1）区间内的某随机数。

基本 PSO 算法一般流程如下：

Step1：种群初始化，在 D 维问题空间中随机产生粒子的位置 x_{id}^k 与速度 v_{id}^k，设置各个参数的初始值，C_1，C_2，$v_{\max}$，$v_{\min}$，随机产生 Φ_1，Φ_2；

Step2：粒子评价，对所有粒子计算优化函数的适应值；

Step3：个体最优值更新，将每个粒子的适应值与之前该个体的最优值 p_{best} 做比较，若比 p_{best} 好，则将当前值其更替成新的个体最优值；

Step4：全局最优值更新，将所有粒子的适应值与之前所有粒子的最优值 g_{best} 做比较，若比 g_{best} 好，则将当前值更替成新的全局最优值；

Step5：粒子更新，依据式（3-60）～式（3-61）来更新粒子速度和位置；

Step6：$t=t+1$，计算 $t+1$ 代的适应值，并重新确定 p_{best} 及 g_{best}；

Step7：循环回到 step2 直到满足终止条件，一般为满足最好适应值或最大迭代次数，结果输出。

2. 粒子群算法的改进

PSO 算法优势明显，但仍然存在以下两大问题。

（1）早期收敛较快，在参数值设定为较大值时，问题将更严重，粒子会由于探寻太快与最优解错过，引起算法不能收敛。即使收敛了，也会由于其他粒子的跟随作用，随着某个粒子向同一个方向靠近，导致形成趋向同一化结构，直接导致算法最终优化精度降低。

（2）应用到复杂问题中时经常出现“早熟”现象，即粒子在找到全局极值点之前，在某一个位置停止飞行，而这个收敛位置很有可能只是局部极值点，也有可能仅仅是局部极值附近领域中的某一个点。

本文为了避免粒子群算法提前收敛到局部最优解，将其从以下三个方面进行修正与改进。

（1）变异算子策略改进全局最优值。PSO 算法存在“早熟”现象的根本原因是该算法机制是单向信息流，在每次的粒子更新过程中，某一个粒子的方向和速度都会受到其他粒子的影响。假定种群中某一个粒子获得了较优解，则所有其他粒子都会向这一位置靠近，这种前提下，若该位置只是局部最优值位置，则算法将极易出现局部最优问题。

存在相同境遇的是遗传算法，该算法中没有复制的后代个体中可能带有关键信息或者初始化种群没有包含解决问题所需的全部信息，针对这些问题，遗传算法采用在群体中注入新信息作为解决途径，即采用“基因突变”的方式来进行算法改进。依据该思想，本文在PSO算法中引入变异算子。

PSO算法出现“早熟”现象或陷入局部最优的现象在最优解 g_{best} 中表现的最明显。因此，若对 g_{best} 进行变异，会牵引粒子种群变更飞行的方向，进入空间其他区域进行探寻，使种群可以进一步探究潜在最优解，若将这个过程反复进行，那么算法将有更多的可能性来跳出局部最优解。

在算法中引入变异算子，也就是进行算法迭代时，在全局最优值 g_{best} 中引入随机扰动量，如式（3-62）所示。

$$g_{best}=g_{best}\cdot(1+0.5\mu) \tag{3-62}$$

式中 μ——一组方差为1、均值为0的标准正态分布随机变量，维数与 g_{best} 相同。

引入变异算子可以增加种群多样性，提高算法摆脱局部最优解的能力，使算法在迭代过程中避免太早陷入“早熟”问题。

（2）反余弦策略改进学习因子。PSO算法中，学习因子 C_1 及 C_2 决定了粒子个体的历史信息及种群所有的粒子历史信息对粒子当前运动轨迹的影响程度，反映了粒子向自身最优位置及全局最优位置运动的加速比重。C_1 值太大，会使粒子在局部小范围内徘徊；C_2 值太大，会使粒子容易收敛到局部最优值；C_1 或 C_2 太小，会使粒子在远离目标的区域内震荡。因此，学习因子的合理设置对PSO算法寻优具有重大意义。

传统的PSO算法采用固定学习因子的方法，力求算法在局部和全局探寻能力之间能够达到平衡，针对不同的求解问题，C_1 及 C_2 的取值一般应该在1.0～2.5。最理想的状态是，在探寻初期，使粒子尽可能地分布在整个探寻区域，来保证粒子种群的多样性，在探寻末期，使粒子维持一定的速度，以便尽可能地跳出局部极值带来的干扰。部分文献提出了线性调整加速因子取值的理论，即采用 C_1 先大后小、C_2 先小后大的思路，其主要方法是在算法探寻初期令个体飞行速度主要取决于自身信息，而在探寻后期则更偏重于受群体信息影响。线性改进加速因子的方法在部分算例中表现良好，但由于探寻前期 C_1 过大、C_2 过小导致粒子在整个探寻区域过度徘徊，而探寻后期 C_1 过小、C_2 过大又使粒子过度缺乏多样性，因此导致粒子种群过早的收敛到局部最优。

为了解决上述问题，本文采用反余弦策略改进学习因子，如图3-9所示，其具体构造方式如式（3-63）、式（3-64）所示。

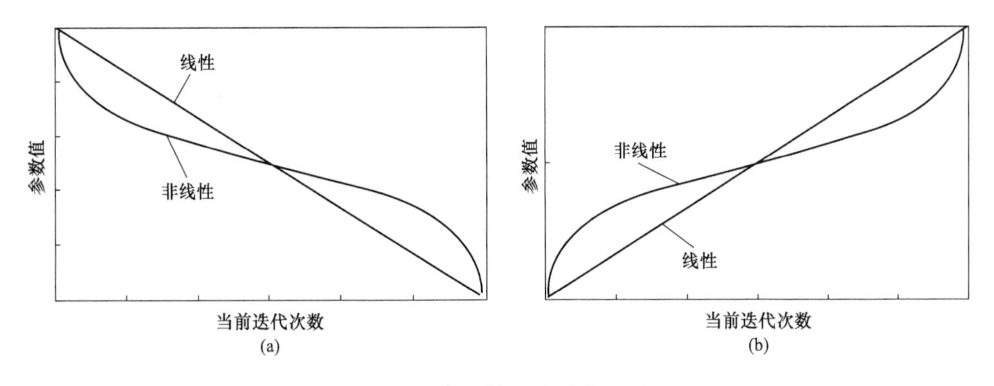

图3-9 反余弦策略改进学习因子

（a）方式（一）；（b）方式（二）

$$C_1 = C_{1S} + \left[1 - \frac{\arccos\left(1 - \frac{2t}{T}\right)}{\Pi}\right] \cdot (C_{1E} - C_{1S}) \tag{3-63}$$

$$C_2 = C_{2S} + \left[1 - \frac{\arccos\left(1 - \frac{2t}{T}\right)}{\Pi}\right] \cdot (C_{2E} - C_{2S}) \tag{3-64}$$

该策略可以在算法探寻初期通过增加 C_1 及 C_2 的变化使算法尽快进入局部探寻，在算法探寻后期具有比线性函数策略更合理的 C_1 及 C_2 值，使粒子可以维持一定的探寻速度，从而避免了粒子种群出现过早收敛。

（3）带控制因子的非线性递减策略改进惯性权重。在 PSO 算法中，惯性权重具有使粒子保持运动惯性的作用，可以平衡算法的局部探寻及全局探寻能力之间的关系。如果惯性权重大，则全局探寻能力强，局部探寻能力弱，算法收敛速度快，但寻优精度低；如果惯性权重小，则局部探寻能力强，全局探寻能力弱，算法收敛速度慢，但寻优精度高。因此，设置合理的惯性权重可以使算法收敛速度和算法求解精度之间达到最优平衡，是直接影响到算法优化的性能的关键。

部分文献提出了利用线性递减方法改进惯性权重的理论，希望通过该方法使算法在探寻初期有较强的全局探寻能力，尽快找到解的范围所在，同时在探寻后期有较强的局部探寻能力，来加快算法的收敛速度。线性递减改进惯性权重的方法在某些特殊背景下有不错的优化效果，但是这种策略若在运行开始阶段没有探寻到较好的点，随着惯性权重的减小，全局探寻能力越来越弱，局部探寻能力不断增强，极易使算法陷入局部最优值。

针对上述问题，本文采用带控制因子的非线性递减策略来对惯性权重进行改进，其具体实现方式如式（3-65）所示。

$$\omega(t) = (\omega_{\max} - \omega_{\min} - d_1) \cdot e^{\frac{1}{1+d_2 \cdot t/T}} \tag{3-65}$$

该策略的采用令算法探寻初期有较大的惯性权重，使粒子可以在整个探寻区域快速探寻，以迅速找到最优值大致范围，而在算法探寻后期，惯性权重的不断减小，大部分粒子的探寻范围减小且基本集中在最优值附近。该策略在一定程度上继承了线性递减及线性递增两种策略的优点，并克服了它们的缺点，使得算法的探寻精度及探寻速度都有显著提高。

三、基于改进粒子群算法的微电网优化运行方法

1. 优化运行情况分析

一般情况而言，微电网有独立并网双模式，但根据微电网是否可以与电力系统进行电能交互、是否以自发自用为主，本文给出了以下三种典型的微电网运行模式，并将在三种模式下分别分析是否采用需求响应技术对整个微电网系统运行经济性的影响。

运行模式一：并网运行，微电网可以与电力系统实现双向互联，MT 开启，优先利用分布式能源，优先利用微电网内部各分布式电源的有功出力满足系统需求。

运行模式二：并网运行，微电网只能从电力系统购电，MT 开启，优先利用分布式能源，优先利用微电网内部各分布式电源的有功出力满足系统需求。

运行模式三：孤岛运行，微电网与电力系统不进行能量交换，MT 开启，优先利用分布式能源。

2. 系统优化运行步骤

（1）算法初始化。设置种群规模 $N=50$，粒子维度 $D=72$，迭代次数 $M=800$。

学习因子参数设置，$C_{1S}=2.5$，$C_{1E}=0.5$，$C_{2S}=0.5$，$C_{2E}=2.5$。

惯性权重参数设置，$W_{max}=0.95$，$W_{min}=0.4$。

粒子最大、最小速度限值，$V_{max}=0.05$，$V_{min}=-0.05$；热水器水温最大、最小限值，$T_{water.max}=75$，$T_{water.min}=35$；空调房室内温度最大、最小限值，$T_{in.max}=28$，$T_{in.min}=24$；冰箱冷藏室温度最大、最小限值，$T_{C.max}=6$，$T_{C.min}=4$。

微型燃气轮机最大、最小功率输出限值，$PMT_{max}=2000$、$PMT_{min}=0$；电池储能最大充、放功率限值，$P_{batmax}=159.727$、$P_{batmin}=-21.197$；微电网与电力系统交互功率限值，$P_{buymax}=6000$、$P_{buymin}=-6000$。

风力发电机一天 24h 的功率预测值 $P_{wt-i}(i=1,2,\cdots,24)$，根据风力发电系统建模型，由下节显示；光伏电池一天 24h 的功率预测值 $P_{pv-i}(i=1,2,\cdots,24)$，根据光伏发电系统建模型，由下节显示；一天 24h 的负荷需求的预测值 $P_{load-i}(i=1,2,\cdots,24)$。

（2）产生符合条件的初始粒子。随机产生维数为 72、种群规模为 50 的粒子 pop 作为目标向量，其 1～24 维表示微燃机输出功率，25～48 维表示电池储能充放电功率，49～72 维表示微电网、电力系统交互功率。三种运行模式下，初始粒子产生的流程分别如图 3-11～图 3-13 所示。图中，pop 是目标向量，其 1-24 维代表 MT 的输出功率，25～48 维代表电池储能的充放电功率，49～72 维代表微电网、电力系统的交互功率，j 代表粒子，i 代表粒子维度。

（3）需求响应操作。此步骤只针对三种运行模式下的采取需求响应的实验组进行操作，对于不采取需求响应的对照组而言，此部分跳过。

对于热水器设备，在 i 起始时刻，判断热水器内部水温 T_{water}，若满足 $T_{water}\geqslant T_{watermin}$，令 $S_{water-i}=0$，$P_{load-i}=P_{load-i}-P_{water}*x$，$x$ 为热水器负荷的可控程度，例如 $x=0.8$ 表示全部热水器负荷中的 80%可被控制；若满足 $T_{water}\leqslant T_{watermin}$，令 $S_{water-i}=1$，P_{load-i}保持不变，然后根据设备开关状态进行水温计算，$T_{water}^{(n+1)}=T_{water}^{(n)}+8.66\cdot S_{water}^{(n)}$。值得注意的是，本文对热水器的约束条件是令水温在晚上 8 点达到 65℃，即 $T_{water}^{20:00}-65\approx 0$，所以要求在 $i=20$ 的前几个时间段对 S_{water}进行优化。在 $t=i+1$ 起始时刻，重复执行上述操作。

对于空调设备，在 i 起始时刻，判断室内温度 T_{in}，若满足 $T_{inmax}\geqslant T_{in}\geqslant T_{inmin}$，令 $S_{AC-i}=0$，$P_{load-i}=P_{load-i}-P_{AC}*y$，$y$ 为空调负荷的可控程度，例如当 $y=0.61$ 时表示全部空调负荷中的 61%可被控制；若满足 $T_{in}\geqslant T_{inmax}$或者 $T_{in}\leqslant T_{inmin}$，令 $S_{AC-i}=1$，P_{load-i}保持不变。然后根据设备开关状态以及当前时刻室外温度进行室内温度计算，$T_{in}^{n+1}=0.041T_{out}^{n+1}+0.959T_{in}^{n}-2.06\cdot S_{AC}^{n}$。在 $t=i+1$ 起始时刻，重复执行上述操作。

对于冰箱设备，在 i 起始时刻，判断冰箱冷藏室温度室内温度 T_{c}，若满足 $T_{cmax}\geqslant T_{c}\geqslant T_{cmin}$，令 $S_{fridge-i}=0$，$P_{load-i}=P_{load-i}-P_{fridge}\cdot z$，$z$ 为冰箱负荷的可控程度，例如当 $z=0.77$ 时表示 77%的冰箱负荷可被控制；若满足 $T_{c}\geqslant T_{cmax}$，令 $S_{fridge-i}=1$，P_{load-i}保持不变。然后根据设备开关状态以及室内温度进行冰箱冷藏室温度计算，$T_{c}^{n+1}=0.059T_{in}^{n+1}+0.941T_{c}^{n}-2.89\cdot S_{fridge}^{n}$。在 $t=i+1$ 起始时刻，重复执行上述操作。

（4）改进PSO算法求最优解。将上述操作后的粒子作为种群初始值代入改进PSO算法。将单个粒子经历过的所有位置中的最佳位置记为个体最优位置 p_{best}，将所有粒子经历过的最佳位置记为全局最优位置 g_{best}。

令 $k=0$，当 $k<M$ 时执行以下循环。

1）根据式（3-65）更新惯性权重 ω，根据式（3-63）及式（3-64）更新学习因子 C_1、C_2，根据式（3-62）对全局最优位置 g_{best} 进行变异操作，最后，根据式（3-60）更新所有粒子的速度 $v(j,:)$，当 $v(j,\ i)>0.05$ 时，令 $v(j,i)=0.05$，当 $v\ (j,\ i)<-0.05$ 时，令 $v(j,i)=-0.05$。

2）根据式（3-61）更新粒子位置 $pop_{\text{best}}(j,:)$，更新后的粒子 $pop_{\text{kbest}}(j,:)$ 可能不符合限制条件或者运行模式要求，此时对各运行模式下初始粒子产生流程中的限制条件及步骤（3）中的限制条件对其进行修正。

3）使 $k=k+1$，将原有个体最优位置 $pop_{\text{best}}(j,:)$ 替换为单个粒子经历过的最好位置，将原有全局最优位置 $pop_{\text{best}}(bestindex,:)$ 替换为所有粒子经历过的最好位置。输出 $pop_{\text{best}}(bestindex,\ 25:48)$、$pop_{\text{best}}(bestindex,\ 49:72)$，分别代表微型燃机、电池储能、电力系统1天的优化调度功率。

四、小结

本节根据微电网的实际运行情况，分别建立了风力发电、光伏发电、微型燃气轮机、电池储能、负荷响应等单元的数学模型，优化目标函数包含维护费用、燃料费用、电网交互费用、电池储能全寿命周期损耗费用，并且制定了针对微电网实际运行的功率平衡、各发电单元容量限制、储能充放电限制、用户舒适容忍度等多种约束条件。紧接着，介绍了PSO算法的基本原理，并针对PSO算法易出现早熟现象及易陷入局都最优解现象，提出了综合改进PSO算法，并阐明了改进原理。然后，根据微电网与电力系统间能否进行电能交换、是否以自发自用为主以及间歇式单元组合的不同，提出了三种微电网运行模式。最后，给出了改进PSO算法求解微电网在三种不同运行模式下的优化运行方法。

第三节　微电网优化运行仿真分析

微电网主要采用多种能源互补供电来保证系统负荷需求，微电网中发电单元的组成、各发电单元的容量配比、微电网的工作模式及负荷响应的参与度都可以影响系统的运维费用。本章建立了一个含多种微源及复合负荷的微电网，其系统架构如图3-10所示。以第二章中各单元的功率输出模型为基础，采用第三章中的改进PSO算法，利用Matlab仿真软件，以夏季典型日该微电网为某居民区供电为例，研究了微电网在三种运行模式、是否采用需求响应六种情况下的优化运行，并对六种情况下的优化结果进行了分析和比较。

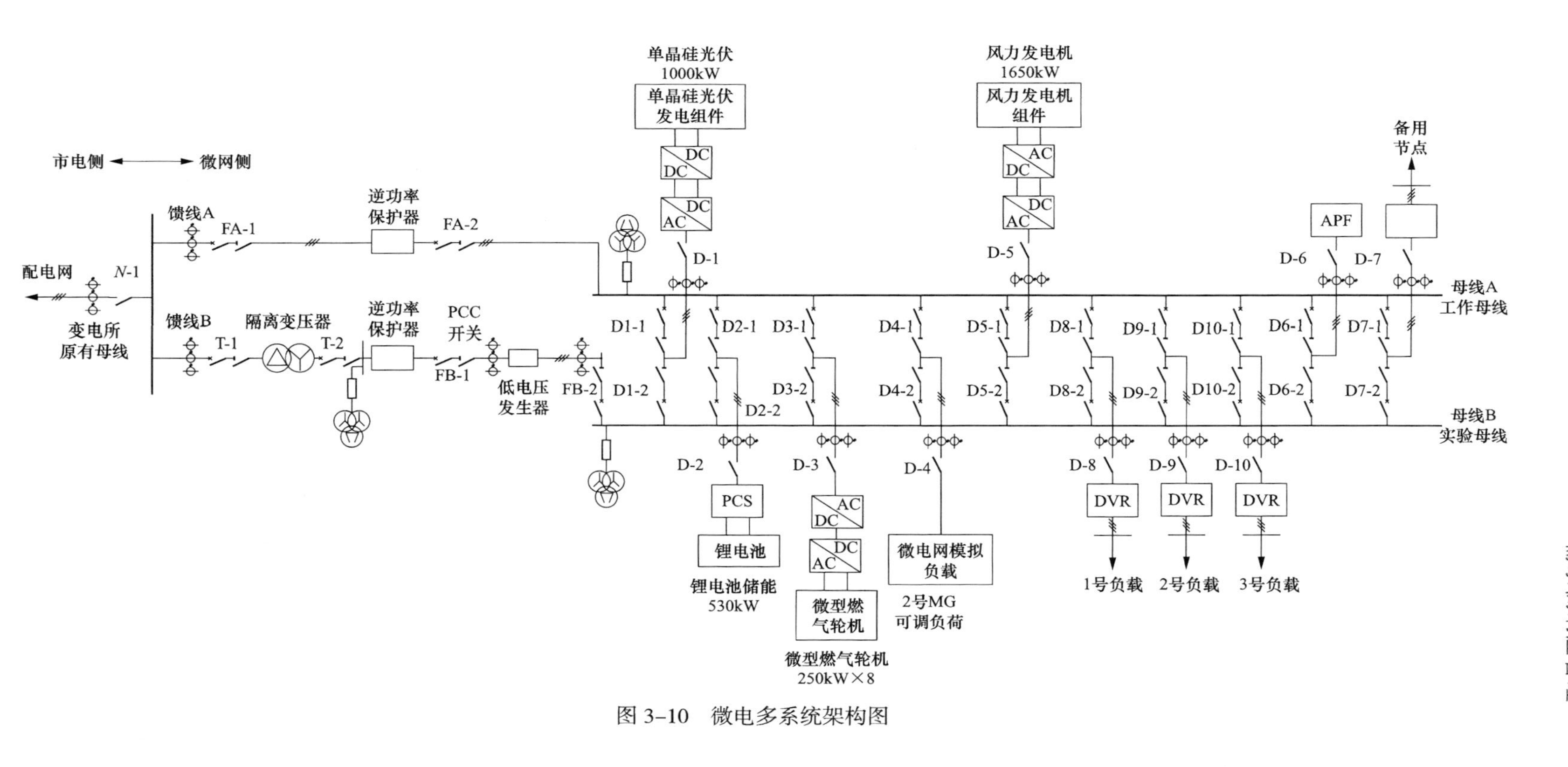

图 3-10 微电多系统架构图

一、微电网仿真参数设置

1. 风力发电系统

本文采用 Vestas V82 风力发电机为例进行仿真，其详细参数如表 3-6 所示。

表 3-6　　风力发电系统仿真参数

额定功率 P_r（kW）	切入风速 v_{ci}（m/s）	额定风速 v_r（m/s）	切出风速 v_{co}（m/s）
1650	4	12	25

本文风速选用上海市某地区夏季典型日的平均风速测量数据，如表 3-7 所示。

表 3-7　　上海夏季典型日平均风速

时段（h）	平均风速（m/s）	时段（h）	平均风速（m/s）
0：00～1：00	10.27	12：00～13：00	10.68
1：00～2：00	9.34	13：00～14：00	11.02
2：00～3：00	10.52	14：00～15：00	13.92
3：00～4：00	10.67	15：00～16：00	14.16
4：00～5：00	10.48	16：00～17：00	12.81
5：00～6：00	11.45	17：00～18：00	10.58
6：00～7：00	10.28	18：00～19：00	8.04
7：00～8：00	9.9	19：00～20：00	9.07
8：00～9：00	10.92	20：00～21：00	10.43
9：00～10：00	8.94	21：00～22：00	10.4
10：00～11：00	8.91	22：00～23：00	9.97
11：00～12：00	9.7	23：00～24：00	11.71

根据风力发电系统模型，利用 Matlab 软件，可得风力发电系统在夏季典型日的输出功率，如图 3-11 所示。

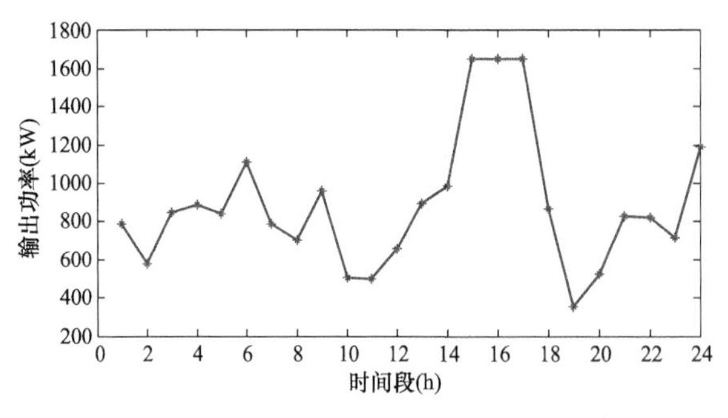

图 3-11　夏季典型日风机功率输出曲线

由图 3-11 可知，上海市夏季风速在一天 24 个时段中，只有 14：00-17：00 达到了额定风速，风功率输出为额定功率 1650kW，其余时刻均不能达到风力发电机的额定风速，所以风力发电机发电功率随着风速的增大而增加，出力表现为跟随型。

2. 光伏发电系统

本文光伏发电系统选用额定容量为 1000kW 的单晶硅光伏电池组，其仿真参数如表 3-8 所示。

表 3-8　　光伏发电系统仿真参数

额定容量 Y_{PY}	功率温度系数 α_P	晴朗指数 k_T	反照率 ρ_g	光伏电池近似温度 T_c
1000kW	−0.0047	0.47	0.55	47℃

本文光照强度选用上海市某地区夏季典型日的平均太阳辐射强度测量数据，该数据采集自太阳辐射强度测量仪。测量仪工作模式为每五分钟采集一个数据，因此数据量较大，将典型日全天数据导入 Excel 表格，利用软件自带绘图工具制图，结果如图 3-12 所示。

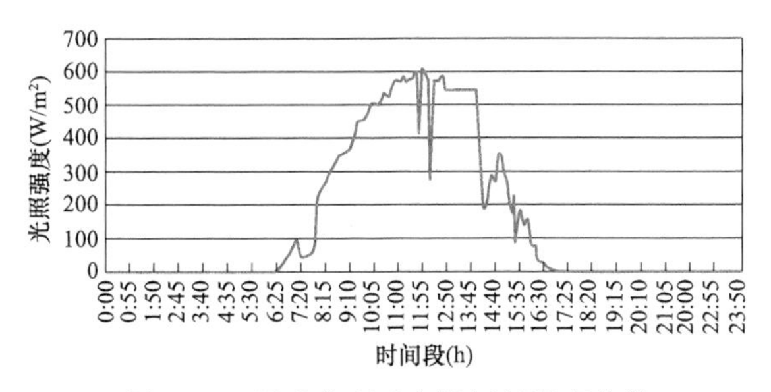

图 3-12　夏季典型日太阳辐射强度曲线

根据光伏发电系统模型，利用 Matlab 软件，可得光伏发电系统在夏季典型日的功率输出，如图 3-13 所示。

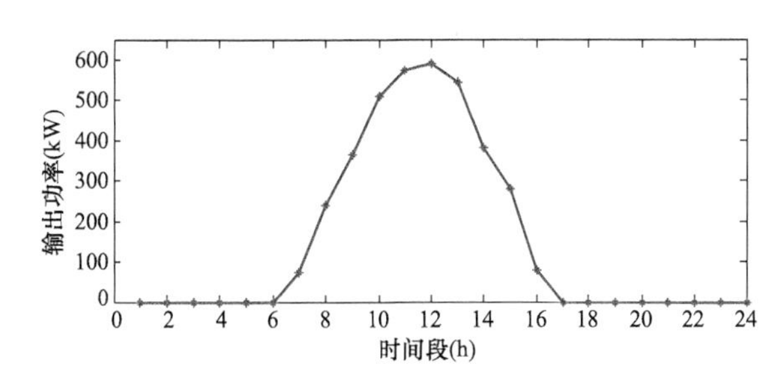

图 3-13　夏季典型日光伏发电系统功率输出曲线

由图 3-12 及图 3-13 可知，由于上海地区地理位置关系，太阳辐射强度在 11：00-13：00 附近最大，约为 600W/m²，光伏发电系统受到光照强度较弱的约束，在一天中 24 个时段始终没有达到额定功率，其功率输出随着光照强度的变化而变化，出力表现为跟随型。

3. 外界温度及负荷需求

本文外界温度数据及负荷需求数据采用上海某地区一小区的夏季典型日数据，分别如图 3-14 及图 3-15 所示。

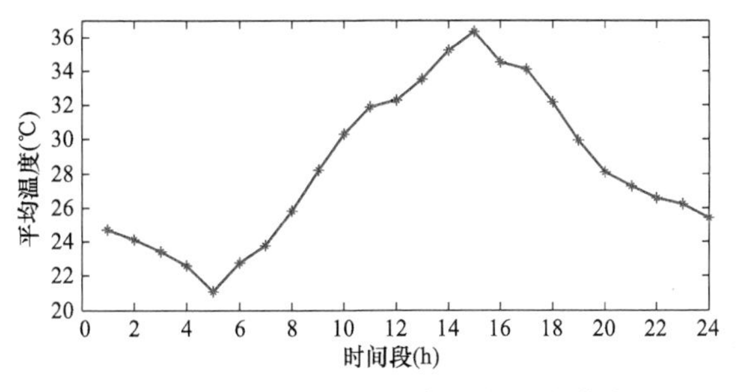

图 3-14　夏季典型日室外平均温度曲线

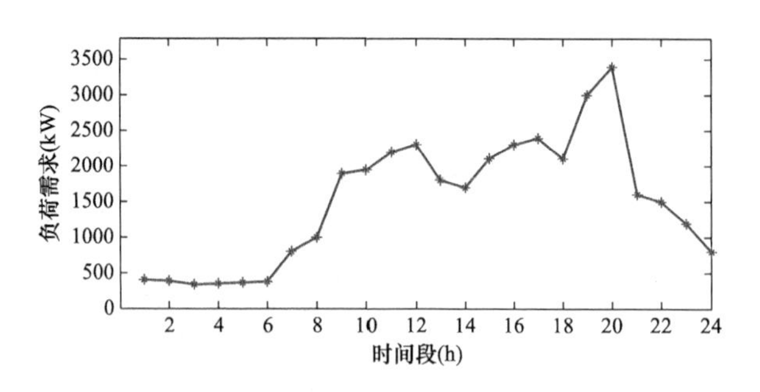

图 3-15 夏季典型日负荷需求曲线

4. 其他参数

若要计算微电网系统的运行维护成本，必须要考虑各个发电单元的维护系数，本文维护系数的设置参考了文献［55］、文献［61］，见表 3-9。

表 3-9 各个发电单元维护系数

类型	光伏发电系统	风力发电系统	微型燃气轮机系统
维护系数 K_{OM}(元/kWh)	0.0096	0.0296	0.0401

微电网系统处于并网模式时会与配电网产生电力交互，此时需要考虑交互电价的影响，本文设置配电网与微电网的交互电价方案见表 3-10。

表 3-10 配电网与微电网交互电价方案

类型	固定电价(元/kWh)	分时电价（元/kWh）		
		峰时	平时	谷时
买电	0.50	0.83	0.49	0.17
卖电	0.39	0.65	0.38	0.13

表 3-10 中，谷时段为 0：00～5：00 及 22：00～24：00，平时段为 6：00～7：00、11：00～12：00 及 17：00，峰时段为 8：00～10：00、13：00～16：00 及 18：00～21：00。

二、三种运行模式下的两种优化运行方法仿真分析

对微电网系统进行运行优化受到许多因素的影响，微电网系统首先有独立并网模式，并网模式下又存在两种不同的运行模式，不同的运行模式及不同的优化运行方案得出的优化结果均不相同。接下来，根据本章提出的运行优化方法，针对三种运行模式下的微电网进行仿真分析，对比采用需求响应前后的优化效果，并对仿真结果进行展示和分析。

1. 运行模式一下的仿真分析

在不采取需求响应的情况下，微电网在运行模式一下的优化运行仿真结果如图 3-16～图 3-18 所示。

在采取需求响应的情况下，微电网在运行模式一下的优化运行仿真结果如图 3-19～图 3-21 所示。

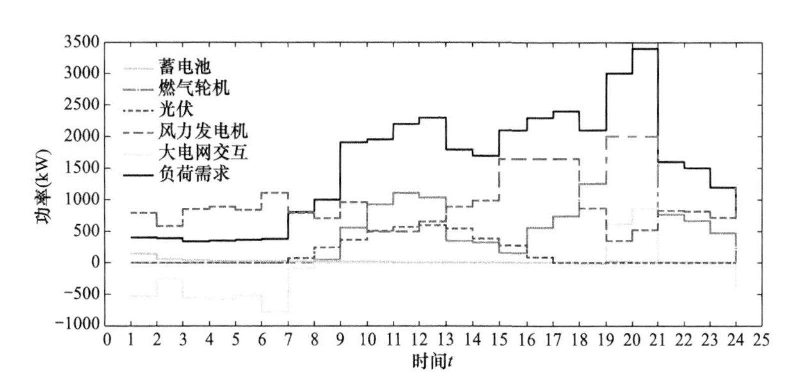

图 3-16　无需求响应情况下运行模式一的优化运行结果

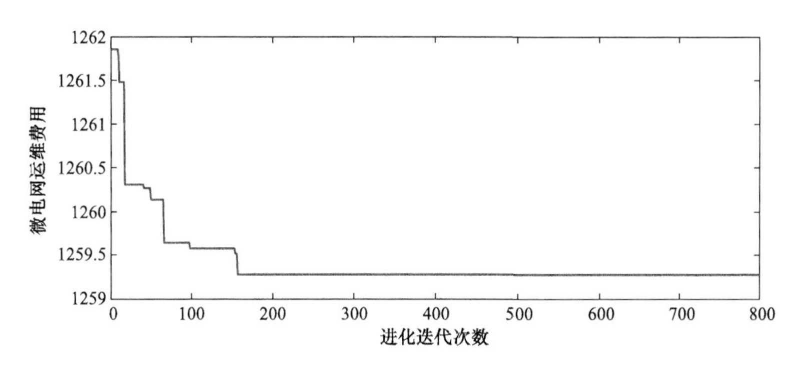

图 3-17　无需求响应情况下运行模式一的进化迭代效果

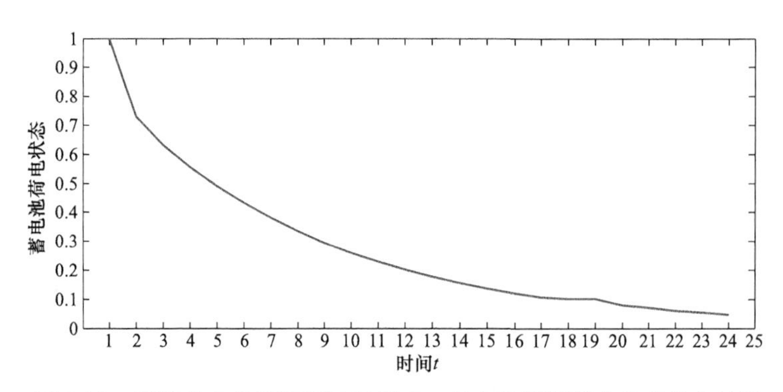

图 3-18　无需求响应情况下运行模式一的电池储能荷电状态优化结果

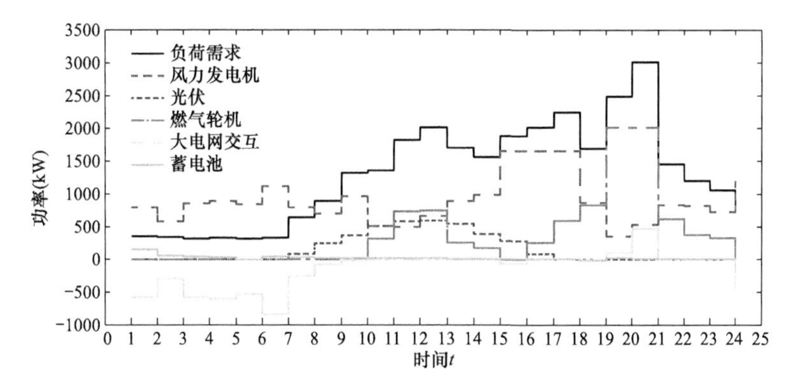

图 3-19　有需求响应情况下运行模式一的优化运行结果

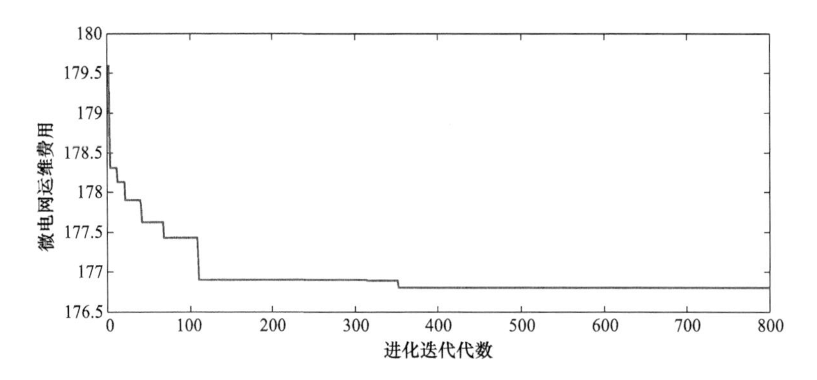

图 3-20 有需求响应情况下运行模式一的进化迭代效果

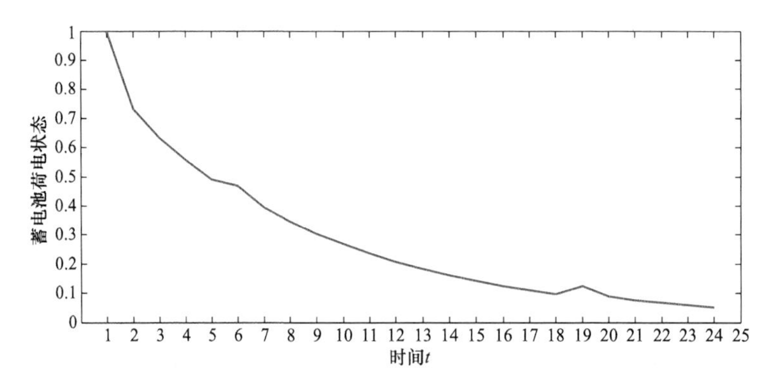

图 3-21 有需求响应情况下运行模式一的电池储能荷电状态优化结果

分析图 3-16 及图 3-19 的优化结果可知，在 1：00～8：00 负荷需求量较少，微型燃汽轮机（MT）没有出力，负荷需求的电能主要由风力发电系统进行提供，多余的电能出售给电力系统。在 8：00～17：00，负荷需求增大，但此时光照条件较好，光伏系统和风力发电系统配合作用，一起为负荷供电。在 9：00～24：00，光伏系统和风力发电系统的联合功率出力仍然不能满足负荷需求，MT 开启，配合可再生能源一起满足负荷。在 19：00～21：00，负荷需求达到高峰，MT 以最大功率输出，但是仍然不能满足负荷需求，微电网只能从电力系统买电。

分析图 3-17 及图 3-20 可知，在采取需求响应前后，采用改进 PSO 算法均能在迭代 400 次之前得到最优解，但是采取需求响应之后得到的更慢一些，原因是需求响应的采取使算法增添了更多约束条件，增加了算法的复杂程度。从优化结果可以看出，需求响应的采取使微电网的运行维护费用得到了极大的降低。对比图 3-18 及图 3-21，可以清楚地看出，电池储能的荷电状态只在 5：00～6：00 及 18：00～20：00 有细微差别，由于负荷需求的减少使得电池储能得以充电，但在优化结束时刻，两种情况对电池储能的放电调度同样彻底。

2. 运行模式二下的仿真分析

在不采取需求响应的情况下，微电网在运行模式二下的优化运行仿真结果如图 3-22～图 3-24 所示。

在采取需求响应的情况下，微电网在运行模式二下的优化运行仿真结果如图 3-25～图 3-27 所示。

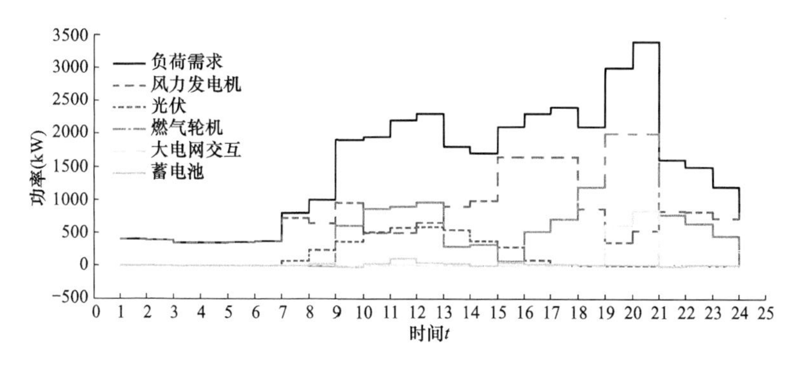

图 3-22　无需求响应情况下运行模式二的优化运行结果

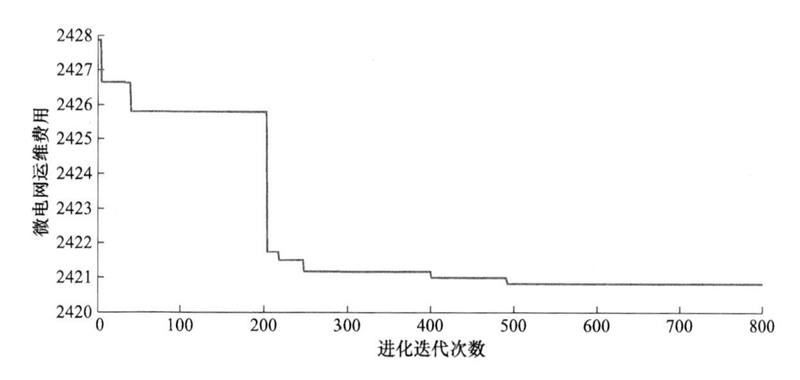

图 3-23　无需求响应情况下运行模式二的进化迭代效果

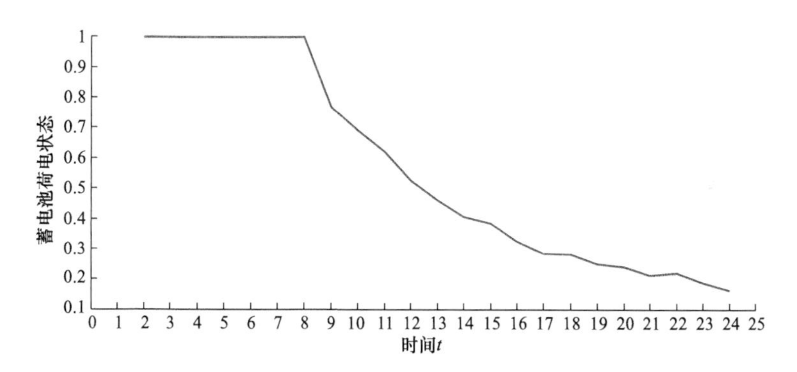

图 3-24　无需求响应情况下运行模式二的电池储能荷电状态优化结果

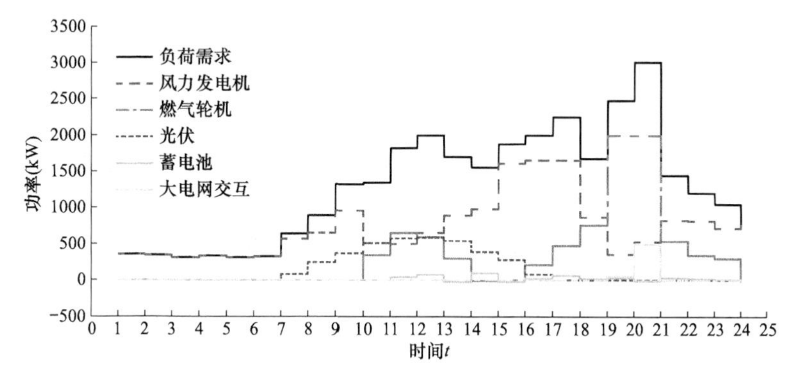

图 3-25　有需求响应情况下运行模式二的优化运行结果

分析图 3-22 及图 3-25 的优化结果可知，在 1：00～7：00，负荷需求量极小，风力发电系统发出的电能可以满足负荷需求，但是由于该模式下不允许微电网售电给电力系统，所以只能选择切掉了风力发电机多发出的电能。在 7：00～9：00，光照强度已经满足光伏发电条件，光伏发电系统和风力发电系统共同给负荷供电，考虑到光伏发电系统的维护费用比风力发电机的低很多，所以优先使用光伏电池所发功率。在 10：00～24：00，负荷需求很大，光伏发电系统及风力发电机提供的电能不能够满足负荷需求，MT 开启，和光伏电池、风力发电机、电池储能一起协调工作，为负荷提供电能。需求响应是否采取对各个发电单元的调度差异主要体现在微型燃气轮机的开启时间及功率输出上，其出力会由于负荷需求的减少而减少。

分析图 3-23 及图 3-26 可知，在采取需求响应前后，采用改进 PSO 算法均能在迭代 550 次之前得到最优解，但是采取需求响应之后得到的更慢一些，原因与运行模式一下完全相同。从优化结果可以看出，需求响应的采取使微电网的运行维护费用得到了极大的降低。对比图 3-24 与图 3-27，可以清楚地看出，电池储能的荷电状态基本走势是相同的，但在 13：00～16：00 有明显差异，有需求响应的情况下电池储能出现了明显的二次充电，由于在此时间段光伏电池及风力发电机出力之和大于负荷需求。但是，在优化结束时刻，两种情况下电池储能的荷电状态几乎相同。

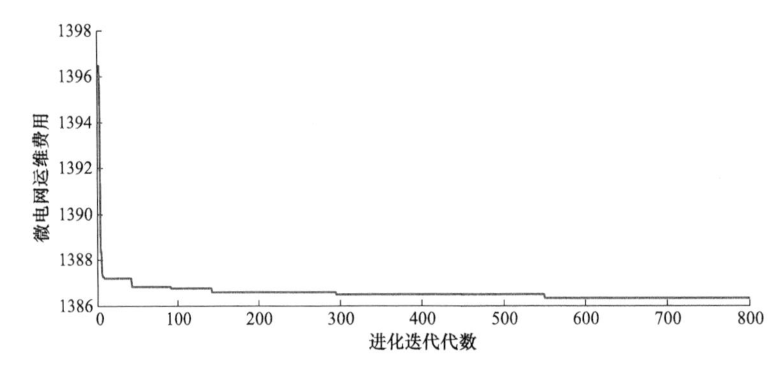

图 3-26　有需求响应情况下运行模式二的进化迭代效果

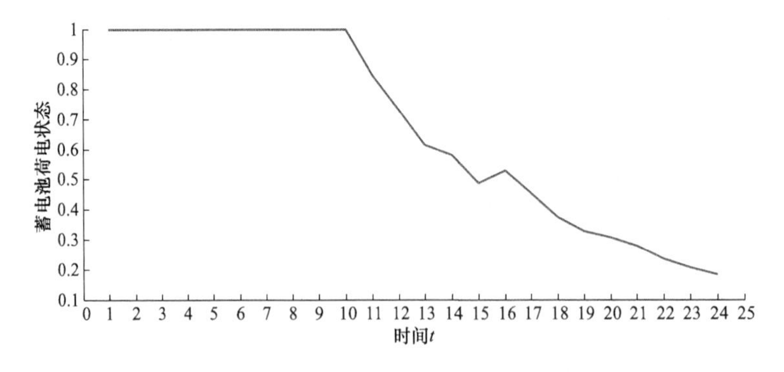

图 3-27　有需求响应情况下运行模式二的电池储能荷电状态优化结果

3. 运行模式三下的仿真分析

在不采取需求响应的情况下，微电网在运行模式三下的优化运行仿真结果如图 3-28～图 3-30 所示。

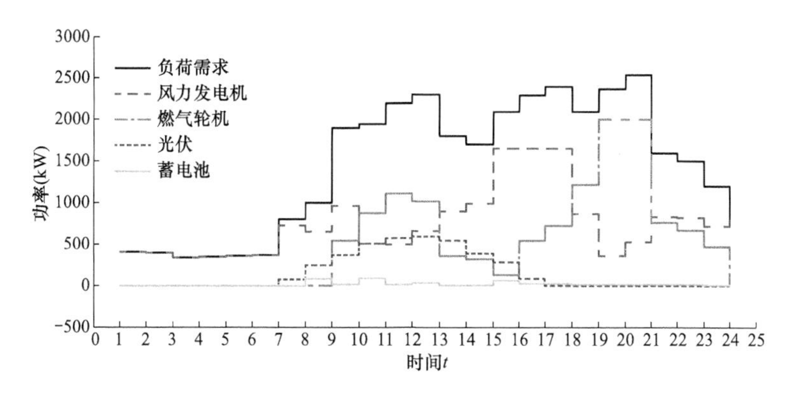

图 3-28 无需求响应情况下运行模式三的优化运行结果

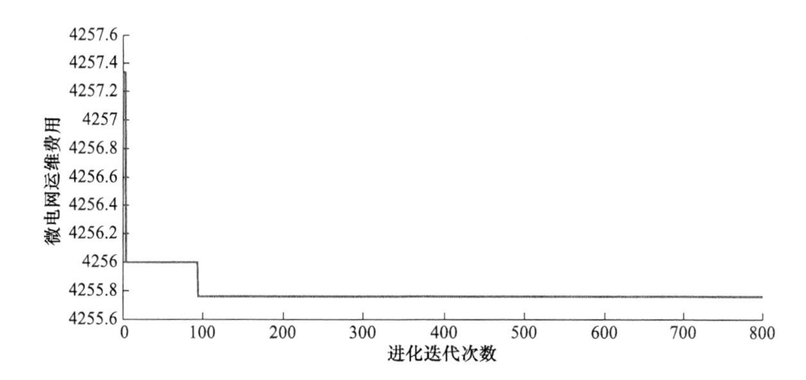

图 3-29 无需求响应情况下运行模式三的进化迭代效果

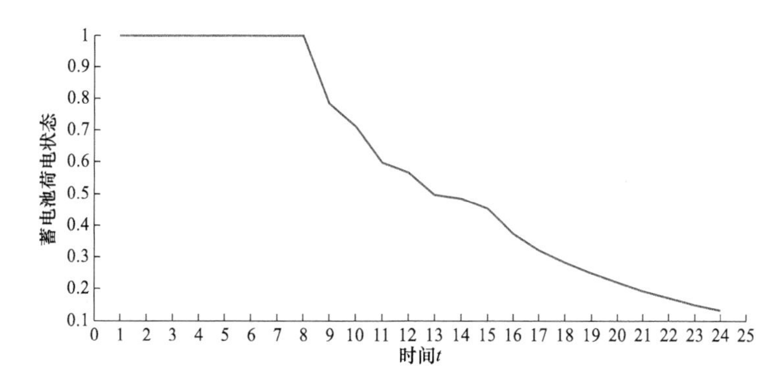

图 3-30 无需求响应情况下运行模式三的电池储能荷电状态优化结果

在采取需求响应的情况下，微电网在运行模式三下的优化运行仿真结果如图 3-31～图 3-33 所示。

由于模式三为典型的孤岛运行模式，不存在与电力系统进行交互的行为，负荷需求只能依靠风力发电系统、光伏发电系统、微型燃气轮机及电池储能来满足。分析图 3-28 及图 3-31 的优化结果可知，1：00～7：00 负荷需求较小，风力发电出力足以为其提供电能。在 7：00～17：00，光照满足光伏电池发电条件，光伏存在出力。在 10：00～14：00 及 18：00～21：00，微型燃气轮机出力较大，且在 19：00～21：00 时段处于最大功率输出状态，但仍不能满足负荷需求，部分负荷切除。

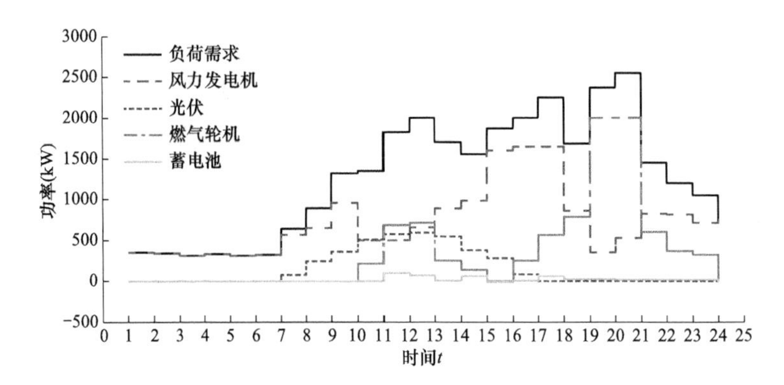

图 3-31 有需求响应情况下运行模式三的优化运行结果

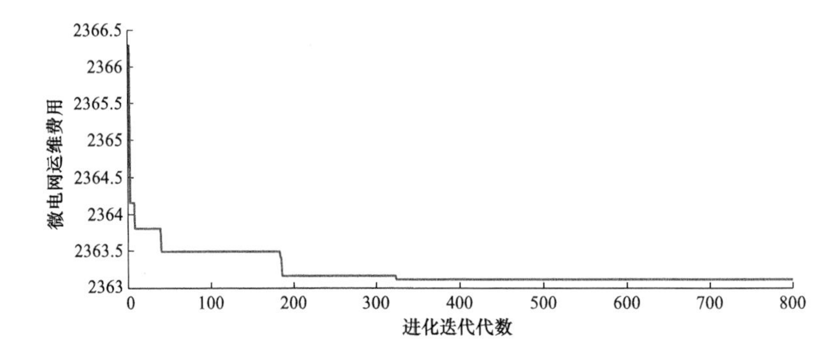

图 3-32 有需求响应情况下运行模式三的进化迭代效果

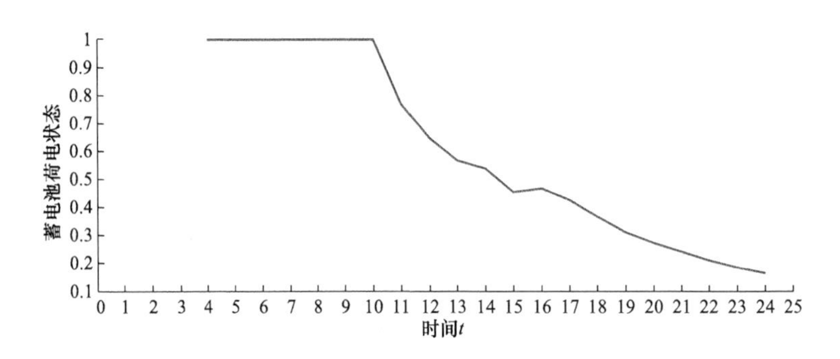

图 3-33 有需求响应情况下运行模式三的电池储能荷电状态优化结果

分析图 3-29 及图 3-32 可知，在采取需求响应前后，采用改进 PSO 算法均能在迭代 350 次之前得到最优解，但是采取需求响应之后得到的更慢一些，原因与运行模式一、模式二下完全相同。从优化结果可以看出，孤岛运行模式下，需求响应的采取使微电网的运行维护费用得到了最大限度的降低。对比图 3-30 及图 3-33，可以看到电池储能的荷电状态基本走势相同，但在 11：00～17：00 有些许差异，无需求响应情况下电池储能的充放电比较均匀分布，但在有需求响应的情况下电池储能充电时间有延后，集中在 13：00 及 15：00。在优化结束时刻，两种情况下电池储能的荷电状态基本相同。

表 3-11 所示是两种优化运行方法在运行 100 次之后，求得的微电网在不同运行模式下的平均运行维护费用（元）。由表可以明显看出，采取需求响应的情况下得到的微电网运行维护费用比不采取情况下小得多。微电网在运行模式一下能够与电力系统进行能量交互，可

以将多余的电能售给电力系统，所以整体运维费用最低。微电网在运行模式二下只能从电力系统买电，经济效益较模式一下差些。运行模式三为典型的孤岛模式，明显看出孤岛模式下的系统运维费用远高于并网运行模式。

表 3-11　　两种优化运行方法在不同运行模式下的平均运维费用

运行模式	无需求响应	有需求响应
一	1259.2	176.6
二	2420.7	1386.3
三	4255.8	2363.1

表 3-12 所示是两种优化运行方法在运行 100 次之后，微电网系统在不同运行模式下的平均迭代次数，由表中可以明显看出，采取需求响应之后需要较久得到最优解，原因是需求响应的采取使算法增添了更多约束条件，增加了算法的复杂程度。但二者均在迭代结束（迭代 800 次）之前寻得了最优解。

表 3-12　　两种优化运行方法在不同运行模式下的平均迭代次数

运行模式	无需求响应	有需求响应
一	155	355
二	490	500
三	95	320

三、小结

本节搭建了含有风力发电系统、光伏发电系统、微型燃气轮机 MT、储能系统及复合负荷的典型微电网系统，利用 Matlab 仿真软件，在采取和不采取需求响应的情况下，分别对微电网三种不同运行模式进行了算例仿真。通过结果展示及分析可知，需求响应的采取虽使得系统较慢寻得最优解，但是可以明显改善系统整体运行维护费用，证实了在微电网优化运行中引入需求侧管理技术的优越性和有效性。

第二章

微电网协调控制技术

微电网是提高分布式能源利用效率的一种有效方式，现已成为分布式发电领域的研究热点和重点发展方向。本章主要针对微电网中分布式电源的协调控制问题展开分析，提出了一种改进的无功下垂控制策略来提高分布式电源输出的无功功率分配精度，并采用了基于粒子群算法改进的和声搜索算法（particle swarm optimization-improved harmony search algorithm，PSO-IHS）对微电网协调控制问题进行了优化。

首先建立了包含逆变器模型、电力网络模型和负荷模型的微电网全阶小信号动态模型，并基于特征值法分析了系统的稳定性和下垂系数变化对系统稳态性能的影响，最后在 Simulink 中搭建了系统的仿真模型，对孤岛运行模式、孤岛时负荷突变、并网运行模式以及孤岛和并网两种运行模式之间互相转换的四种运行模式进行了仿真分析；其次通过微电网四种运行模式的仿真分析，发现分布式电源并未按照无功下垂系数比例分配无功负荷，因此对无功下垂控制器进行了改进和建模仿真，并与改进前进行了对比分析，结果表明改进的无功下垂控制器提高了无功分配精度；然后建立了基于 PSO-IHS 算法的微电网系统动态切换模型，并考虑孤岛运行模式、孤岛时负荷突变、并网运行模式以及孤岛和并网两种运行模式之间互相转换的四种运行模式，提出了系统控制目标函数，并使用 PSO-IHS 算法优化了目标函数，进而提高了微电网在这四种运行模式下的稳态和动态性能，保证了微电网系统的稳定运行以及在四种运行模式之间的平滑切换。

第一节　微电网系统的稳定性分析

微电网的稳定机理和运行机理研究是微电网运行与控制的基础，微电网系统的稳定性分析主要包括稳态分析和暂态分析。稳态分析可以通过小信号动态模型得到小信号稳定性判据，并对微电网协调控制与参数优化提供理论基础；暂态分析可以通过暂态仿真进行分析。本章首先建立微电网的全阶小信号动态模型，进行稳态分析，并在 Simulink 中搭建了仿真模型，进行了微电网的暂态仿真分析。

一、微电网小信号动态分析

电力系统中小信号分析法主要有特征值分析法、Prony 分析法、数值仿真法和频域分析法。其中特征值分析法可以提供大量的与系统稳态性能和动态性能有关的关键信息，并能够与经典控制理论相结合，对小信号动态模型进行理论分析，另外也可以通过系统暂态仿真验证其有效性。

1. 小信号动态分析方法

微电网的动态系统可用 n 个一阶非线性常微分代数方程表示：

$$\dot{x} = f(x,u) \tag{4-1}$$

输出变量为：

$$\boldsymbol{y} = \boldsymbol{g}(\boldsymbol{x},\boldsymbol{u}) \tag{4-2}$$

其中：

$$\boldsymbol{x} = \begin{bmatrix} x_1 \\ x_2 \\ \vdots \\ x_n \end{bmatrix} \boldsymbol{u} = \begin{bmatrix} u_1 \\ u_2 \\ \vdots \\ u_r \end{bmatrix} \boldsymbol{f} = \begin{bmatrix} f_1 \\ f_2 \\ \vdots \\ f_n \end{bmatrix} \boldsymbol{y} = \begin{bmatrix} y_1 \\ y_2 \\ \vdots \\ y_m \end{bmatrix} \boldsymbol{g} = \begin{bmatrix} g_1 \\ g_2 \\ \vdots \\ g_m \end{bmatrix}$$

式（4-1）、式（4-2）中，n 为系统维数，列向量 $\boldsymbol{x}$ 表示系统状态向量，列向量 $\boldsymbol{u}$ 表示系统输入向量，r 表示系统输入量个数，列向量 $\boldsymbol{y}$ 表示系统输出向量，$\boldsymbol{g}$ 表示将系统状态量、输入变量和输出变量联系起来的非线性函数向量。系统的完整性由状态变量和输入量共同表述。

在微电网系统中，外界环境或负荷等因素变化均会对系统产生小扰动，小信号稳定性分析中，一般认为这种扰动足够小，故可在系统的非线性方程在稳定运行点处线性化，得到线性化模型为

$$\begin{cases} \Delta\dot{x} = \boldsymbol{A}\Delta x + \boldsymbol{B}\Delta u \\ \Delta y = \boldsymbol{C}\Delta x + \boldsymbol{D}\Delta u \end{cases} \tag{4-3}$$

式中　Δ 表示小偏差，且

$$\boldsymbol{A} = \begin{bmatrix} \frac{\partial f_1}{\partial x_1} & \cdots & \frac{\partial f_1}{\partial x_n} \\ \cdots & \cdots & \cdots \\ \frac{\partial f_n}{\partial x_1} & \cdots & \frac{\partial f_n}{\partial x_n} \end{bmatrix} \boldsymbol{B} = \begin{bmatrix} \frac{\partial f_1}{\partial u_1} & \cdots & \frac{\partial f_1}{\partial u_r} \\ \cdots & \cdots & \cdots \\ \frac{\partial f_n}{\partial u_1} & \cdots & \frac{\partial f_n}{\partial u_r} \end{bmatrix}$$

$$\boldsymbol{C} = \begin{bmatrix} \frac{\partial g_1}{\partial x_1} & \cdots & \frac{\partial g_1}{\partial x_n} \\ \cdots & \cdots & \cdots \\ \frac{\partial g_m}{\partial x_1} & \cdots & \frac{\partial g_m}{\partial x_n} \end{bmatrix} \boldsymbol{D} = \begin{bmatrix} \frac{\partial g_1}{\partial u_1} & \cdots & \frac{\partial g_1}{\partial u_r} \\ \cdots & \cdots & \cdots \\ \frac{\partial g_m}{\partial u_1} & \cdots & \frac{\partial g_m}{\partial u_r} \end{bmatrix}$$

上述是在小扰动的初始稳态运行点的基础上推导的偏微分方程，矩阵 $\boldsymbol{A}$ 为 $n \times n$ 阶状态矩阵，矩阵 $\boldsymbol{B}$ 为 $n \times r$ 阶输入或者控制矩阵，矩阵 $\boldsymbol{C}$ 为 $m \times n$ 阶输出矩阵，矩阵 $\boldsymbol{D}$ 为 $m \times r$ 阶前馈矩阵。

由现代控制理论可知，系统稳定性取决于系统状态矩阵 $\boldsymbol{A}$ 的特征值，李雅普诺夫第一法：若状态矩阵 $\boldsymbol{A}$ 的所有特征值均位于负半平面，则系统渐进稳定；若系统特征值至少有一个位于正半平面，则系统不稳定；若系统特征值至少有一个位于 y 轴上，其他均位于负半平面，则系统处于临界状态，但是在电力系统中是不允许运行在临界状态的，所以，这种情况下也认为系统不稳定。

在实际的电力系统中，不仅要了解系统的稳态情况，对于在小扰动下的过渡状态也有很多特征。对于非振荡过渡过程的衰减时间常数及其同系统各状态变量间的相关性等特征，可为相应控制策略设计提供参考；对于振荡性过渡过程，其特征包括振荡频率、衰减因子、相应振荡在系统中的分布、振荡引起的原因，与之密切相关的状态变量等，它们可为控制器参

数及电路参数的整定提供参考。

2. 特征值与特征向量

状态矩阵 **A** 的特征值可为实数，也可为复数，可表示为：

$$\lambda = \sigma \pm j\omega \tag{4-4}$$

特征值 λ_i 对应的时间特性为 $e^{\lambda it}$。

当 $\omega=0$ 时，λ_i 为实数特征值，对应一非振荡模式；$\lambda_i>0$，则系统非周期不稳定；$\lambda_i<0$，对应衰减模式，且幅值越大，衰减越快。而且与实数特征值对应的特征向量也为实数向量。

复数特征值以共轭复数出现，代表一振荡模式，负实部表示有阻尼振荡，正实部表示增幅振荡。共轭复数特征值的振荡模式为：

$$(a + jb)e^{(\sigma - j\omega)} + (a - jb)e^{(\sigma + j\omega)} = e^{\sigma t}(2a\cos\omega t + 2b\sin\omega t) = e^{\sigma}\sin(\omega t + \theta) \tag{4-5}$$

由式（4-5）可知，特征值的实部给出了阻尼，虚部给出了振荡的频率 $f=\frac{\omega}{2\pi}$，阻尼比 $\xi=\frac{-\sigma}{\sqrt{\sigma^2+\omega^2}}$ 确定振荡幅值衰减的速度。

对于任一特征值 λ_i，当列向量 $\boldsymbol{\phi}_i$ 始终使：

$$A\boldsymbol{\phi}_i = \lambda_i \boldsymbol{\phi}_i \quad i = 1,2,\cdots,n \tag{4-6}$$

式中 $\boldsymbol{\phi}_i=[\phi_{1i} \quad \phi_{2i} \quad \cdots \quad \phi_{ni}]^T$——与特征值 λ_i 对应的右特征向量。

若对于任一特征值 λ_i，当列向量 $\boldsymbol{\varphi}_i$ 始终使：

$$\boldsymbol{\varphi}_i A = \lambda_i \boldsymbol{\varphi}_i \quad i = 1,2,\cdots,n \tag{4-7}$$

式中 $\boldsymbol{\varphi}_i=[\varphi_{1i} \quad \varphi_{2i} \quad \cdots \quad \varphi_{ni}]$——与特征值 λ_i 对应的左特征向量。

对应不同特征值的左特征向量和右特征向量是正交的，对应相同特征值的特征向量有 $\varphi_i\phi_i=C_i$（C_i 是非零常数），一般情况下需将其单位正交化，即 $\varphi_i\phi_i=1$。

定义 $\phi=[\phi_1 \quad \phi_2 \quad \cdots \quad \phi_n]$ 和 $\varphi=[\varphi_1^T \quad \varphi_2^T \quad \cdots \quad \varphi_n^T]^T$ 为模态矩阵，其中一对共轭复根相应的特征向量称为振荡模态，其特征向量反映了在状态量上观察相应的振荡，相对振幅的大小和相对相位关系。

定义状态矩阵 **A** 的左、右特征向量有利于对特征值和状态变量的相关因子、相关比和特征值灵敏度的分析。

二、微电网小信号动态建模

本文采用的一般微电网结构，如图 4-1 所示。

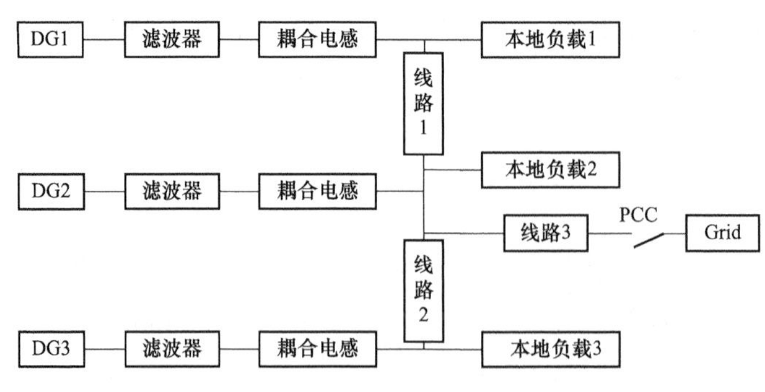

图 4-1　微电网结构

由图 4-1 可知，本文采用的微电网由三个分布式电源及本地负载组成，经静态开关 PCC 接入大电网；微电网系统整体小信号模型包括分布式电源单逆变器模型、电力网络模型和负荷模型三部分。

1. 公共坐标系

为了建立完整的微电网系统的小信号动态模型，首先需将所有分布式电源逆变器变换至同一坐标系下。选定储能系统 DG1 的 d_1-q_1 坐标系为公共 D-Q 坐标系，将其角频率 ω_{co} 作为参考角频率，如图 4-2 所示。

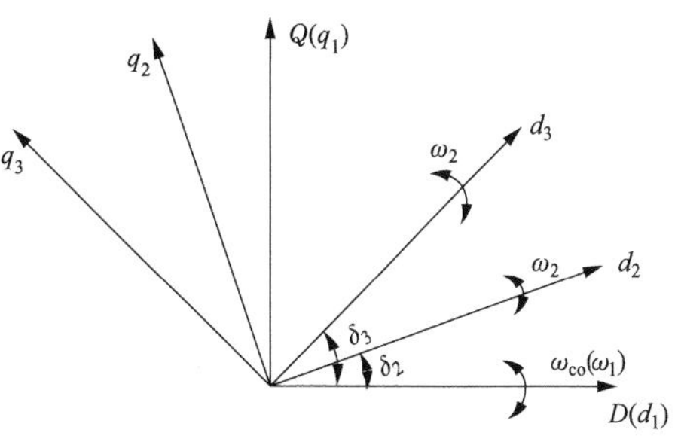

图 4-2 公共坐标系

第 i 个分布式电源逆变器的 d、q 轴分量转换至 D-Q 坐标系为

$$\begin{bmatrix} f_{Di} \\ f_{Qi} \end{bmatrix} = \boldsymbol{T}_{si} \begin{bmatrix} f_{di} \\ f_{qi} \end{bmatrix} \tag{4-8}$$

其中

$$\boldsymbol{T}_{si} = \begin{bmatrix} \cos\delta_i & -\sin\delta_i \\ \sin\delta_i & \cos\delta_i \end{bmatrix}$$

式（4-8）的小信号模型为

$$\begin{bmatrix} \Delta f_{Di} \\ \Delta f_{Qi} \end{bmatrix} = \begin{bmatrix} \cos\delta_{0i} & -\sin\delta_{0i} \\ \sin\delta_{0i} & \cos\delta_{0i} \end{bmatrix} \begin{bmatrix} \Delta f_{di} \\ \Delta f_{qi} \end{bmatrix} + \begin{bmatrix} -F_{di}\sin\delta_{0i} - F_{qi}\cos\delta_{0i} \\ F_{di}\cos\delta_{0i} - F_{qi}\sin\delta_{0i} \end{bmatrix} \Delta\delta_i \tag{4-9}$$

对式（4-8）做逆变换得

$$\begin{bmatrix} f_{di} \\ f_{qi} \end{bmatrix} = \boldsymbol{T}_{si}^{-1} \begin{bmatrix} f_{Di} \\ f_{Qi} \end{bmatrix} \tag{4-10}$$

式中

$$\boldsymbol{T}_{si}^{-1} = \begin{bmatrix} \cos\delta_i & \sin\delta_i \\ -\sin\delta_i & \cos\delta_i \end{bmatrix}$$

式（4-10）的小信号模型为

$$\begin{bmatrix} \Delta f_{di} \\ \Delta f_{qi} \end{bmatrix} = \begin{bmatrix} \cos\delta_{0i} & \sin\delta_{0i} \\ -\sin\delta_{0i} & \cos\delta_{0i} \end{bmatrix} \begin{bmatrix} \Delta f_{Di} \\ \Delta f_{Qi} \end{bmatrix} + \begin{bmatrix} -F_{di}\sin\delta_{0i} + F_{qi}\cos\delta_{0i} \\ -F_{di}\cos\delta_{0i} - F_{qi}\sin\delta_{0i} \end{bmatrix} \Delta\delta_i \tag{4-11}$$

2. 分布式电源单逆变器模型

分布式电源逆变器采用下垂控制结构，单个分布式电源逆变器及接口电路结构如图 4-3 所示。

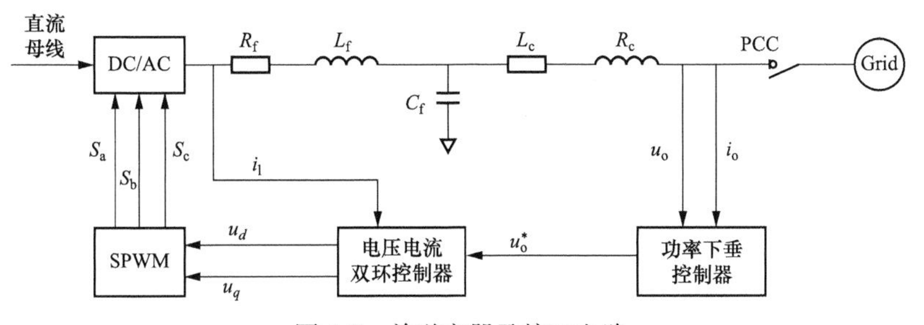

图 4-3 单逆变器及接口电路

基于下垂特性的功率外环实现有功功率和无功功率的平均分配，电压电流双环控制主要功能是抑制高频干扰，并为 LC 滤波器提供阻尼。

由图 4-3 可看出单逆变器小信号模型由功率下垂控制器模型、电压电流双环控制器模型、逆变器接口电路模型组成。

（1）功率下垂控制器模型。下垂控制器的控制框图如图 4-4 所示。

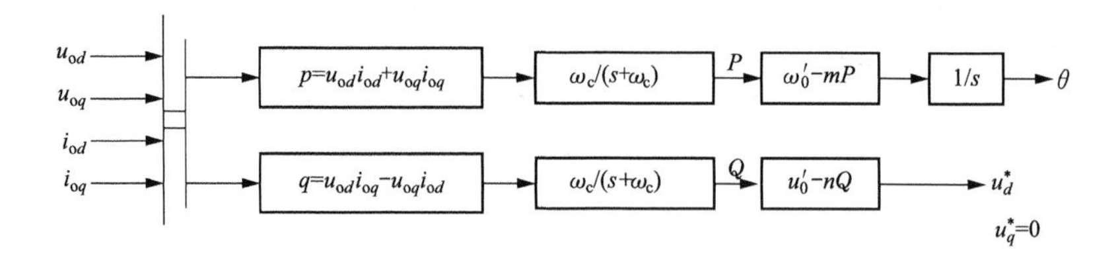

图 4-4　功率下垂控制器框图

图 4-4 中，u_{od}、u_{oq}、i_{od}、i_{oq}分别为实际电压和电流的 d、q 轴分量；P、Q 分别为由瞬时电压和电流计算并经过低通滤波后的分布式电源逆变器输出的平均有功功率和无功功率，如式（4-12）所示，ω_c 为低通滤波器的截止频率；ω_0'、u_0'是下垂特性曲线初值；m、n 分别为 P/f 和 Q/V 下垂特性曲线的下垂控制系数。

$$\begin{cases} P=\dfrac{\omega_c}{s+\omega_c}(u_{od}i_{od}+u_{oq}i_{oq}) \\ Q=\dfrac{\omega_c}{s+\omega_c}(u_{od}i_{oq}-u_{oq}i_{od}) \end{cases} \tag{4-12}$$

将参考电压定位在 d 轴方向，则 q 轴方向参考电压为 0，则下垂特性曲线的关系公式为

$$\begin{cases} \omega=\omega_0'-mP \\ u_{od}^*=u_0'-nQ \\ u_{oq}^*=0 \end{cases} \tag{4-13}$$

为将微电网内所有模块建立在同一坐标系内，选择 DG1 的坐标系 d_1-q_1 作为公共坐标系 D-Q，将分布式电源逆变器变量转换到公共 D-Q 坐标系内，则转换后逆变器频率为

$$\delta=\int(\omega-\omega_{co}) \tag{4-14}$$

对式（4-12）～式（4-14）线性化得到功率控制器的小信号空间状态模型为

$$\begin{bmatrix} \Delta\dot{\delta} \\ \Delta\dot{P} \\ \Delta\dot{Q} \end{bmatrix}=\boldsymbol{A}_P\begin{bmatrix} \Delta\delta \\ \Delta P \\ \Delta Q \end{bmatrix}+\boldsymbol{B}_P\Delta x_P+\boldsymbol{B}_{P\omega}\Delta\omega_{co} \tag{4-15}$$

输出方程为

$$\begin{bmatrix} \Delta\omega \\ \Delta u_{od}^* \\ \Delta u_{oq}^* \end{bmatrix}=\begin{bmatrix} \boldsymbol{C}_{P\omega} \\ \boldsymbol{C}_{Pu} \end{bmatrix}\begin{bmatrix} \Delta\delta \\ \Delta P \\ \Delta Q \end{bmatrix} \tag{4-16}$$

式（4-15）、式（4-16）中

$$\Delta x_P = [\Delta i_{ld} \quad \Delta i_{lq} \quad \Delta u_{od} \quad \Delta u_{oq} \quad \Delta i_{od} \quad \Delta i_{oq}]^{\mathrm{T}},$$

$$\boldsymbol{A}_P = \begin{bmatrix} 0 & -m & 0 \\ 0 & -\omega_c & 0 \\ 0 & 0 & -\omega_c \end{bmatrix}, \boldsymbol{B}_P = \begin{bmatrix} 0 & 0 & 0 & 0 & 0 & 0 \\ 0 & 0 & \omega_c I_{od} & \omega_c I_{oq} & \omega_c U_{od} & \omega_c U_{oq} \\ 0 & 0 & -\omega_c I_{oq} & \omega_c I_{od} & \omega_c U_{oq} & -\omega_c U_{od} \end{bmatrix}, \boldsymbol{B}_{P\omega} = \begin{bmatrix} -1 \\ 0 \\ 0 \end{bmatrix},$$

$$\boldsymbol{C}_{P\omega} = [0 \quad -m \quad 0], \quad \boldsymbol{C}_{Pu} = \begin{bmatrix} 0 & 0 & -n \\ 0 & 0 & 0 \end{bmatrix}$$

（2）电压电流双环控制器模型。为了提高负荷电压稳定性和系统的动态性能，采用带输出电流 i_o 的前馈补偿，电压电流双环控制结构如图 4-5 所示。

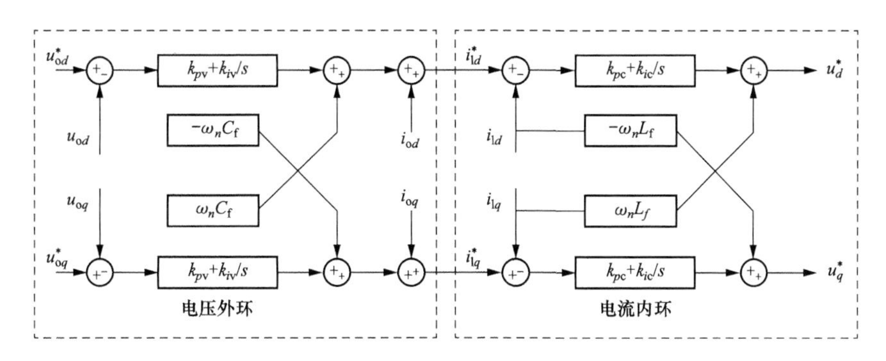

图 4-5 电压电流双环控制结构框图

电压外环和电流内环均采用 PI 控制结构，对实时电压电流进行解耦控制，解耦后参与控制，提高系统动态性能和稳态精度。图 4-5 中 k_{pv}、k_{iv}分别为电压环 PI 控制的比例与积分系数，k_{pc}、k_{ic}分别为电流环 PI 控制的比例与积分系数。

则电压外环动态特性为

$$\begin{cases} \dfrac{\mathrm{d}\phi_d}{\mathrm{d}t} = u_{od}^* - u_{od} \\ \dfrac{\mathrm{d}\phi_q}{\mathrm{d}t} = u_{oq}^* - u_{oq} \end{cases} \tag{4-17}$$

$$i_{ld}^* = k_{pv}(u_{od}^* - u_{od}) + k_{iv}\phi_d - \omega_n C_f u_{oq} + i_{od} \tag{4-18}$$

$$i_{lq}^* = k_{pv}(u_{oq}^* - u_{oq}) + k_{iv}\phi_q + \omega_n C_f u_{od} + i_{oq} \tag{4-19}$$

对式（4-17）～式（4-19）线性化，得到电压外环的小信号模型为

$$\begin{bmatrix} \Delta\dot{\phi}_d \\ \Delta\dot{\phi}_q \end{bmatrix} = \boldsymbol{A}_v \begin{bmatrix} \Delta\phi_d \\ \Delta\phi_q \end{bmatrix} + \boldsymbol{B}_{v1} \begin{bmatrix} \Delta u_{od}^* \\ \Delta u_{oq}^* \end{bmatrix} + \boldsymbol{B}_{v2}\Delta x_P \tag{4-20}$$

$$\begin{bmatrix} \Delta\dot{i}_{ld} \\ \Delta\dot{i}_{lq} \end{bmatrix} = \boldsymbol{C}_v \begin{bmatrix} \Delta\phi_d \\ \Delta\phi_q \end{bmatrix} + \boldsymbol{D}_{v1} \begin{bmatrix} \Delta u_{od}^* \\ \Delta u_{oq}^* \end{bmatrix} + \boldsymbol{D}_{v2}\Delta x_P \tag{4-21}$$

式（4-20）、式（4-21）中

$$\boldsymbol{A}_{\mathrm{v}}=\boldsymbol{0},\boldsymbol{B}_{\mathrm{v1}}=\begin{bmatrix}1&0\\0&1\end{bmatrix},\boldsymbol{B}_{\mathrm{v2}}=\begin{bmatrix}0&0&-1&0&0&0\\0&0&0&-1&0&0\end{bmatrix},\boldsymbol{C}_{\mathrm{v}}=\begin{bmatrix}k_{iv}&0\\0&k_{iv}\end{bmatrix},\boldsymbol{D}_{\mathrm{v1}}=\begin{bmatrix}k_{pv}&0\\0&k_{pv}\end{bmatrix},$$

$$\boldsymbol{D}_{\mathrm{v2}}=\begin{bmatrix}0&0&-k_{pv}&-\omega_n C_{\mathrm{f}}&1&0\\0&0&\omega_n C_f&-\mathrm{k}_{pv}&0&1\end{bmatrix}$$

电流内环取流过滤波电感 L_{f} 的电流做反馈，则电流内环动态特性为

$$\begin{cases}\dfrac{\mathrm{d}\varphi_d}{\mathrm{d}t}=i_{\mathrm{l}d}^*-i_{\mathrm{l}d}\\\dfrac{\mathrm{d}\varphi_q}{\mathrm{d}t}=i_{\mathrm{l}q}^*-i_{\mathrm{l}q}\end{cases}\tag{4-22}$$

$$u_d^*=k_{pc}(i_{\mathrm{l}d}^*-i_{\mathrm{l}d})+k_{ic}\varphi_d-\omega_n L_{\mathrm{f}} i_{\mathrm{l}q}\tag{4-23}$$

$$u_q^*=k_{pc}(i_{\mathrm{l}q}^*-i_{\mathrm{l}q})+k_{ic}\varphi_q+\omega_n L_{\mathrm{f}} i_{\mathrm{l}d}\tag{4-24}$$

对式（4-22）～式（4-24）线性化，得到电流内环的小信号模型为

$$\begin{bmatrix}\Delta\dot{\varphi}_d\\\Delta\dot{\varphi}_q\end{bmatrix}=\boldsymbol{A}_{\mathrm{c}}\begin{bmatrix}\Delta\varphi_d\\\Delta\varphi_q\end{bmatrix}+\boldsymbol{B}_{\mathrm{c1}}\begin{bmatrix}\Delta i_{\mathrm{l}d}^*\\\Delta i_{\mathrm{l}q}^*\end{bmatrix}+\boldsymbol{B}_{\mathrm{c2}}\Delta x_P\tag{4-25}$$

$$\begin{bmatrix}\Delta\dot{u}_d^*\\\Delta\dot{u}_q^*\end{bmatrix}=\boldsymbol{C}_{\mathrm{c}}\begin{bmatrix}\Delta\varphi_d\\\Delta\varphi_q\end{bmatrix}+\boldsymbol{D}_{\mathrm{c1}}\begin{bmatrix}\Delta i_{\mathrm{l}d}^*\\\Delta i_{\mathrm{l}q}^*\end{bmatrix}+\boldsymbol{D}_{\mathrm{c2}}\Delta x_P\tag{4-26}$$

式（4-25）、式（4-26）中

$$\boldsymbol{A}_{\mathrm{c}}=\boldsymbol{0},\boldsymbol{B}_{\mathrm{c1}}=\begin{bmatrix}1&0\\0&1\end{bmatrix},\boldsymbol{B}_{\mathrm{c2}}=\begin{bmatrix}0&0&-1&0&0&0\\0&0&0&-1&0&0\end{bmatrix},\boldsymbol{C}_{\mathrm{c}}=\begin{bmatrix}k_{ic}&0\\0&k_{ic}\end{bmatrix},\boldsymbol{D}_{\mathrm{c1}}=\begin{bmatrix}k_{pc}&0\\0&k_{pc}\end{bmatrix},$$

$$\boldsymbol{D}_{\mathrm{c2}}=\begin{bmatrix}-k_{pc}&-\omega_n L_{\mathrm{f}}&0&0&0&0\\\omega_n L_f&-k_{pc}&0&0&0&0\end{bmatrix}$$

1）逆变器接口电路模型。分布式电源的逆变器的接口电路包括两部分：LC 滤波器、耦合电感。当逆变器的开关频率较高时，可以忽略开关部分的动态影响，认为逆变器的开关管能够按照指令输出所需电压，即 $u=u^*$，故滤波器的电感电流 i_{l} 的 d、q 轴分量的状态空间方程为

$$\begin{bmatrix}\dfrac{\mathrm{d}i_{\mathrm{l}d}}{\mathrm{d}t}\\\dfrac{\mathrm{d}i_{\mathrm{l}q}}{\mathrm{d}t}\end{bmatrix}=-\frac{R_{\mathrm{f}}}{L_{\mathrm{f}}}\begin{bmatrix}i_{\mathrm{l}d}\\i_{\mathrm{l}q}\end{bmatrix}-\begin{bmatrix}0&-\omega\\\omega&0\end{bmatrix}\begin{bmatrix}i_{\mathrm{l}d}\\i_{\mathrm{l}q}\end{bmatrix}+\frac{1}{L_{\mathrm{f}}}\begin{bmatrix}u_d\\u_q\end{bmatrix}-\frac{1}{L_{\mathrm{f}}}\begin{bmatrix}u_{\mathrm{o}d}\\u_{\mathrm{o}q}\end{bmatrix}\tag{4-27}$$

滤波器电容电压 u_{o} 的 d、q 轴分量的状态空间方程为

$$\begin{bmatrix}\dfrac{\mathrm{d}u_{\mathrm{o}d}}{\mathrm{d}t}\\\dfrac{\mathrm{d}u_{\mathrm{o}q}}{\mathrm{d}t}\end{bmatrix}=\frac{1}{C_{\mathrm{f}}}\begin{bmatrix}i_{\mathrm{l}d}\\i_{\mathrm{l}q}\end{bmatrix}-\begin{bmatrix}0&-\omega\\\omega&0\end{bmatrix}\begin{bmatrix}u_{\mathrm{o}d}\\u_{\mathrm{o}q}\end{bmatrix}-\frac{1}{C_{\mathrm{f}}}\begin{bmatrix}i_{\mathrm{o}d}\\i_{\mathrm{o}q}\end{bmatrix}\tag{4-28}$$

图 4-3 中线路输出电流 i_{o} 的 d、q 分量的状态空间方程为

$$\begin{bmatrix}\dfrac{\mathrm{d}i_{\mathrm{o}d}}{\mathrm{d}t}\\\dfrac{\mathrm{d}i_{\mathrm{o}q}}{\mathrm{d}t}\end{bmatrix}=\frac{1}{L_{\mathrm{c}}}\begin{bmatrix}u_{\mathrm{o}d}\\u_{\mathrm{o}q}\end{bmatrix}-\frac{R_{\mathrm{c}}}{L_{\mathrm{c}}}\begin{bmatrix}i_{\mathrm{o}d}\\i_{\mathrm{o}q}\end{bmatrix}-\begin{bmatrix}0&-\omega\\\omega&0\end{bmatrix}\begin{bmatrix}i_{\mathrm{o}d}\\i_{\mathrm{o}q}\end{bmatrix}-\frac{1}{L_{\mathrm{c}}}\begin{bmatrix}u_{\mathrm{b}d}\\u_{\mathrm{b}q}\end{bmatrix}\tag{4-29}$$

式中 u_{bd}、u_{bq}——逆变器的并网端电压的 d、q 轴分量。

对式（4-27）～式（4-29）线性化，可得逆变器接口电路的小信号模型为

$$\Delta \dot{x}_P = \boldsymbol{A}_o \Delta x_P + \boldsymbol{B}_{o1}\begin{bmatrix}\Delta u_d \\ \Delta u_q\end{bmatrix} + \boldsymbol{B}_{o2}\begin{bmatrix}\Delta u_{bd} \\ \Delta u_{bq}\end{bmatrix} + \boldsymbol{B}_{o3}[\Delta\omega] \tag{4-30}$$

式中

$$\boldsymbol{B}_{o3} = [I_{1q} \quad -I_{1d} \quad U_{oq} \quad -U_{od} \quad I_{oq} \quad -I_{od}]^{\mathrm{T}}$$

$$\boldsymbol{A}_o = \begin{bmatrix} -\frac{R_f}{L_f} & \omega & -\frac{1}{L_f} & 0 & 0 & 0 \\ -\omega & -\frac{R_f}{L_f} & 0 & -\frac{1}{L_f} & 0 & 0 \\ \frac{1}{C_f} & 0 & 0 & \omega & -\frac{1}{C_f} & 0 \\ 0 & \frac{1}{C_f} & -\omega & 0 & 0 & -\frac{1}{C_f} \\ 0 & 0 & \frac{1}{L_c} & 0 & -\frac{R_c}{L_c} & \omega \\ 0 & 0 & 0 & \frac{1}{L_c} & -\omega & -\frac{R_c}{L_c} \end{bmatrix}, \boldsymbol{B}_{o1} = \begin{bmatrix} \frac{1}{L_f} & 0 \\ 0 & \frac{1}{L_f} \\ 0 & 0 \\ 0 & 0 \\ 0 & 0 \\ 0 & 0 \end{bmatrix}, \boldsymbol{B}_{o2} = \begin{bmatrix} 0 & 0 \\ 0 & 0 \\ 0 & 0 \\ 0 & 0 \\ -\frac{1}{L_c} & 0 \\ 0 & -\frac{1}{L_c} \end{bmatrix}$$

2）单逆变器完整模型。根据式（4-12），将单逆变器的输出电流 d、q 轴分量 i_{od}、i_{oq} 变换到公共参考坐标系为

$$\begin{bmatrix}\Delta i_{oD} \\ \Delta i_{oQ}\end{bmatrix} = T_s \begin{bmatrix}\Delta i_{od} \\ \Delta i_{oq}\end{bmatrix} + T_c \Delta\delta \tag{4-31}$$

式中

$$T_s = \begin{bmatrix}\cos\delta_0 & -\sin\delta_0 \\ \sin\delta_0 & \cos\delta_0\end{bmatrix}, T_c = \begin{bmatrix}-I_{od}\sin\delta_0 - I_{oq}\cos\delta_0 \\ I_{od}\cos\delta_0 - I_{oq}\sin\delta_0\end{bmatrix}$$

根据式（4-14），将单逆变器的并网端电压 d、q 轴分量 u_{bd}、u_{bq} 用公共参考坐标系来表示为

$$\begin{bmatrix}\Delta u_{bd} \\ \Delta u_{bq}\end{bmatrix} = \boldsymbol{T}_s^{-1} \begin{bmatrix}\Delta u_{bD} \\ \Delta u_{bQ}\end{bmatrix} + \boldsymbol{T}_v^{-1} \Delta\delta \tag{4-32}$$

式中

$$\boldsymbol{T}_s^{-1} = \begin{bmatrix}\cos\delta_0 & \sin\delta_0 \\ -\sin\delta_0 & \cos\delta_0\end{bmatrix}, \boldsymbol{T}_v^{-1} = \begin{bmatrix}-U_{bd}\sin\delta_0 + U_{bq}\cos\delta_0 \\ -U_{bd}\cos\delta_0 - U_{bq}\sin\delta_0\end{bmatrix}$$

由式（4-18）、式（4-19）、式（4-23）、式（4-24）、式（4-28）～式（4-32）所示的功率下垂控制器、电压电流双环控制器、逆变器接口的小信号模型，可推出单个逆变器的完整小信号模型为

$$\Delta \dot{\boldsymbol{x}}_{inv} = \boldsymbol{A}_{inv} \Delta \boldsymbol{x}_{inv} + \boldsymbol{B}_{inv} \begin{bmatrix}\Delta u_{bd} \\ \Delta u_{bq}\end{bmatrix} + \boldsymbol{B}_{inv\omega} \Delta\omega_{co} \tag{4-33}$$

输出方程为

$$\begin{bmatrix}\Delta i_{oD} \\ \Delta i_{oQ}\end{bmatrix} = \boldsymbol{C}_{invc} \Delta \boldsymbol{x}_{inv} \tag{4-34}$$

本文将逆变器1的角频率作为公共参考频率，故逆变器1还应有频率输出，即：

$$\Delta\omega_{co}=C_{inv\omega 1}\Delta x_{inv1} \tag{4-35}$$

式（4-33)～式（4-35）中

$$\Delta\dot{\boldsymbol{x}}_{inv}=\begin{bmatrix}\Delta\dot{\delta} & \Delta\dot{P} & \Delta\dot{Q} & \Delta\dot{\phi}_d & \Delta\dot{\phi}_q & \Delta\dot{\varphi}_d & \Delta\dot{\varphi}_q & \Delta\dot{i}_{ld} & \Delta\dot{i}_{lq} & \Delta\dot{u}_{od} & \Delta\dot{u}_{oq} & \Delta\dot{i}_{od} & \Delta\dot{i}_{oq}\end{bmatrix}$$

$$\Delta\boldsymbol{x}_{inv}=\begin{bmatrix}\Delta\delta & \Delta P & \Delta Q & \Delta\phi_d & \Delta\phi_q & \Delta\varphi_d & \Delta\varphi_q & \Delta i_{ld} & \Delta i_{lq} & \Delta u_{od} & \Delta u_{oq} & \Delta i_{od} & \Delta i_{oq}\end{bmatrix}$$

$$\boldsymbol{A}_{inv}=\begin{bmatrix}A_P & 0 & 0 & B_P\\ B_{v1}C_{Pu} & 0 & 0 & B_{v2}\\ B_{c1}D_{v1}C_{Pu} & B_cC_v & 0 & B_{c1}D_{v2}+B_{c2}\\ B_{o1}D_{c1}D_{v1}C_{pu}+B_{o2}\begin{bmatrix}T_v^{-1} & 0 & 0\end{bmatrix}+B_{o3}C_{P\omega} & B_{o1}D_{c1}C_v & B_{o1}C_c & A_o+B_{o1}(D_{c1}D_{v2}+D_{c2})\end{bmatrix}_{13\times 13}$$

$$\boldsymbol{B}_{inv}=\begin{bmatrix}0\\0\\0\\B_{o2}T_s^{-1}\end{bmatrix}_{13\times 2},\boldsymbol{B}_{inv\omega}=\begin{bmatrix}B_{P\omega}\\0\\0\\0\end{bmatrix}_{13\times 1},\boldsymbol{C}_{invc}=\{\begin{bmatrix}T_c & 0 & 0\end{bmatrix}\quad 0\quad 0\quad \begin{bmatrix}0 & 0 & 0 & 0 & T_s\end{bmatrix}\}_{2\times 13},$$

$$\boldsymbol{C}_{inv\omega 1}=\begin{bmatrix}C_{P\omega} & 0 & 0 & 0\end{bmatrix}_{1\times 13}$$

（3）电力网络模型。图4-1中线路1、2、3分别等效为RL线路，线路参数分别为R_{line1}和L_{Line1}、R_{line2}和L_{line2}、R_g和L_g，线路3为微电网并网运行时与大电网之间的线路，则第i条线路电流i_{linei}变换至公共DQ坐标系为

$$\begin{bmatrix}\dfrac{\mathrm{d}i_{lineDi}}{\mathrm{d}t}\\ \dfrac{\mathrm{d}i_{lineQi}}{\mathrm{d}t}\end{bmatrix}=-\frac{R_{linei}}{L_{linei}}\begin{bmatrix}i_{lineDi}\\ i_{lineQi}\end{bmatrix}+\frac{1}{L_{linei}}\begin{bmatrix}u_{bDi}\\ u_{bQi}\end{bmatrix}-\frac{1}{L_{linei}}\begin{bmatrix}u_{bD(i+1)}\\ u_{bQ(i+1)}\end{bmatrix}-\begin{bmatrix}0 & -\omega_{co}\\ \omega_{co} & 0\end{bmatrix}\begin{bmatrix}i_{lineDi}\\ i_{lineQi}\end{bmatrix} \tag{4-36}$$

第i条电力线路的小信号模型为

$$\begin{bmatrix}\Delta i_{lineDi}\\ \cdot\\ \Delta i_{lineQi}\end{bmatrix}=\boldsymbol{A}_{neti}\begin{bmatrix}\Delta i_{lineDi}\\ \Delta i_{lineQi}\end{bmatrix}+\boldsymbol{B}_{netai}\begin{bmatrix}\Delta u_{bDi}\\ \Delta u_{bQi}\end{bmatrix}-\boldsymbol{B}_{netai}\begin{bmatrix}\Delta u_{bD(i+1)}\\ \Delta u_{bQ(i+1)}\end{bmatrix}+\boldsymbol{B}_{netbi}\Delta\omega_{co} \tag{4-37}$$

式中

$$\boldsymbol{A}_{neti}=\begin{bmatrix}-\dfrac{R_{linei}}{L_{linei}} & \omega_{0co}\\ -\omega_{0co} & -\dfrac{R_{linei}}{L_{linei}}\end{bmatrix},\quad \boldsymbol{B}_{netai}=\begin{bmatrix}\dfrac{1}{L_{linei}} & 0\\ 0 & \dfrac{1}{L_{linei}}\end{bmatrix},\quad \boldsymbol{B}_{netbi}=\begin{bmatrix}I_{lineQi}\\ -I_{lineDi}\end{bmatrix}$$

（4）负荷模型。图4-1中本地负载1、2、3均采用常见RL负载模型，第i个本地负载转换至公共D-Q坐标系的状态方程为

$$\begin{bmatrix}\dfrac{\mathrm{d}i_{loadDi}}{\mathrm{d}t}\\ \dfrac{\mathrm{d}i_{loadQi}}{\mathrm{d}t}\end{bmatrix}=-\frac{R_{loadi}}{L_{loadi}}\begin{bmatrix}i_{loadDi}\\ i_{loadQi}\end{bmatrix}+\frac{1}{L_{loadi}}\begin{bmatrix}u_{bDi}\\ u_{bQi}\end{bmatrix}-\begin{bmatrix}0 & -\omega_{co}\\ \omega_{co} & 0\end{bmatrix}\begin{bmatrix}i_{loadDi}\\ i_{loadQi}\end{bmatrix} \tag{4-38}$$

第i个本地负载的小信号模型为

$$\begin{cases}[\Delta \dot{i}_{\text{load}Di}]=\boldsymbol{A}_{\text{load}i}[\Delta i_{\text{load}Di}]+\boldsymbol{B}_{\text{load}ai}[\Delta u_{\text{b}Di}]+\boldsymbol{B}_{\text{load}bi}\Delta\omega_{\text{co}}\\ [\Delta \dot{i}_{\text{load}Qi}]=\boldsymbol{A}_{\text{load}i}[\Delta i_{\text{load}Qi}]+\boldsymbol{B}_{\text{load}ai}[\Delta u_{\text{b}Qi}]+\boldsymbol{B}_{\text{load}bi}\Delta\omega_{\text{co}}\end{cases} \tag{4-39}$$

式中

$$\boldsymbol{A}_{\text{load}i}=\begin{bmatrix}-\dfrac{R_{\text{load}i}}{L_{\text{load}i}} & \omega_{0\text{co}}\\ -\omega_{0\text{co}} & -\dfrac{R_{\text{load}i}}{L_{\text{load}i}}\end{bmatrix},\quad B_{\text{load}ai}=\begin{bmatrix}\dfrac{1}{L_{\text{load}i}} & 0\\ 0 & \dfrac{1}{L_{\text{load}i}}\end{bmatrix},\quad B_{\text{load}bi}=\begin{bmatrix}I_{\text{load}Qi}\\ -I_{\text{load}Di}\end{bmatrix}$$

（5）微电网系统完整模型。

图 4-1 可看出，第 i 个逆变器接入点电压 u_{b} 的状态方程为

$$\begin{bmatrix}u_{\text{b}Di}\\ u_{\text{b}Di}\end{bmatrix}=R_{\text{load}i}\begin{bmatrix}i_{\text{o}Di}-i_{\text{line}Di}-i_{\text{line}D(i+1)}\\ i_{\text{o}Qi}-i_{\text{line}Qi}-i_{\text{line}Q(i+1)}\end{bmatrix}+\omega L_{\text{load}i}\begin{bmatrix}\dfrac{d(i_{\text{o}Di}-i_{\text{line}Di}-i_{\text{line}D(i+1)})}{dt}\\ \dfrac{d(i_{\text{o}Qi}-i_{\text{line}Qi}-i_{\text{line}Q(i+1)})}{dt}\end{bmatrix} \tag{4-40}$$

第 i 个逆变器接入点电压 u_{b} 的小信号模型为

$$\begin{aligned}[\Delta u_{bDQi}]=&\boldsymbol{M}_{\text{inv}ai}[\Delta i_{\text{o}DQi}]+\boldsymbol{M}_{\text{invb}i}[\Delta \dot{i}_{\text{o}DQi}]+\boldsymbol{M}_{\text{linea}i}[\Delta i_{\text{line}DQi}]+\boldsymbol{M}_{\text{lineb}i}[\Delta \dot{i}_{\text{line}DQi}]+\\ &\boldsymbol{M}_{\text{linec}i}[\Delta i_{\text{line}DQ(i+1)}]+\boldsymbol{M}_{\text{line}di}[\Delta \dot{i}_{\text{line}DQ(i+1)}]\end{aligned} \tag{4-41}$$

式中

$$\boldsymbol{M}_{\text{inv}ai}=-\boldsymbol{M}_{\text{line}ai}=-\boldsymbol{M}_{\text{line}ci}=\begin{bmatrix}R_{\text{load}i} & 0\\ 0 & R_{\text{load}i}\end{bmatrix}$$

$$\boldsymbol{M}_{\text{inv}bi}=-\boldsymbol{M}_{\text{line}bi}=-\boldsymbol{M}_{\text{line}di}=\begin{bmatrix}\omega L_{\text{load}i} & 0\\ 0 & \omega L_{\text{load}i}\end{bmatrix}$$

综合微电网各部分的小信号动态模型，可以得到微电网系统的整体小信号动态模型为

$$\begin{bmatrix}\Delta\dot{x}_{\text{all}}\\ \Delta\dot{i}_{\text{line}DQ}\\ \Delta\dot{i}_{\text{load}DQ}\end{bmatrix}=\boldsymbol{A}_m\begin{bmatrix}\Delta x_{\text{all}}\\ \Delta i_{\text{line}DQ}\\ \Delta i_{\text{load}DQ}\end{bmatrix} \tag{4-42}$$

三、微电网稳定性分析

1. 系统特征值分析

由经典控制理论可知，可根据小信号动态模型式（4-42）中系统矩阵 $\boldsymbol{A}_m$ 的特征值来确定系统的稳态性能、动态性能以及阻尼特性，而且系统的频率振荡模式也与特征值相关。本节主要对下垂控制参数变化对系统特征值的影响进行分析。

图 4-1 所示的微电网系统的相关参数如表 4-1 所示，DG1、DG2、DG3 的额定有功功率分别为 10、12、20kW，且由下垂控制的功率分配原则可知，各分布式电源的 P/f，Q/V 下垂控制系数根据分布式电源的额定输出功率来设置，即三个分布式电源的下垂控制系数与其额定功率成比例设置；另外，为了确保在控制时各分布式电源间环流最小，将三个分布式电源的空载频率和空载电压设为同一值。

表 4-1 微电网系统参数

控制参数	直流侧电压（V）	750	$R_c(\Omega)$	0.05
	$C(\mu F)$	4700	m(Hz/kW)	(0.02,0.0167,0.01)
	ω_c(rad/s)	31.4	n(V/kvar)	(0.8,0.668,0.4)
	$C_f(\mu F)$	107	K_{pv}	0.5
	L_f(mH)	1.2	K_{iv}	350
	$R_f(\Omega)$	0.1	K_{pc}	10.5
	L_c(mH)	2.5	K_{ic}	5000

根据图 4-1 微电网简化结构在 Simulink 中建立微电网仿真模型，对微电网系统进行仿真，将得到的系统稳态运行参数带入系统矩阵 $\boldsymbol{A}_m$，可计算得到微电网系统特征值分布情况，如图 4-6 所示。

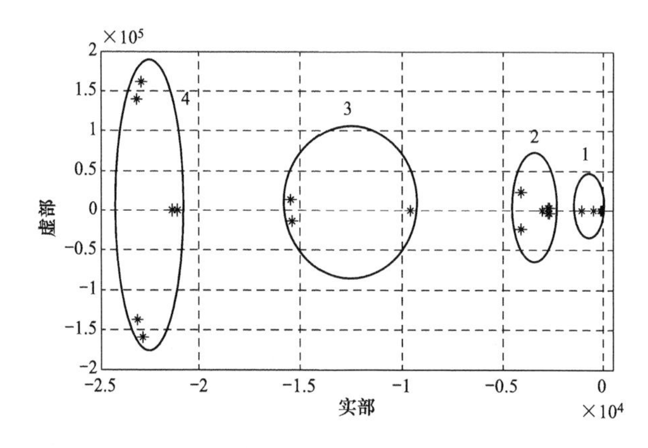

图 4-6 系统特征值分布图

由图 4-6 可看出微电网系统所有特征值主要集中于四个区域，而在系统的小信号稳定性分析中一般比较关注区域 1 系统的低频振荡模式，故将区域 1 中靠近虚轴部分的特征值局部放大图如图 4-7 所示，在经典控制理论中，离虚轴较近的特征值对系统稳定性的影响比较大，故将其定义为主导特征值，即图 4-7 中共轭特征值 λ_1、λ_2。

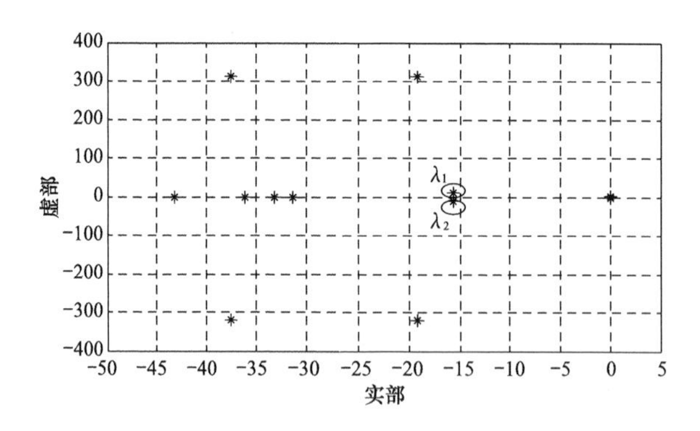

图 4-7 系统特征值分布局部图

2. 下垂控制参数变化对特征值的影响

当分布式电源 DG1 有功下垂系数 m_1 从 1×10^{-6} 变化到 1×10^{-3}，且其他两个分布式电源 DG2、DG3 的有功下垂系数 m_2、m_3 按下垂控制功率均分原则与 m_1 按照比例改变时，此微电网系统对应特征值的变化情况如图 4-8 所示。

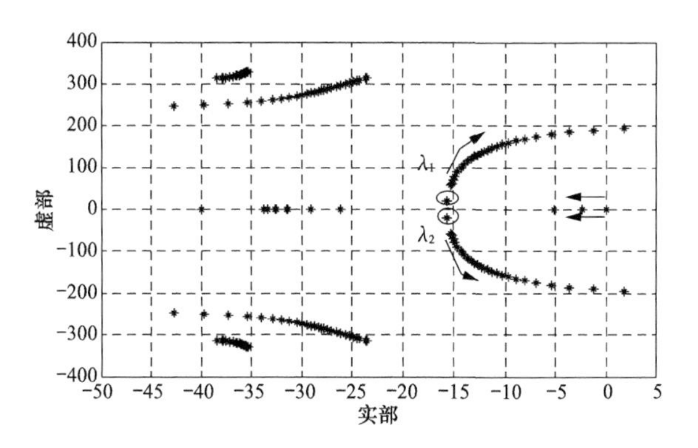

图 4-8 下垂系数 m 变化时系统特征值变化情况

由图 4-8 可看出，当有功下垂系数 m_1 逐渐增加时，主导特征值 λ_1、λ_2 也渐渐靠近虚轴，甚至进入到正半平面，即使系统由稳定状态逐渐变为不稳定状态，若不管 m_1 如何变化都小于一个极限值 M 使 λ_1、λ_2 沿实轴无限趋于零，则可保证系统的稳定性。但是根据特征值分析法只能确定下垂系数 m_1 的极限值 M，并不能得到是微电网最佳运行时 m_1 的最优值，故对于如何得到 m_1 的最优值问题仍有待进一步研究。

当分布式电源 DG1 的无功下垂系数 n_1 由 1×10^{-5} 变化到 1×10^{-3}，且其他两个分布式电源 DG2、DG3 的无功下垂系数 n_2、n_3 按功率均分原则与 n_1 按照比例改变时，对应系统主导特征值 λ_1、λ_2 变化情况如图 4-9 所示。

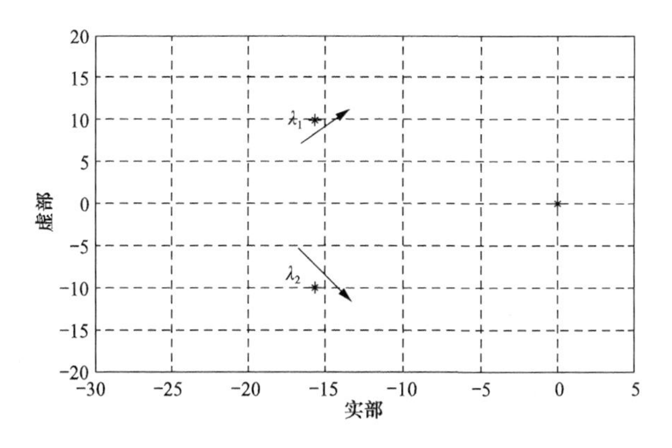

图 4-9 下垂系数 n 变化时系统特征值变化情况

由图 4-9 可看出，随着无功下垂系数 n_1 的变化，λ_1、λ_2 的变化很小，即主导特征根 λ_1、λ_2 受无功下垂系数的影响很小。

四、微电网运行仿真分析

在 Matlab/Simulink 中搭建了图 4-1 结构的微电网系统，其中分布式电源 DG1、DG2、DG3 均表示已经封装好的分布式电源模块，DG1、DG2、DG3 的逆变器控制采用本文第一节中图 4-3 所示的下垂控制。Load1、Load2、Load3 为微电网的系统负载，大电网采用理想

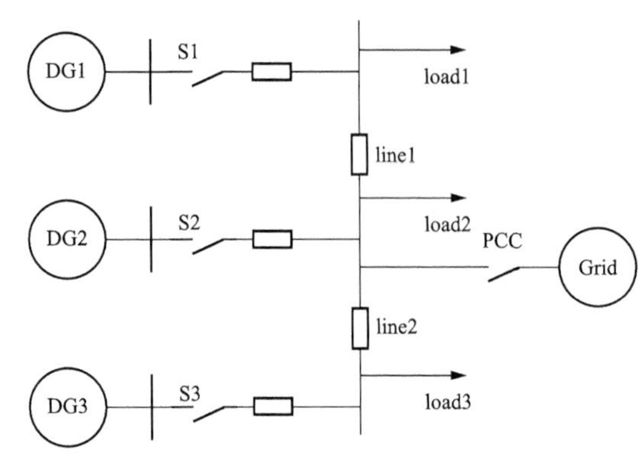

图 4-10 微电网简化仿真模型

的三相电压源等效，PCC 为分布式微电网并网开关，整个系统的控制参数如表 4-1 所示。

微电网整体简化仿真模型如图 4-10 所示。

微电网的仿真过程为：①0s＜t＜1s 时，微电网孤岛运行；②t＝1s 时，微电网中负荷发生突变，总的有功负荷由 50kW 增加到 60kW，总的无功负荷由 10kvar 增加到 13kvar；③t＝1.5s 时启动预同步控制模块，当满足并网条件时，微电网由孤岛运行模式转换为并网运行模式；④t＝3s 时，静态开关 PCC 断开，微电网由并网运行模式切换到孤岛运行模式。

微电网中分布式电源 DG1、DG2、DG3 输出的有功功率和无功功率如图 4-11、图 4-12 所示。

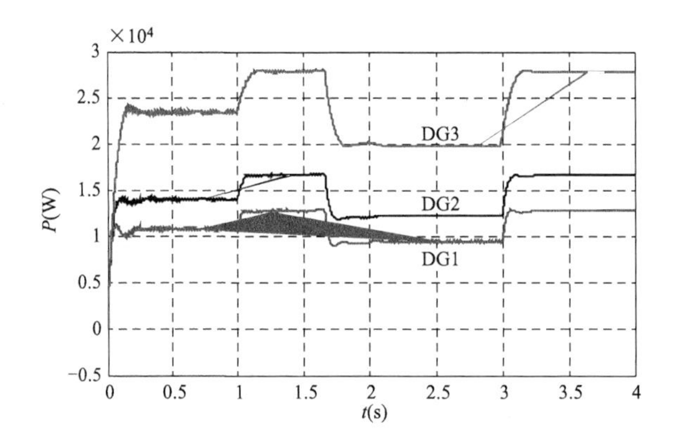

图 4-11 DG1、DG2、DG3 输出有功功率曲线

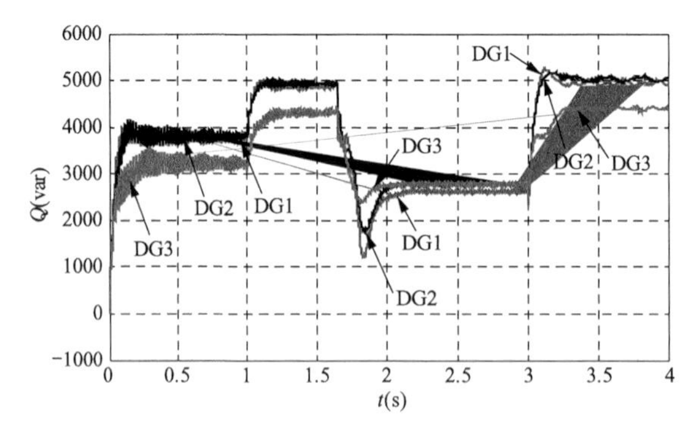

图 4-12 DG1、DG2、DG3 输出无功功率曲线

当微电网处于孤岛运行状态且负荷发生突变时，分布式电源能够快速实现有功功率的平均分配；在 1.5s 时启动预同步模块，在微电网与大电网同步控制过程中，由电压、频率和相位控制模块共同调节，约在 1.64s 完成同步过程，微电网满足并网条件转换到并网运行模式，微电网的并网信号如图 4-13 所示；在 3s 时系统由并网运行模式切换到孤岛运行模式，

但是并没有切换控制策略，这样可有效减小模式切换的暂态振荡，但是由图 4-12 可看出并网瞬间会产生较大的无功缺额，对于出现的无功缺额问题，可以采用功率控制器或者本地无功补偿设备来补偿。

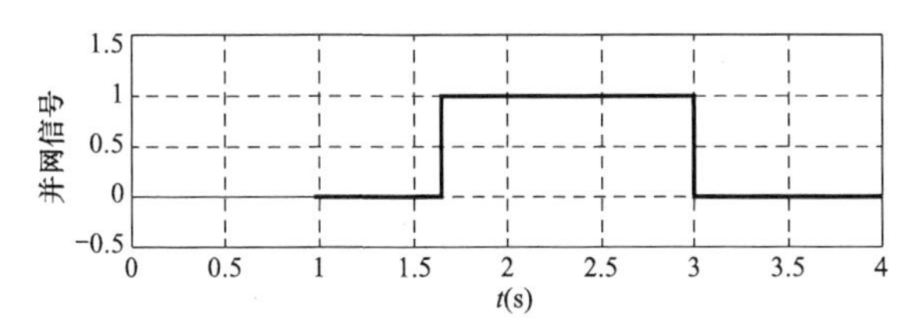

图 4-13　微电网的并网信号

需要指出的是，在图 4-13 中可明显看出各分布式电源输出的无功功率并没有实现平均分配，这是由于系统线路阻抗存在差异、输出电压幅值以及微电网复杂结构等多种原因造成的。

微电网系统的频率如图 4-14 所示，并网运行时，大电网为微电网提供频率和电压支撑；孤岛运行时，出力增大，导致系统频率降低，但其变化处于合理范围内。

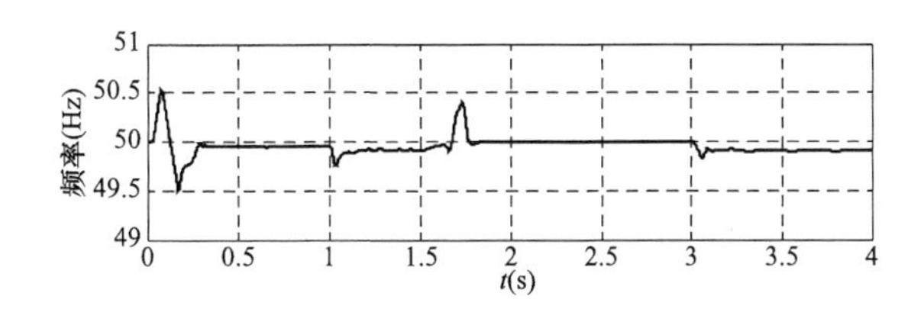

图 4-14　微电网输出频率波形

由仿真可知，采用下垂控制的微电网，能够快速实现功率分配和运行模式的平滑切换，但其下垂控制系统的选择要同时考虑系统的动态性能和稳态性能。

五、小结

本节主要建立了基于下垂控制的包含分布式电源逆变器、电力线路模型、负荷模型的微电网全阶小信号动态模型，并基于特征值法，在理论上证明了微电网系统的稳定性，并对下垂控制系数变化对特征值的影响进行了分析，为下一步进行微电网协调控制中下垂控制系数的优化奠定了理论基础。最后，在 Matlab/Simulink 中建立了微电网的暂态仿真模型，对微电网四种运行模式（孤岛运行模式、孤岛时负荷突变、并网运行模式以及孤岛和并网两种运行模式相互切换）进行了仿真分析，验证微电网的稳定性，并发现了无功分配问题。

第二节　基于改进无功下垂控制的微电网运行控制策略

由第一节对微电网的仿真可看出，各分布式电源并未实现对无功负荷的平均分配，这是由于线路阻抗的各不相同、输出电压幅值不等等因素造成的，在情况恶劣时，各分布式电源之间可能会有较大的无功环流出现。本节将针对这一问题改进无功下垂控制，在传统无功下垂控制中引入传输线路压降和分布式电源接入点电压幅值反馈量共同作为无功下垂控制的补偿量，有效跟踪微电网电压变化，改善输出电压幅值不等的状况，最终达到提高无功均分精度的效果。

一、下垂控制原理

1. 传统的下垂控制

下垂控制（droop control）是模拟电力系统中传统同步发电机外下垂特性来控制分布式电源逆变器的一种控制方法，即人为地使分布式电源输出的频率以及电压幅值根据其输出有功、无功按照一定比例进行调节，以使各个逆变电源能够按照各自的容量及负荷合理分配负荷的控制方法。

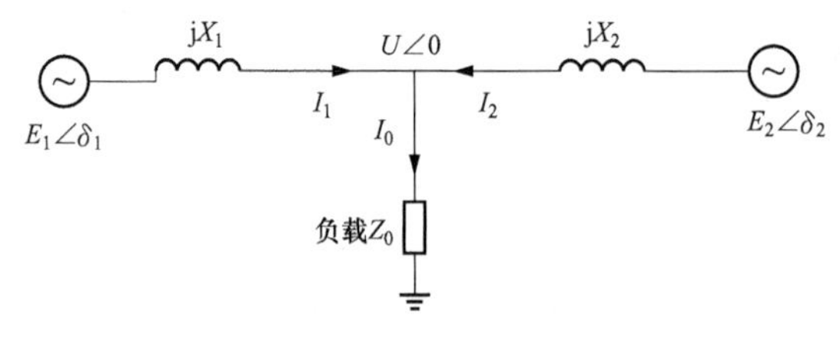

图 4-15 分布式电源的并联等效电路

下垂控制主要应用于对等控制结构的微电网中多个分布式电源并联运行，分布式电源的并联等效电路如图 4-15 所示，其中分布式电源等效为一电压源。

由图 4-15 可得，当分布式电源等效输出阻抗呈感性时，其输出有功、无功分别为

$$\begin{cases} P_i = \dfrac{E_i U}{X_i}\sin\delta_i \\ Q_i = \dfrac{E_i U\cos\delta_i - U^2}{X_i} \end{cases} \tag{4-43}$$

式中 X_i——分布式电源的输出电抗；

E_i——分布式电源输出电压；

δ_i——分布式电源输出电压 E_i 与并联节点电压 U 之间夹角。

与负载阻抗相比，分布式电源的等效输出阻抗以及线路阻抗均较小，而且在实际情况中相角偏差 δ_i 均较小，所以当 δ_i 用弧度表示时有 $\sin\delta_i=\delta_i$，$\cos\delta_i=1$，则式（4-43）简化为

$$\begin{cases} P_i = \dfrac{E_i U}{X_i}\delta_i \\ Q_i = \dfrac{U(E_i - U)}{X_i} \end{cases} \tag{4-44}$$

由式（4-44）看出，分布式电源输出的有功主要取决于 δ_i，即输出的有功 P_i 与频率 f 存在下垂特性关系；输出的无功主要由分布式电源输出电压 E_i 决定，即输出无功 Q_i 与电压 E_i 存在下垂特性关系。容量不同的两个分布式电源的下垂特性曲线如图 4-16 所示。

由图 4-16 可知，并联的分布式电源不断调节自身频率以及电压幅值，这种自身调节过

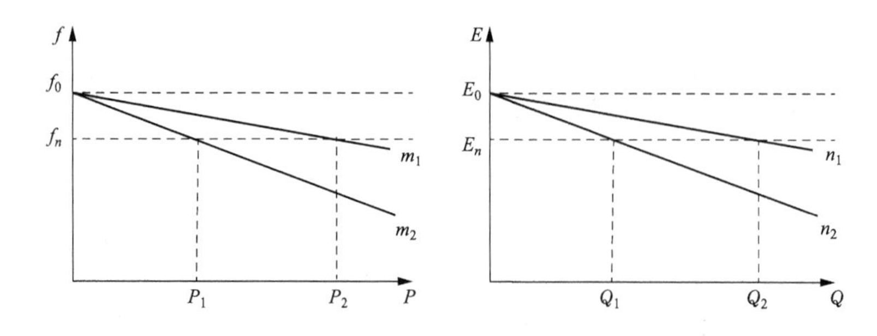

图 4-16 两个容量不同的分布式电源下垂特性曲线

程会一直进行下去，直到并联系统达到环流最小，系统达到新的稳定运行点，合理分配输出功率。

逆变器输出电压可以直接控制，但逆变器相位角控制要通过逆变器输出频率 f_i 或角频率 ω_i 的调节来实现，如式（2-45）所示。

$$f_i = \frac{\omega_i}{2\pi} = \dot{\delta}_i \tag{4-45}$$

下垂特性数学表达式为

$$\begin{cases} f = f_0 - mP \\ E = E_0 - nQ \end{cases} \tag{4-46}$$

式中 m、n——P/f 和 Q/V 的下垂控制系数；

f_0、E_0——分布式电源在空载运行时的频率及电压幅值，也就是 P/f、Q/V 下垂特性曲线的初值；

f、E——分布式电源运行时频率、电压幅值的控制量；

P、Q——分布式电源有功、无功的实际测量值。

并网运行模式时，微电网的频率和电压由大电网提供支撑，下垂控制调节各分布式电源的输出功率；孤岛运行模式下，相当于多个逆变电源并联，这时，各分布式电源的逆变器采用下垂控制，可保证各逆变器输出的电压和频率一致，合理承担负载功率。

2. 无功下垂控制的改进

由式（4-46）看出第 i 个分布式电源的无功下垂特性为 $E_i = E_0 - nQ_i$，并将其带入式（4-44）第 i 个分布式电源输出的无功功率表达式，整理可得

$$Q_i = \frac{U(E_0 - U)}{x_i + n_i U} \tag{4-47}$$

微电网中，控制器是对逆变器输出端口电压进行调节，而不是滤波器的出口电压，故在考虑逆变器输出特性时，应将滤波器和变压器阻抗也考虑在内。又由于微电网的传输线路比较短，在加入滤波器和变压器阻抗后，逆变器的输出阻抗仍然呈感性。因此，P/f、Q/V 下垂特性在微电网中仍然适用。

由式（4-47）可知，将滤波电抗和线路电抗统一称为分布式电源输出侧电抗 x_i。则分布式电源发出的无功与输出侧电抗 x_i、空载电压幅值 E_0、公共母线电压 U 和无功下垂系数 n_i 相关。

又由式（4-47）可得

$$U = E_0 - \frac{Q_i}{U} x_i - n_i Q_i \tag{4-48}$$

由于 $\frac{Q_i}{U} x_i$ 可看作传输线路的电压压降，因此，由式（4-48）可知，可通过在传统下垂控制中加入 $\frac{Q_i}{U} x_i$ 作为电压补偿量来补偿输电线路的压降，改善各分布式电源对无功负荷的平均分配。

另外，为弥补分布式电源接入点电压幅值差异，在传统的无功下垂控制中引入分布式电源接入点电压幅值反馈，有效跟踪接入点电压变化，改进后无功下垂控制结构如图 4-17 所示。

图 4-17 中，Q_n、U_n 分别表示分布式电源的额定功率、电压幅值，Q 表示实际输出的无功，n 表示无功下垂控制系数，U_m 表示接入点电压幅值，U 表示无功下垂控制输出的参考电压，x 为分布式电源输出等效感抗，微电网电压补偿量和幅值反馈量经过 PI 调节得到无

功下垂曲线初值的补偿量 ΔU，平移下垂曲线，如图 4-18 所示，调节系统稳定运行点，最终 DG1、DG2 输出的电压幅值相等。

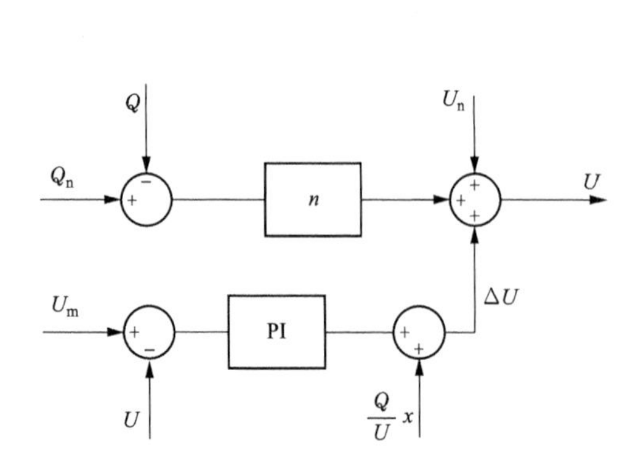

图 4-17 改进后无功下垂控制结构

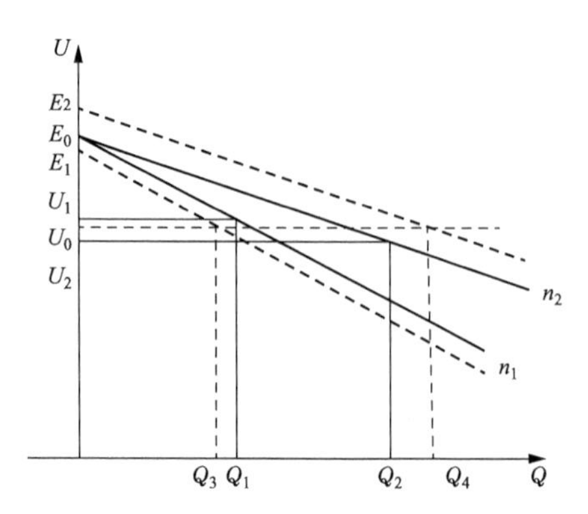

图 4-18 下垂曲线平移示意图

图 4-18 中，实线表示改进前的无功下垂曲线，U_1、U_2 分别表示 DG1、DG2 的实际电压幅值，U 表示微电网电压幅值，E_0 表示 DG1、DG2 空载电压，Q_1、Q_2 分别表示下垂曲线改进前 DG1、DG2 输出的无功；虚线表示改进后的下垂曲线，E_1、E_2 分别表示加入电压补偿量和接入点电压幅值反馈后的无功下垂曲线初值，Q_3、Q_4 分别分别表示下垂曲线改进后输出的输出无功。由此可看出，经过改进后的无功下垂控制，可改变分布式电源输出的无功功率，使微电网中各分布式电源输出电压的幅值相同，从而提高无功分配的精度。

3. 并网同步控制

在从孤岛运行模式切换到并网运行模式时，需快速实现静态开关两侧电压幅值、频率以及相位基本相同，即微电网与大电网达到同步运行状态，从而减小并网时的冲击。

电压、频率控制指通过模式切换控制器，对静态开关 PCC 两侧的电压幅值差以及频率差进行 PI 调节，得到下垂曲线平移量 U_{in}、f_{in1}，与原有下垂曲线电压幅值初值 E_0、频率初值 f_0 相加，即对下垂曲线进行平移，使整个系统达到新的稳态运行点。电压、频率控制在不改变分布式电源逆变器输出有功以及无功基础上实现微电网与大电网的同步过程。

电压、频率控制示意图如图 4-19 所示，其中 P_1、Q_1 分别表示分布式电源逆变器输出的有功功率、无功功率；f_0、E_0 分别表示下垂曲线平移前频率以及电压幅值的初值；f_1、E_1 分别表示电压、频率恢复控制后，即下垂曲线平移后频率以及电压幅值的初值。

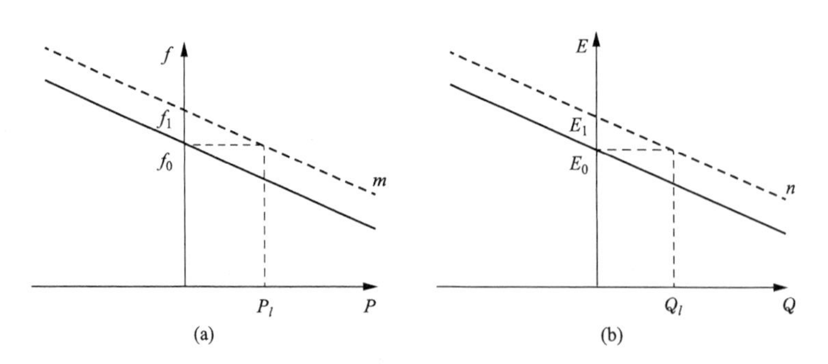

图 4-19 电压、频率控制示意图

微电网并网同步控制的相角以及电压调节原理如图 4-20 所示。

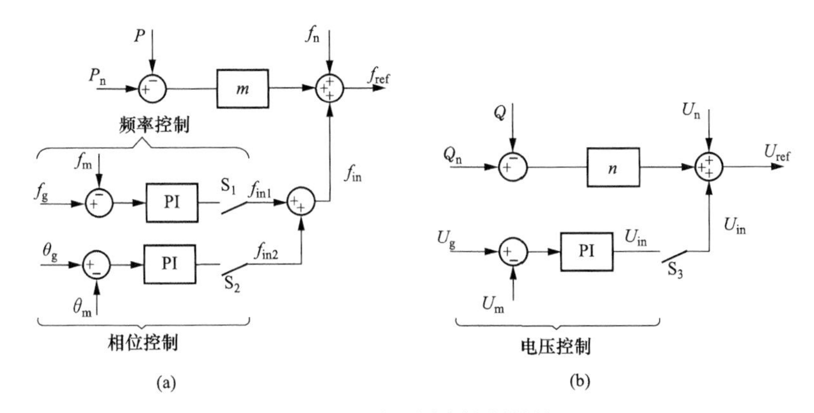

图 4-20 并网同步控制结构

(a) 相角调节原理；(b) 电压调节原理

微电网并网的预同步控制过程主要分为两个阶段：第一阶段为频率和电压控制，第二阶段为相位控制。相位控制是指对模式切换控制器两侧的相位差进行 PI 调节，得到有功下垂曲线初值改变量 f_{in2}，进一步平移有功下垂曲线，得到最终的频率参考值。

若微电网电压相位滞后于配电网电压相位，则 f_{in2} 大于 0；若微电网电压相位超前于大电网电压相位，则 f_{in2} 小于 0，微电网与大电网之间的相位差都不断缩小。当相位差满足并网条件时，相位控制结束，频率增量 f_{in2} 置 0，f_{in1} 和 U_{in} 保存为前一时刻值叠加到原下垂曲线频率 f_0 和电压幅值参考值 U_0 上，此时微电网模式切换控制器控制静态开关 PCC 闭合完成孤岛运行模式转换为并网运行模式的切换。由于此时微电网的电压幅值和频率与大电网一致，也就说分布式电源逆变器输出的有无功功率与负荷消耗的有无功功率相等，因此并网瞬间联络线上的功率冲击较小，逆变器输出功率基本不变。

相角和电压调节公式为

$$\begin{cases} E_0' = E_0 + E_{in} \\ f_0' = f_0 + f_{in1} + f_{in2} \end{cases} \tag{4-49}$$

$$\begin{cases} E_{in} = \left(k_{Ep2} + \dfrac{k_{Ei2}}{s}\right) \cdot (E_g - E_m) \\ f_{in1} = \left(k_{fp} + \dfrac{k_{fi}}{s}\right) \cdot (f_g - f_m) \\ f_{in2} = \left(k_{\theta p} + \dfrac{k_{\theta i}}{s}\right) \cdot (\theta_g - \theta_m) \end{cases} \tag{4-50}$$

式中 f_g、θ_g、E_g——大电网电压的频率、相角以及电压幅值；

f_m、θ_m、E_m——微电网的频率、相角以及电压幅值；

E_0、f_0——大电网的电压幅值和频率初值；

E_{in}——电压控制得到无功下垂曲线初值改变量；

f_{in1}——频率恢复控制得到的下垂曲线频率改变量；

f_{in2}——相角控制得到的下垂曲线频率改变量，其只在相角控制时起作用，当静态开关 PCC 两侧电压相位满足并网条件时，f_{in2} 要置为 0。

因为并网瞬间的功率冲击与静态开关两侧的频率差、相角差和电压幅值差成正比，如式（2-9）所示，当静态开关两侧相角差和电压幅值差足够小时，并网瞬间的功率冲击主要与相位控制时导致的频率差成正比，频率差越大，逆变器输出功率变化越大，并网联络线功率冲击越大。

$$P_{\text{error}} = N \times \frac{|f_m - f_g|}{m} \tag{4-51}$$

式中 P_{error}——孤岛转并网瞬间的有功功率变化量；

N——储能逆变器台数。

微电网与配电网之间的频率相差越大，并网瞬间功率冲击也就越大。式（4-51）中

$$f_m = f_0 - m \cdot P + f_{\text{in1}} + f_{\text{in2}} \tag{4-52}$$

微电网经过电压、频率控制后其频率值与大电网电压频率额定值基本相同，因此并网瞬间的功率冲击是由相位控制引起的频率差导致的，采用本文所提相位控制方法后，在并网前需尽量减小这部分误差，从而把并网时的冲击减到最小。由式（4-51）、式（4-52）可以得到并网瞬间的功率冲击 P_{error} 为

$$P_{\text{error}} \approx N \times \frac{f_{\text{in2}}}{m} \tag{4-53}$$

由以上分析可知，微电网并网的预同步控制过程为：孤岛转并网的模式切换控制通过电压、频率控制和相位控制获得相应的频率和电压幅值初值改变量，再通过平移后的下垂曲线得到最终的电压幅值以及频率的参考值。在并网前，首先同时合并 S1、S3，启动频率和电压控制，在 0.1s 后合并 S2，启动相位控制，使 PCC 两端的电压差、相位差逐渐减少到符合并网条件的范围内，然后闭合静态开关 PCC，从而实现孤岛运行模式转换到并网运行模式。

二、基于改进无功下垂控制的微电网仿真分析

本节仿真仍采用第一节中图 4-10 所示的微电网简化结构，并与第一节的仿真结果进行对比，其仿真相关参数如表 4-2 所示。

表 4-2　　微电网控制参数

名　称	DG1	DG2	DG3
额定功率 P(kW)	10	12	20
额定功率 Q(kW)	0	0	0
P/f 下垂系数 m(Hz/kW)	0.02	0.0167	0.01
Q/V 下垂系数 n(V/kvar)	0.8	0.668	0.4

微电网的仿真过程为：①0s<t<1s 前，微电网孤岛运行；②当 t=1s 时，微电网负荷发生突变，总的有功负荷从 50kW 增加到 60kW，无功负荷从 10kvar 增加到 13kvar；③t=1.5s 时启动预同步控制模块，进入与大电网的预同步阶段，当满足并网条件式，开始并网运行；④当 t=3s 时，静态开关 PCC 断开，由并网运行模式转换为孤岛运行模式。

则无功下垂控制改进后微电网中各分布式电源 DG1、DG2、DG3 输出的有功功率和无功功率波形如图 4-21、图 4-22 所示。

由图 4-21、图 4-22 可看出，无论是无功下垂控制改进前还是改进后，微电网中各分布式电源均可按照有功下垂系数比例分配有功负荷。

由图 4-21、图 4-22 可看出，由于线路阻抗的存在，微电网输出的无功功率大于无功负荷功率。在无功下垂控制改进前，各分布式电源输出的无功功率明显不按无功下垂系数比例分配，而在无功下垂控制改进后，由图 4-22 可看出如下：

（1）0～1s，微电网孤岛运行，分布式电源 DG1、DG2、DG3 输出的无功比例为：$Q_3/Q_2 \approx 5400/3000 = 1.800$，$Q_3/Q_1 \approx 5400/2500 = 2.160$，$Q_2/Q_1 \approx 3000/2500 = 1.200$。

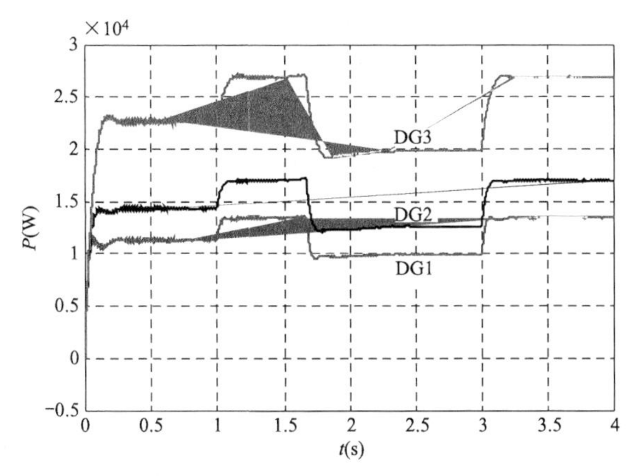

图 4-21　改进后 DG1、DG2、DG3 输出有功功率

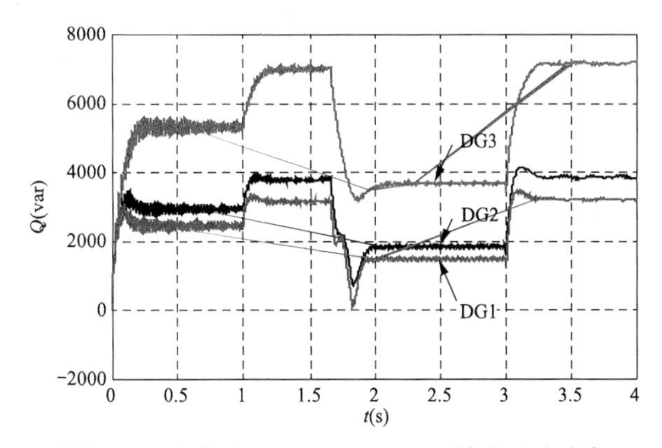

图 4-22　改进后 DG1、DG2、DG3 输出无功功率

（2）1～1.5s，微电网孤岛运行且负荷突变后：$Q_3/Q_2 \approx 7100/3900 = 1.820$，$Q_3/Q_1 \approx 7100/3200 = 2.218$，$Q_2/Q_1 \approx 3900/3200 = 1.219$。

（3）2～3s，微电网进入并网运行模式且稳定后，$Q_3/Q_2 \approx 3600/1900 = 1.894$，$Q_3/Q_1 \approx 3600/1500 = 2.4$，$Q_2/Q_1 \approx 1900/1500 = 1.267$。

（4）3～4s，微电网再次转换为孤岛运行后，$Q_3/Q_2 \approx 7100/3900 = 1.821$，$Q_3/Q_1 \approx 7100/3200 = 2.218$，$Q_2/Q_1 \approx 3900/3200 = 1.219$。

而无功下垂系数比例为：$k_{q2}/k_{q3} = 0.668/0.4 = 1.67$，$k_{q1}/k_{q3} = 0.8/0.4 = 2.00$，$k_{q1}/k_{q2} = 0.8/0.668 = 1.197$，由此可看出：虽然无功下垂控制改进后仍未按照无功下垂系数比例分配无功负荷，但分配精度已大大提高，从而验证了改进的有效性。

但是由图 4-21、图 4-22 可看出：当微电网满足并网条件，PCC 开关闭合，由孤岛运行转换为并网运行时，系统会出现严重的无功功率缺额，需要通过本地无功补偿设备和功率控制器来进行快速补偿。

三、小结

本节主要针对分布式电源对无功负荷是否分配的问题展开了研究，根据负荷 Q/V 的下垂特性，通过在无功下垂控制中引入传输线路压降和分布式电源接入点电压幅值反馈的方法，有效跟踪接入点电压的变化，改善输出电压幅值不等的状况，使其系统达到稳态时所有分布式电源输出的电压幅值相同，从而提高分布式电源对无功负荷的平均分配精度，进而提高了系统稳定性。并对无功下垂控制改进后进行了仿真，与第三章无功下垂控制改进前系统的运行特性进行对比分析，结果表明，无功下垂控制改进后个分布式电源虽然仍未按照无功下垂系数比例分配无功负荷，但分配精度已得到大大提高，从而验证了无功下垂控制的改进效果。

第三节　基于 PSO-IHS 算法的微电网协调控制优化

微电网不论在哪种运行模式下，其稳态和暂态性能都与控制参数有着密切的关系，根据微电网小信号动态模型只能得到下垂控制参数的大概取值范围，而不能得到下垂系数最优值。本章建立了包含微电网多种运行模式及模式切换过程的控制目标函数，基于前文建立的微电网小信号动态模型，分析了下垂控制系数取值范围，然后通过基于 PSO 算法改进的和声搜索算法（PSO-IHS）对下垂系数进行优化，得到下垂控制系数的最优值，并通过目标函数收敛曲线中优化前后微电网各运行参数误差的对比，验证了优化效果。

一、改进的和声搜索算法

和声搜索算法（harmony search algorithm，HS）是一种新型启发式、全局智能优化算法，通过不断调整和声记忆库 HM 中解变量，随着迭代次数的不断增加使函数达到收敛，得到函数最优解。HS 算法的概念简单易懂，参数较少且易于实现。但是该算法在产生新解时无方向性导致收敛速度较慢，故本文结合粒子群算法（particle swarm optimization，PSO），先采用 PSO 算法生成和声记忆库 HM 中解变量，然后再用 HS 搜索全局最优解。

1. 标准的和声搜索算法

和声搜索算法（HS）是 2001 年由韩国学者 Geem Z W 等人提出的一种启发式全局搜索的智能优化算法。该算法模仿乐师们的音乐创作过程，乐师们根据自己的创作经验，为了获得最佳演奏效果来回调节各音调，以使其得到最美和声组合。HS 的和声组合标准就是需要求解的目标函数，各个乐器的音调便是目标函数中变量，乐师们反复调试乐器的过程就是优化过程。

HS 先要对和声记忆库 HM 进行初始化，HMS 表示和声记忆库大小；再由 HM 随机生成新和声，即新解；将新生和声与 HM 中最差和声相比，若新生成和声效果较好，那么由新生成的和声替代 HM 中最差和声，否则 HM 不变；这样反复进行这个过程直到找到最美和声或者达到最大迭代次数 NI 停止运行。

标准 HS 的基本步骤为：建立所求问题的目标函数，并确定其对应约束条件，对基本参数进行初始化：和声记忆库大小 HMS，变量个数 N，各个变量解空间，最大迭代次数 NI，音调调节概率 PAR，记忆保留概率 $HMCR$，微调扰动量 bw。

1）和声记忆库初始化。随机生成 HMS 个目标函数初始解，放入 HM 中，即

$$\left(\begin{array}{cccc|c} x_1^1 & x_2^1 & \cdots & x_N^1 & f(x^1) \\ x_1^2 & x_2^2 & \cdots & x_N^2 & f(x^2) \\ \vdots & \vdots & \vdots & & f(x^3) \\ x_1^{HMS} & x_2^{HMS} & \cdots & x_N^{HMS} & f(x^{HMS}) \end{array}\right) \tag{4-54}$$

式中　x_i^j——第 j 个解向量的第 i 个分量。

2）新解产生。每步迭代均有三种新解 $x^{\text{new}}=(x_1^{\text{new}}\quad x_2^{\text{new}}\quad \cdots\quad x_3^{\text{new}})$ 生成方法。

方法 1：保留 HM 中解分量，新生成解分量 x_i^{new} 为 HM 中第 i 个解分量的集合 $X_i=(x_i^1 \quad x_i^2 \quad \cdots \quad x_i^{HMS})(i=1,2,3,\cdots,N)$ 的概率是 $HMCR$。

方法 2：新解分量 x_i^{new} 随机生成，x_i^{new} 以（$1-HMCR$）的概率从第 i 个解分量的取值范围中随机选取。

方法 3：以微调扰动 1、2 中的部分解分量生成新解，以 PAR 的概率微调扰动 1、2 中的新解，进而生成新解，扰动公式为

$$x_i^{new}=x_i^{new\prime}+(2rand-1)bw \tag{4-55}$$

式中 $x_i^{new\prime}$、x_i^{new}——微调前后新解 x^{new} 的第 i 个分量，随机值 $rand$ 取值区间为［0，1］。

3）更新和声记忆库 HM。如果产生的新解与 HM 中的最差解相比较优，那么由新解替代 HM 的最差解，重新组成 HM。

4）迭代终止。当达到最大迭代次数 NI 时，则算法停止运行，输出最优值；若未达到 NI，则重复步骤 3)、步骤 4)。

HS 算法的算法流程如图 4-23 所示。

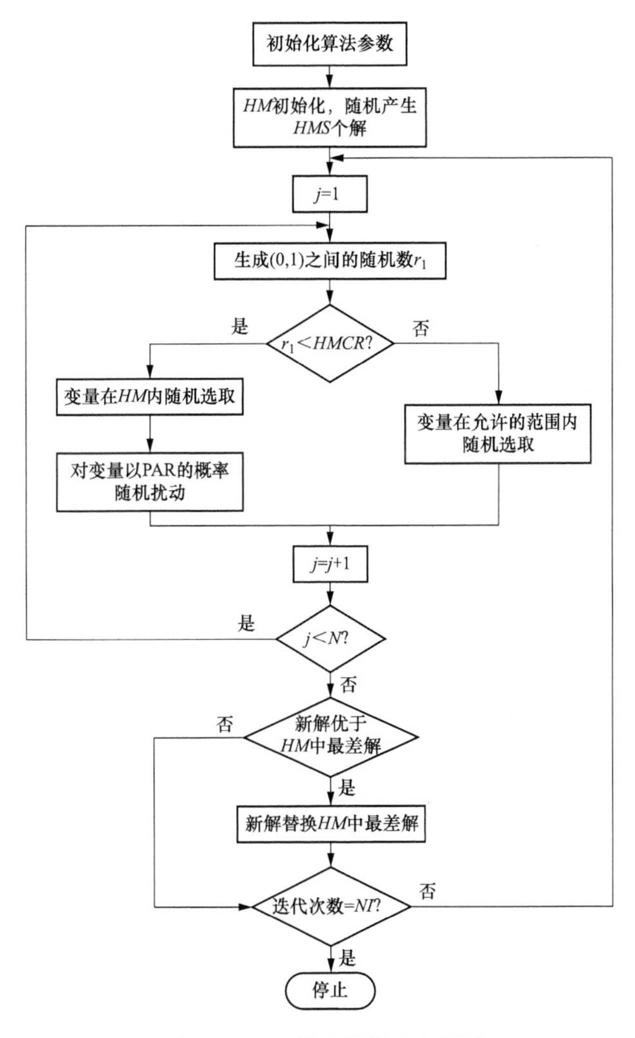

图 4-23 HS 算法的算法流程图

2. 基于PSO算法改进的和声搜索算法（PSO-IHS）

标准HS算法中，扰动大小bw及音调调节概率PAR均是常数。初始运行时，较大的扰动bw、较小的调节概率PAR比较有助于进行全局搜索，但是达到运行后期时，较小的bw、较大的PAR又有助于局部最优解的寻找。故Mahdavi等人对HS算法进行改进，即改进的和声搜索算法（improved harmony search algorithm，IHS），使bw、PAR能够动态改变，而且通过算例证明了IHS算法寻优能力明显优于HS。

虽然IHS算法全局搜索效果较好，可是会由于在产生新解时无方向而导致收敛进程较慢。所以说HM的选取也非常重要。本章把PSO算法和IHS算法结合起来，利用PSO算法产生新解的方向性、收敛快的优点和IHS算法的能够跳出局部最优的长处相结合，即先用PSO算法运行生成HMS个初始解向量放入HM中，然后再用IHS搜索全局最优解。在每次迭代时HIS在HM中生成新的解向量m个，再用从（$HMS+m$）个解向量中选取HMS个较优解放入HM中，这样全面利用HM中的所有解向量信息，使搜索效率得到大大提高。基于PSO算法改进的和声搜索算法（PSO-IHS）步骤如下。

1）建立问题目标函数，并确定对应约束条件，确定PSO-IHS算法初始化参数：和声记忆库大小HMS，变量个数N，各个变量取值范围，记忆保留概率$HMCR$，音调调节概率PAR的取值范围（PAR_{min}，PAR_{max}），微调概率扰动量bw的取值范围（bw_{min}，bw_{max}），最大迭代次数NI，每步迭代获得新解数量m；PSO算法的初始参数：惯性权重ω，加速度常数c_1、c_2，迭代次数MNI，粒子数是HMS。

2）和声记忆库HM初始化。经过PSO算法获得HMS个解向量放入HM，PSO的更新公式为

$$\begin{cases} v^{t+1} = \omega v^t + c_1 r_1 (X_j^t - x^t) + c_2 r_2 (X_g^t - x^t) \\ x^{t+1} = x^t + v^{t+1} \end{cases} \tag{4-56}$$

式中　X_j——粒子局部最佳位置；

　　X_g——粒子全局最佳位置。

3）生成新解。每迭代一次，都可以通过三种方法生成新的解向量m个，且在每步迭代时IHS的参数均按照式（4-57）发生变化，即

$$\begin{cases} PAR = PAR_{min} + (PAR_{max} - PAR_{min}) \cdot ni/NI \\ bw = bw\exp[\lg(bw_{min}/bw_{max}) \cdot ni/NI] \end{cases} \tag{4-57}$$

每步迭代均可获得新的解向量m个，新解向量产生过程为：

```
for j = 1,2,…,N do
   if r_h<HMCR then   % 和声保留
X(HMS +m,j) = X(r,j)    % r 为随机数,取值范围[1, HMS]
    If r_p<PAR   % PAR 为微调概率
X(HMS + m,j) = X(HMS + m,j) + (2rand - 1) * bw   % 扰动
    end if
   else
X(HMS + m,j) = L(j) + rand * (U(j) - L(j))   % 随机选择
     end if
  end for
```

4）更新和声记忆库 HM。在（$HMS+M$）个解向量中挑出 HMS 个较优解放入 HM 中代替之前 HM。

5）停止迭代。当运行到最大迭代次数 NI 时，退出运行，输出最优解和相应解向量；若未达到 NI，则重复步骤 3）、4）。

基于 PSO-IHS 的算法流程如图 4-24 所示。

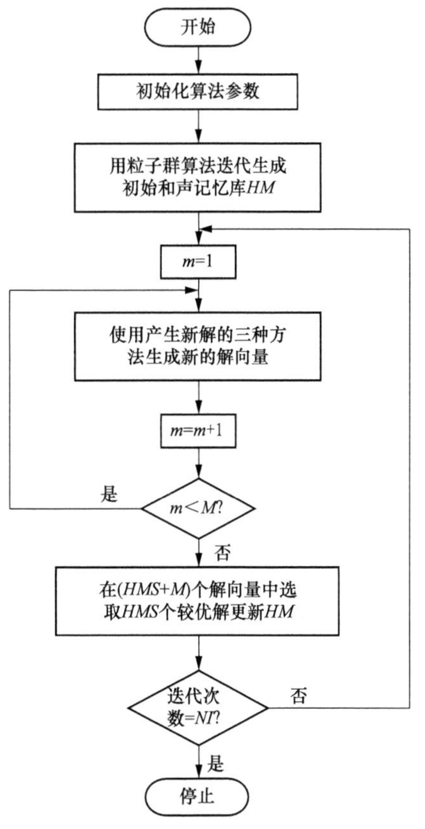

图 4-24 基于 PSO-IHS 的算法流程图

二、分布式电源逆变器下垂控制系数优化

由前文所述可知，微电网系统的主导特征值主要受下垂系数 m、n 的影响，因此微电网控制参数优化主要是对下垂系数的优化设计，本节主要是由微电网小信号动态模型得到下垂系数的大概取值范围，建立不同运行模式下的优化控制目标函数，并进行仿真验证。

1. 下垂系数的参数域选择

由前文分析可知，下垂控制系数对系统主导特征值影响较大，当下垂系数过大会使系统变为不稳定状态。

由前文分析的主导特征值 λ_1、λ_2 随有功下垂系数 m 的变化情况可知：当有功下垂系数 m_1 由 1×10^{-6} 渐渐变化到 1×10^{-3} 时，λ_1、λ_2 离实轴越来越远，即系统动态性能增大，但当 m_1 增大到一定程度时，λ_1、λ_2 会越过虚轴达到正半平面，导致系统不稳定。故综合考虑可确定 m_1 的最佳选值范围，如图 4-25 所示的 λ_1、λ_2 的上、下限所对应的 m_1 的取值，即 m_1 取值为：$9\times10^{-5}\leqslant m_1\leqslant3\times10^{-4}$。

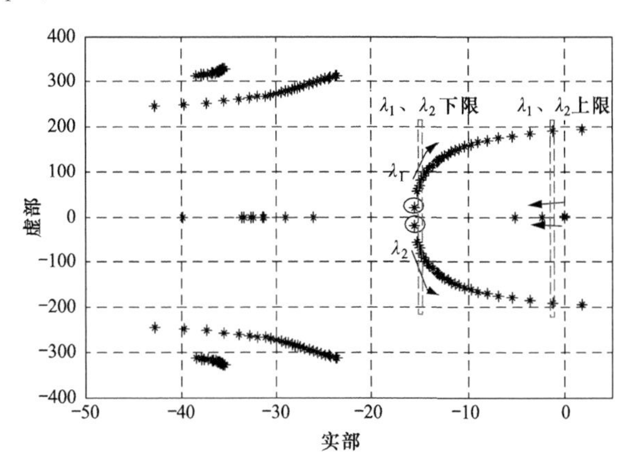

图 4-25 主导特征值 λ_1、λ_2 的上下限

由前文知无功下垂系数 n 的变化对主导特征根 λ_1、λ_2 的影响很小，故本文考虑 P/f 和 Q/V 的下垂曲线公式相关性确定 n_1 的取值范围，即 n_1 取值为

$$8\times10^{-5}\leqslant n_1<=1\times10^{-3}$$

2. 建立优化控制目标函数

微电网一般有孤岛运行模式（y_1）、孤岛时负荷突变（y_2）、并网运行模式（y_3）、孤岛与并网两种运行模式相互切换（y_4）的四种运行模式。为了实现微电网在不同运行模式之间的平稳过渡，减小分布式电源输出功率的波动性以及系统电压、频率的稳定性，需要建立该系统在相应运行模式下的控制优化目标函数为

$$y_j=\sum_{i=1}^{N}y_{ij}=\sum_{i=1}^{N}\Big[\sum_{t=T_0^j}^{T_1^j}(t-T_0^j)\cdot\boldsymbol{H}\cdot|e_i^j(t)|\Big] \tag{4-58}$$

式中：N 表示分布式电源个数，即 $N=3$；t 表示仿真时间；$T_0{}^j$、$T_1{}^j$ 分别表示运行模式 j 的初始时间和结束时间；$|e_i^j(t)|$ 表示 t 时刻 DG_i 在运行模式 j 下绝对误差矩阵；$\boldsymbol{H}$ 表示权值矩阵，即 $\boldsymbol{H}=[1\quad 1\quad 20^2\quad 10^4]$。

$$|e_i^j(t)|=|[\Delta P_i^j(t)\quad \Delta Q_i^j(t)\quad \Delta U_i^j(t)\quad \Delta f_i^j(t)]^{\mathrm{T}} \tag{4-59}$$

式中：$\Delta P_i^j(t)$、$\Delta Q_i^j(t)$ 分别表示 DG_i 在 t 时刻，运行模式 j 下的有功、无功与参考值之间的控制误差；$\Delta U_i^j(t)$、$\Delta f_i^j(t)$ 分别为 DG_i 在 t 时刻，运行模式 j 下电压幅值、频率与额定值之间误差。

微电网不同运行模式的控制目标函数地位相同，无比重大小之分，故优化目标函数为

$$Y=\sum_{j=1}^{M}y_j=\sum_{i=1}^{N}\sum_{j=1}^{M}y_{ij}=\sum_{i=1}^{N}\sum_{j=1}^{M}\Big[\sum_{t=T_0^j}^{T_1^j}(t-T_0^j)\cdot\boldsymbol{H}\cdot|\,e_i^j(t)\,|\Big] \tag{4-60}$$

式中　M——微电网运行模式类数，即 $M=4$。

在式（4-60）所示的目标函数中，要不停地对 t 时刻的有功功率、无功功率、电压幅值、频率进行采样，数据量比较大，所以采样数据的准确性将直接影响下垂系数输出结果是否精确。为了提高采集数据精度，利用 Matlab/Simulink 搭建优化模型，并基于其快速计算及可视化技术编程优化。

3. 下垂控制系数优化过程

在 Matlab/Simulink 中的仿真模型依然采用图 3-9 所示的微电网结构，仿真过程为：①0s$<t<$1s 时，微电网孤岛运行；②$t=1$s 时，微电网中负荷发生突变，总有功负荷从 50kW 增加到 60kW，总无功负荷由 10kvar 增加到 13kvar；③$t=1.5$s 时启动预同步控制模块，满足并网条件时，从孤岛运行模式转换为并网运行模式；④$t=3$s 时，静态开关 PCC 断开，从并网运行模式切换到孤岛运行模式。

影响微电网稳定性的主要是下垂控制系数，故本章主要对下垂控制系数进行优化。在实际情况中，运行结果有可能超越分布式电源输出功率的极限值，导致电压和频率不符合标准，甚至使系统失稳，这时就需要对下垂系数公式进行改进，下垂公式改进为

$$\begin{cases}\text{if}\quad P_i>P_{i\max},\quad m_i=\dfrac{\omega_n-\omega_{\min}}{P_{\text{in}}-P_{i\max}}\\ \text{if}\quad P_i<P_{i\min},\quad m_i=\dfrac{\omega_n-\omega_{\max}}{P_{\text{in}}-P_{i\min}}\end{cases} \tag{4-61}$$

$$\begin{cases}\text{if}\quad Q_i>Q_{i\max},\quad n_i=\dfrac{U_n-U_{\min}}{Q_{\text{in}}-Q_{i\max}}\\ \text{if}\quad Q_i<Q_{i\min},\quad n_i=\dfrac{U_n-U_{\max}}{Q_{\text{in}}-Q_{i\min}}\end{cases} \tag{4-62}$$

式中，P_i、Q_i、P_{in}、Q_{in}分别为 DG_i 的实际输出功率和额定输出功率；P_{imax}、Q_{imax}、P_{imin}、Q_{imin}分别为 DG_i 的最大和最小输出功率。

基于 PSO-IHS 算法优化下垂控制参数步骤如下。

1）建立微电网控制目标函数以及对应约束条件，并对 PSO-IHS 基本控制参数初始化。

2）对微电网进行时域仿真，输出采样数据，初始化 HM。

3）对和声记忆库 *HM* 进行更新，并用新 *HM* 中解向量配置微电网控制参数进行时域仿真，输出采样数据。

4）对 *HM* 中解向量的适应度进行计算和排序。

5）达到收敛条件或者迭代次数为 *NI* 时，算法停止运行，输出对应参数最优解；否则重复步骤 3）、4）。

基于 PSO-IHS 算法优化下垂控制参数流程如图 4-26 所示。

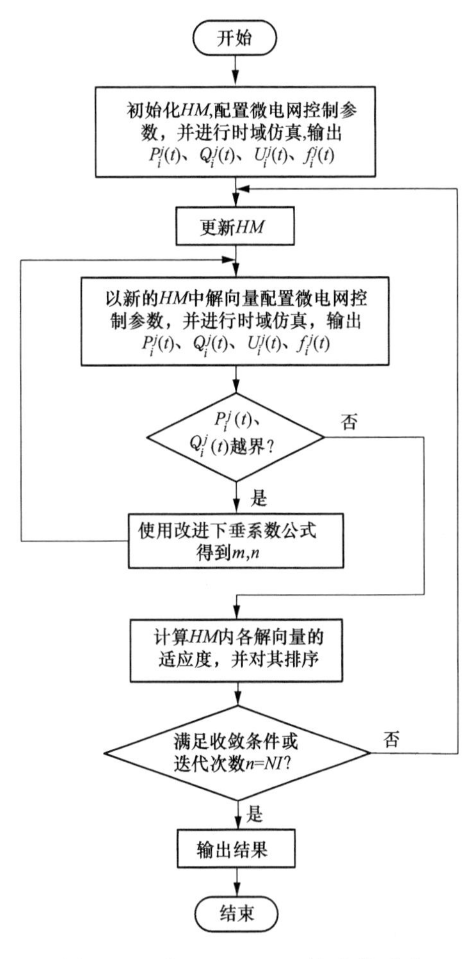

图 4-26 基于 PSO-IHS 算法的下垂系数优化控制流程图

三、下垂控制系数优化结果

采用 PSO-IHS 算法对图 4-26 所示的微电网系统中下垂控制系数进行优化，PSO-IHS 算法参数设置为：和声记忆库大小 $HMS=50$，迭代次数 $NI=100$，记忆保留概率 $HMCR=0.9$，音调调节概率 $PAR_{min}=0.01$，$PAR_{max}=0.99$，微调概率扰动量 $bw_{min}=0.0001$，$bw_{max}=(U-L)/20$，惯性权重 $\omega=0.78$，加速度常数 $c_1=1.6$、$c_2=1.6$，粒子群迭代次数 $MNI=20$。

将初始参数代入 PSO-IHS 算法，并对微电网控制目标函数优化，则下垂系数优化结果如表 4-3 所示，控制目标函数的收敛曲线如图 4-27 所示。

表 4-3　　下垂系数优化结果

名称	DG1	DG2	DG3
额定功率 P(kW)	10	12	20
P/f 下垂系数 m(Hz/kW)	0.012	0.01	0.006
Q/V 下垂系数 n(V/kW)	0.56	0.47	0.28

由图 4-26 可看出，在下垂控制系数优化后，微电网控制目标函数值明显减小，即下垂系数优化后微电网输出的有功功率、无功功率、系统频率以及电压幅值与额定值的总误差有明显减小。

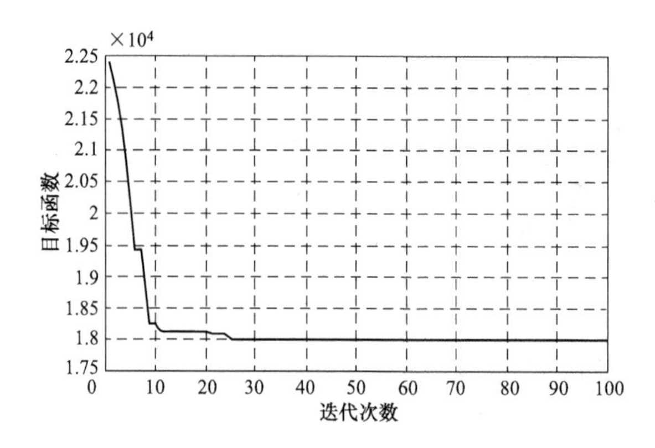

图 4-27　控制目标函数收敛曲线

四、小结

为了提高微电网在不同运行模式下的稳态以及动态性能，本章基于 PSO 算法改进了和声搜索算法，即 PSO-IHS 算法，并使用该算法对下垂系数进行了优化。首先是基于前文所述的微电网全阶小信号动态模型分析了下垂系数的取值范围，便于算法参数初始化；然后建立微电网优化的控制目标函数，再采用 PSO-IHS 算法对目标函数进行优化得到下垂控制系数最优值；最后根据优化的目标函数收敛曲线可看出优化后运行参数总误差明显减小，验证了下垂系数优化的有效性。

第三章

主动配电网运行优化技术

第一节　主动配电网的运行优化

一、主动配电网概述

电力用户对电网电能质量的要求也越来越高，为了保障用户的用电需求，提供高质量的电能，需要通过一系列手段来提高当前电网的供电质量。当前配电网普遍网损过大，对电网进行有效的无功优化是提高电网电能质量的一个重要手段，同时能够有效减少电能损耗，提高经济效益[7]。为处理数以万计的分布式电源接入电网，同时确保电网安全、可靠运行，迫切需要吸取国内外风电发展的经验教训，深入分析配电网中“输、配、用”各个环节所发挥的作用，研究心得配电网规划与运行控制理论与方法，提高电网对分布式可再生能源发电的消纳率。近年来提出的主动配电网（Active Distribution Networks，ADN）技术为解决这一问题提高了一种新的思路。ADN是基于智能计量技术的开发和信息和通信技术（ICT）的发展，它可以延缓投资、提高响应速度、网络可视性以及网络灵活性、较高的电能质量和供电可靠性、较高的自动化水平、更容易地接入分布式电源、有可能降低网络损耗、更好地利用资产、改进的负荷功率因数、较高的配电网效率、较高的供电质量和敏感客户的可用性。

根据国际大电网会议（Conference International Des Grands Reseaux Electriques，CIGRE）配电与分布式发电专委会C6.11项目组的工作报告，AND可定义为：可以综合控制分布式能源的配电网，可以使用灵活的网络技术实现潮流的有效管理，分布式能源在其合理的监管环境和接入准则基础上承担系统一定的支撑作用。主动配电网强调对现代配电网中的各种可控资源，特别是分布式可再生能源发电资源从被动消纳到主动引导与主动利用[8]。从传统用电网、被动配电网向主动配电网过渡是配电网发展的必然趋势。

二、主动配电网的特点

主动配电网是内部具有分布式或分散式能源，并且具有控制和运行能力的配电网。主要有以下四个特点。

（1）具备一定分布式可控资源。主动配电网整合了各种形式的发电单元、储能单元，并且其中有一些是可控的。这也是区别于传统配电网的一个特点。

（2）有较为完善的可观可控水平。可观性主要体现在，主动配电网控制中心可以监测到主网、配电网和用户侧的负荷和分布式电源的运行情况，在此基础上利用态势感知技术预测其发展状态，提出优化协调控制策略。可控性主要体现在对分布式电源、储能、负荷等的灵活有效控制上。当优化协调控制策略制定出来以后，通过控制中心能够实现有效的执行。

（3）具有实现协调优化管理的管控中心。通过自动采集到的信号进行数据分析掌握相关信息，为用户提供最优方案。

（4）可灵活调节的网络拓扑结构。现如今已经有大规模的可再生能源接入电网，未来还会有更多，灵活的网络拓扑结构可以使得网络提高对能源的容纳率。

区别于传统配电网，主动配电网的核心理念是主动规划、主动控制、主动管理与主动服务。目的是充分利用分布式能源靠近用户的优势，对配电网的运行状态进行全面感知，实时掌握配电网的运行态势。

三、主动配电网的运行优化

主动配电网的运行优化是其安全可靠运行的关键。对于优化方法，传统的方法有最优潮流、无功优化、网络重构等。

关于主动配电网最优潮流的研究，可以理解为一个经济性的问题。所谓经济性也就是对配网内总成本来进行计算，主要是配网中火电机组的煤耗，以及可再生能源诸如风电、光伏等的投资成本，不过相比较火电机组的耗煤成本来说，所占比例还是不大的。无功优化问题实际上是对电压质量的要求，更多的是从用户的角度出发，保证对用户的供电可靠性。对着配电网中的风电、光伏等可再生能源的渗透率越来越大，电压质量成为当下面临的一个重要问题。主动配电网相较于传统配电网来说，是一个具有双向潮流的有源网，在实际运行中，可能会导致主动配电网中的有功功率不平衡，从而严重影响用户的用电质量。网络重构问题多是从增加可再生能源的消纳率来说明。

在主动配电网中，考虑可再生能源消纳以及需求侧相应等后，优化策略趋于综合化，一些基于鲁棒优化、概率模型以及动态优化的思想得到迅速发展和应用。而这使得优化模型的规模越来越大，非线性越来越强，优化问题的求解变得越来越困难。

其中概率理论在近年受到了一些学者的关注，结合最优潮流理论，形成了概率最优潮流理论。概率最优潮流模型的基础是确定性的最优潮流模型，核心在于利用概率理论中随机变量的特性来模拟电力系统中的不确定因素，并选择合适的算法进行求解。概率理论的优点在于，能模拟系统中的不确定性，比如风电机组等不确定性的能源，建立最大程度接近现实的数学模型，输入、输出均为随机量的数学统计特性，可以分析出节点电压、支路功率等的整体变化趋势，有利于发现系统中的薄弱环节，对系统做出全面的分析，给调度部门以参考，并据此进行系统调整以保证系统的安全稳定经济运行。

本书采用概率理论的分析方法，并对其中的风电机组以及常规机组、负荷等进行概率建模分析，并以其数字特征进行计算。

四、主动配电网的潮流计算

主要有四种计算主动配电网的潮流，优化调度配电网 DG，确定 DG、可控负荷和传统电压控制设备协调互补的控制方案，对于减小配电网网损、提升系统电压水平、提高配电网运行的经济性和稳定性等方面有重要意义。用概率模型表示之后，潮流的分析和计算发生了一些变化。但其本质仍然是潮流计算的确定形式，只不过附加了一些概率性的描述。由于节点注入量的随机变化相互独立，因此可将潮流方程用泰勒级数展开，一般取二阶模型，然后对其进行卷积计算，得到潮流的概率分布，这是算法的基本思路。

电力系统潮流计算的节点功率方程和支路潮流方程分别如式（5-1）和式（5-2）所示。

$$\begin{cases} P_i = U_i \sum_{j=1}^{n} U_j (G_{ij} \cos\delta_{ij} + B_{ij} \sin\delta_{ij}) \\ Q_i = U_i \sum_{j=1}^{n} U_j (G_{ij} \cos\delta_{ij} - B_{ij} \cos\delta_{ij}) \end{cases} \tag{5-1}$$

式中 P_i——节点 i 注入的有功功率；

Q_i——节点 i 注入的有功功率；

G_{ij}——节点导纳矩阵中元素的实部；

B_{ij}——节点导纳矩阵中元素的虚部。

$$\begin{aligned} P_{ij} &= U_i U_j (G_{ij} \cos\delta_{ij} + B_{ij} \sin\delta_{ij}) - t_{ij} G_{ij} U_i^2 \\ Q_{ij} &= U_i U_j (G_{ij} \sin\delta_{ij} + B_{ij} \cos\delta_{ij}) - (t_{ij} B_{ij} - b_{ij0}) U_i^2 \end{aligned} \tag{5-2}$$

式中 P_{ij}——由节点 i 流向节点 j 的支路有功功率；

Q_{ij}——由节点 i 流向节点 j 的支路无功功率；

t_{ij}——节点 i，j 之间的变压器变比。

式（5-1）和式（5-2）可简化为以下形式以适应理论分析的需要

$$W = f(X, Y) \tag{5-3}$$

$$Z = g(X, Y) \tag{5-4}$$

式中 W——节点注入功率，包括有功功率和无功功率；

f——节点功率方程；

X——节点的状态变量，包括电压幅值和相角；

Y——网络结构参数；

Z——支路潮流变量，即支路功率；

g——支路潮流方程。

首先，在某种出力分配状态下电力系统的确定性潮流计算，即基准点运行状态下的确定性潮流计算，满足等式

$$W_0 = f(X_0, Y_0) \tag{5-5}$$

$$Z = g(X, Y) \tag{5-6}$$

式中 W_0——节点注入功率，包括有功功率和无功功率；

X_0——节点的状态变量，包括电压幅值和相角；

Y_0——网络结构参数。

当系统发生扰动，节点注入功率扰动为 ΔW，节点的扰动可以看作是风电机组的波动。网络结构扰动为 ΔY，可以看作是风电机组对配电网络的影响。那么相应的电压的状态变量也会发生变化 ΔX，考虑扰动后的方程表示为

$$W_0 + \Delta W = f(X_0 + \Delta X, Y_0 + \Delta Y) \tag{5-7}$$

将上式按照泰勒级数展开

$$\begin{aligned} W_0 + \Delta W = f(X_0, Y_0) + f'_x(X_0, Y_0)\Delta X + f'_y(X_0, Y_0)\Delta Y + \frac{1}{2}[f''_{xx}(X_0, Y_0)(\Delta X)^2 + \\ 2f''_{xy}(X_0, Y_0)(\Delta X)(\Delta Y) + f''_{yy}(X_0, Y_0)(\Delta Y)^2] + \cdots \end{aligned} \tag{5-8}$$

发生小扰动时，可以忽略二次项以上的高次项，同时因为 $f(X, Y)$ 与 Y 呈线性关系，所以 $f''_{yy}(X, Y)(\Delta Y)^2 = 0$，因此式（5-8）变为

$$W_0+\Delta W=f(X_0,Y_0)+f'_x(X_0,Y_0)\Delta X+f'_y(X_0,Y_0)\Delta Y+2f''_{xy}(X_0,Y_0)\Delta X\Delta Y \tag{5-9}$$

对比式（5-7）与式（5-9），可得

$$\Delta W=f'_x(X_0,Y_0)\Delta X+f'_y(X_0,Y_0)\Delta Y+2f''_{xy}(X_0,Y_0)\Delta X\Delta Y \tag{5-10}$$

将 ΔX 用其他量表示，整理可得

$$\Delta X=[f'_x(X_0,Y_0)\Delta X+2f''_{xy}(X_0,Y_0)\Delta X\Delta Y]^{-1}[\Delta W-f'_x(X_0,Y_0)\Delta Y] \tag{5-11}$$

本文不考虑网络结构变化，即 $\Delta Y=0$，式（5-11）可写为：

$$\Delta X=[\boldsymbol{f}'_x(X_0,Y_0)\Delta X]^{-1}\Delta W \tag{5-12}$$

式中 $\boldsymbol{f}'_x(X_0,\ Y_0)=\boldsymbol{J}_0=\boldsymbol{S}_0^{-1}$

式中 $\boldsymbol{J}_0$——确定性潮流计算最后一次迭代使用的雅克比矩阵；

$\boldsymbol{S}_0$——灵敏度矩阵。

同样的，式（5-6）同样也可以进行简化

$$\Delta Z=G_0\cdot\Delta X \tag{5-13}$$

$$G_0=g'_x(X_0,Y_0) \tag{5-14}$$

假设系统网络有 b 条支路，N 个节点，那么 G_0 为 $2b\times 2N$ 阶矩阵，可由雅克比矩阵元素计算得出

$$\frac{\partial P_{ij}}{\partial\theta_i}=H_{ij},\quad \frac{\partial P_{ij}}{\partial\theta_j}=-H_{ij},\quad \frac{\partial P_{ij}}{\partial\theta_k}=0,\quad k\neq i,\quad k\neq j$$

$$\frac{\partial Q_{ij}}{\partial\theta_i}=J_{ij},\quad \frac{\partial Q_{ij}}{\partial\theta_j}=-J_{ij},\quad \frac{\partial Q_{ij}}{\partial\theta_k}=0,\quad k\neq i,\quad k\neq j$$

$$U_i\frac{\partial P_{ij}}{\partial U_i}=2P_{ij}+N_{ij},\quad U_j\frac{\partial P_{ij}}{\partial U_j}=-N_{ij},\quad U_k\frac{\partial P_{ij}}{\partial U_k}=0,\quad k\neq i,\quad k\neq j$$

$$U_i\frac{\partial Q_{ij}}{\partial U_i}=2Q_{ij}+H_{ij},\quad U_j\frac{\partial Q_{ij}}{\partial U_j}=-H_{ij},\quad U_k\frac{\partial Q_{ij}}{\partial U_k}=0\quad (k\neq i\&k\neq j)$$

式中：H_{ij}、J_{ij}、N_{ij} 均为雅可比矩阵中的元素，有

$$H_{ij}=U_iU_j(G_{ij}\sin\delta_{ij}-B_{ij}\cos\delta_{ij})$$

$$J_{ij}=-U_iU_j(G_{ij}\cos\delta_{ij}-B_{ij}\sin\delta_{ij})$$

$$N_{ij}=U_iU_j(G_{ij}\cos\delta_{ij}-B_{ij}\sin\delta_{ij})$$

将式（5-13）带入式（5-14）可得支路潮流变量关于节点注入功率的函数关系

$$\Delta Z=\boldsymbol{G}_0\cdot\boldsymbol{S}_0\cdot\Delta W \tag{5-15}$$

由上式可知

$$G_0\cdot S_0=T_0$$

因此，式（5-13）和式（5-15）将确定性潮流计算的问题转化为利用注入功率 ΔW 的分不计算节点电压 ΔX 和支路潮流 ΔZ 分布的概率潮流计算问题。

但是以往理论均是利用卷积和反卷积进行变量的 PDF 函数计算，用⊗表示卷积，那么函数 $x(t)$ 和 $h(t)$ 的卷积计算过程可以简略解释为

$$y(t)=\int_{-\infty}^{+\infty}x(t)h(t-\tau)\mathrm{d}t\equiv x(t)\otimes h(t) \tag{5-16}$$

对于离散变量，其形式为

$$y(kT)=\sum_{0}^{N-1}x(it)h(k-i)T\equiv x(kt)\otimes h(kt) \tag{5-17}$$

式（5-17）中，函数 $x(kt)$、$h(kt)$ 和 $y(kT)$ 的周期均为 N。

离散随机变量的和的分布等于各个变量分布的卷积，概率潮流计算时，要考虑不同的变量因素，因此需要进行多次的卷积计算，计算时间正比于 N^2，因此变量越多，计算量越大，耗时越长。经过众多学者的研究，提出用半不变量代替随机变量利用 Gram-Charlier 级数理论进行展开代替卷积和反卷积计算，显著提高了计算速度。半不变量法要求变量具有独立性，电力系统的不确定性包括常规发电机出力、风力发电机出力、负荷等变量，这些变量是相互独立的，通过 Gram-Charlier 级数展开，即可算出状态变量的 PDF 函数和 CDF 函数。

系统中各节点的扰动变量可以表示为

$$\Delta W = \Delta W_g \oplus \Delta W_l \oplus \Delta W_w \tag{5-18}$$

式中 ΔW_g——常规发电机出力变量；

ΔW_l——节点负荷功率变量；

ΔW_w——风电机出力变量。

由于半不变量具有可加性，加点注入功率的各阶半不变量 $\Delta W^{(k)}$ 等于该节点各变量的半不变量之和，包括负荷的各阶半不变量 $\Delta W_l^{(k)}$，常规发电机的半不变量 $\Delta W_g^{(k)}$ 和风电场的各阶半不变量 $\Delta W_w^{(k)}$。

$$\Delta W = \Delta W_g \oplus \Delta W_l \oplus \Delta W_w \tag{5-19}$$

另外，半不变量具有线性性质，可以与式（5-12）及式（5-15）结合，得到 ΔX 和 ΔZ 的各阶半不变量，即

$$\Delta X^{(k)} = S_0^{(k)} \cdot \Delta W^{(k)}$$
$$\Delta Z^{(k)} = T_0^{(k)} \cdot \Delta W^{(k)}$$

式中：$S_0^{(k)}$ 和 $T_0^{(k)}$ 分别为求矩阵 S_0 和 T_0 中元素的 k 次幂，即

$$S_0^{(k)}(i,j) = [S_0(i,j)]^k$$
$$T_0^{(k)}(i,j) = [T_0(i,j)]^k$$

应用 Gram-Charlier 级数理论对节点电压 ΔX 和支路功率 ΔZ 的各阶半不变量进行展开即可求出它们的 PDF 曲线和 CDF 曲线。

五、小结

本节主要对主动配电网进行了简单的介绍，并对针对主动配电网的运行优化做了简单的概述，为更好地分析主动配电网，结合概率理论对主动配电网内的不确定因素进行概率建模分析，并以其数字特征进行计算。最后介绍了主动配电网下的潮流计算并给出了推导，为后续章节的计算奠定基础。

第二节　主动配电网数学模型

针对主动配电网进行运行优化，首先要对其进行数学建模，基于不同的考虑，模型可以有所不同。本文考虑到网络中风电机组的出力是实时变化的，并且对其实时监控计算工作量很大，在本章节中对风电机组用概率模型表示，输出特性以其数字特征来表示，数字特征可以表示变量的变化趋势。对于模型的建立与计算，首先介绍一些基本的概率理论。

一、模型基础理论

1. 随机变量的概率密度函数以及累积分布函数

如假设一个以 X 为样本空间的试验 E，都有唯一的实数 $Y=Y(x)$ 与每一个样本点 $x\in X$ 相对应，则称 $Y=Y(X)$ 为样本空间 X 上的随机变量。随机变量根据变量的离散型进行分类可分为：离散型和连续型的随机变量。离散型随机变量的变量个数是有限个或者无限可列个，并且取值是分散的；连续型随机变量的取值是连续的。

对于离散型随机变量，设样本空间 X 中随机变量的取值可能为 $x_i(i=1,2,3,\cdots)$，那么对应每个随机变量的概率值为

$$P(X=x_i)=P_i,\quad i=1,2,3,\cdots$$

式中 P_i——离散型随机变量的概率分布值。

离散型随机变量的概率分布有两个基本特征：

(1) 非负性：

$$p_i\geqslant 0,\quad i=1,2,3,\cdots$$

(2) 规范性：

$$\sum_{i=1}^{n}p_i=1,\quad i=1,2,3,\cdots$$

同时，对于每一个随机变量 X，都有一个函数 $F(x)$：

$$F(x)=P(X\leqslant x)$$

P 称为 X 的概率累计分布函数（Cumulative Distribution Function，CDF）。概率累积分布函数可以完整描述一个实数随机变量 X 的概率分布。离散型随机变量的概率累计分布函数有三个特征：

(1) $F(x)$ 的曲线斜率非负，即 $F(x)$ 是一个不减的函数。

(2) $F(x+0)=F(x)$，即 $F(x)$ 是右连续的。

(3) $0\leqslant F(x)\leqslant 1$，即满足

$$\begin{cases}F(-\infty)=\lim\limits_{x\to-\infty}tF(x)\\F(+\infty)=\lim\limits_{x\to+\infty}tF(x)\end{cases}$$

对于随机变量 X 的累计分布函数 $F(x)$，存在非负函数 $f(x)$ 使得对于任意的实数 X 有：

$$F(x)=\int_{-\infty}^{x}f(x)\mathrm{d}(x)=1\tag{5-20}$$

式中：$f(x)$ 连续，那么称 X 满足式（5-22）的随机变量为连续型随机变量。

连续型随机变量的概率密度函数（Probabilistic Density Function，PDF）具有以下四个性质。

(1) $f(x)\geqslant 0$

(2) $\int_{-\infty}^{+\infty}f(x)\mathrm{d}(x)=1$

(3) 对于任意实数 x_1、$x_2(x_1<x_2)$，

$$P(x_1<X<x_2)=F(x_2)-F(x_1)=\int_{x_2}^{x_2}f(x)\mathrm{d}x$$

(4) $f(x)$ 在 x 处连续，那么

$$F'(x)=f(x)$$

2. 随机变量的数字特征

PDF 函数和 CDF 函数可以描述随机变量的变化趋势，但是在实际工程中，数据总是繁多而且可能实时变化的，并不总是容易得到随机变量的 PDF 和 CDF 分布规律，并且直接运用这些数据作数学运算有时并不容易。工程上认为，只要能够描述工程计算中较为重要方面的数字特征，起到简化计算的目的即可，因此有时候并不要求这些数字能够完整地反映随机变量的概率统计特性。

能够刻画随机变量某些方面的性质特征的量称为随机变量的数字特征，其中期望、方差、相关系数、矩以及半不变量的使用频率最高。

（1）期望。离散型随机变量 X 是以 $P(X=x_i)=p_i(i=1,2,3\cdots)$，为规律的概率分布，并且级数 $\sum_{i=1}^{n} p_i x_i$ 绝对收敛，那么级数 $\sum_{i=1}^{n} p_i x_i$ 为 X 的期望为

$$E(X)=\sum_{i=1}^{n} p_i x_i \tag{5-21}$$

连续型随机变量 X 的 PDF 函数为 $f(x)$，若 $\int_{-\infty}^{+\infty} f(x)\mathrm{d}(x)$ 绝对收敛，那么积分 $\int_{-\infty}^{+\infty} f(x)\mathrm{d}(x)$ 为 X 的数学期望为

$$E(X)=\int_{-\infty}^{+\infty} f(x)\mathrm{d}(x) \tag{5-22}$$

概率计算中，随机变量 X 取值的平均水平常用数学期望来表现，数学期望有以下几个性质：

1）若 C 为常数，那么有 $E(C)=C$。

2）对于随机变量 X，C 为常数，那么有 $E(CK)=CE(X)$。

3）对于两个随机变量 X、Y，有 $E(X+Y)=E(X)+E(Y)$。

4）若两个相互独立的随机变量 X、Y，有 $E(XY)=E(X)E(Y)$。

（2）方差。离散型随机变量 X 的概率分布规律为 $P(X=x_i)=p_i(i=1,2,3,\cdots)$，则方差为

$$D(X)=\sum_{i=1}^{\infty}[X_i-E(X)]^2 p_i \tag{5-23}$$

若 $E[X-E(X)]^2$ 存在，那么称它为 X 的方差，用 $D(X)$ 表示，其表达式为：

$$D(X)=E[X-E(X)]^2 \tag{5-24}$$

方差反映的是随机变量实际值偏离均值的程度，经常用以评价随机变量 X 值得稳定性。

方差具有以下性质：

1）若 C 为常数，那么有 $D(C)=0$。

2）对于随机变量 X，C 为常数，那么有 $D(CX)=C^2D(X)$

3）对于两个随机变量 X、Y，有

$$D(X+Y)=D(X)+D(Y)+2E\{[X-E(X)][Y-E(Y)]\}$$

（3）矩。概率理论中的矩包括原点矩和中心矩。离散型随机变量 X 的 k 阶原点矩和 k

阶中心矩分别用式（5-25）和式（5-26）表示

$$\alpha_k = \sum_{i=1}^{\infty} x_i^k p_i \tag{5-25}$$

$$\beta_k = \sum_{i=1}^{\infty} [X_k - E(X)]^k p_k \tag{5-26}$$

连续型随机变量 X 对于任意正整数 $k=1, 2, 3, \cdots$，都存在 $E(X^k)$，即函数 x^k 在（$-\infty$，$+\infty$）上关于 $f(x)$ 可积，则其 k 阶原点矩为：

$$\alpha_k = \int_{-\infty}^{+\infty} x_i^k f(x) \mathrm{d}x \tag{5-27}$$

特别的，1 阶原点矩 α_1 即为该随机变量的期望值。

连续型随机变量 X 的 k 阶中心矩 β_k 的计算方法为

$$\beta_k = \int_{-\infty}^{+\infty} (x-m)^k f(x) \mathrm{d}x \tag{5-28}$$

由上式可知，1 阶中心矩为 0，2 阶中心矩为其方差。

由式（5-27）和式（5-28）可以推出随机变量 X 的各阶中心矩 β_k 和各阶原点矩 α_k 的数学关系

$$\beta_k = \sum_{j=0}^{k} C_k^j \alpha_{k-j} (-\alpha_1)^j \tag{5-29}$$

式中

$$C_k^j = \frac{k(k-1)(k-2)\cdots(k-j+1)}{j!}$$

由此可知，只要计算出随机变量的各阶原点矩，就可以根据式（5-29）计算出其各阶中心矩。

（4）半不变量。t 为实数，$F(x)$ 是随机变量 X 的 CDF 函数，并且 $|\mathrm{e}^{itx}|_{x=0}=1$，则函数 $g(x)=\mathrm{e}^{ity}=\cos tx+i\sin tx$ 关于 $F(x)$ 在（$-\infty$，$+\infty$）上可积。把 t 作为变量，服从 $F(x)$ 的分布的特征函数为

$$\varphi(t) = E(\mathrm{e}^{it\xi}) = \int_{-\infty}^{+\infty} \mathrm{e}^{itx} \mathrm{d}F(x) \tag{5-30}$$

如果特征函数的 k 阶原点矩存在，把它在 t（$t=0$ 的邻域内）处用麦克劳林级数展开

$$\varphi(t) = 1 + \sum_{1}^{k} \frac{\alpha_v}{v!}(it)^v + o(t^k) \tag{5-31}$$

同样，把 $\lg(1+z)$ 展开得

$$\lg(1+z) = \frac{z}{1} - \frac{z^2}{2} + \frac{z^3}{3} + \cdots + \left[-\frac{(-z)^k}{k}\right] + o(z^k) \tag{5-32}$$

令 $\varphi(t)=(1+z)$，得

$$\lg\varphi(t) = \sum_{1}^{k} \frac{\gamma_v}{v!}(it)^v + o(t^k) \tag{5-33}$$

γ_v 是 Thiele 提出的一个系数，称为 v 阶半不变量或 v 阶累积量。

半不变量具有以下两个性质，可以简化运算。

1）可加性。n 个随机变量 $x_1, x_2, \cdots, x_n$ 相互独立，各个变量的 v 阶半不变量为 γ_{1v}，

$\gamma_{2v},\cdots,\gamma_{mv}(v=1,2,\cdots,r)$，各变量和的 v 阶半不变量等于各变量的 v 阶半不变量之和。

$$\gamma_v=\gamma_{1v}+\gamma_{2v}+\cdots+\gamma_{mv}(v=1,2,\cdots,r)$$

2）线性化：若变量 y 是各随机变量 v 阶半不变量和的线性函数，即 $y=ax+b$，$\gamma_v(v=1,2,3,\cdots)$ 为随机变量和的 v 阶半不变量，那么变量 y 的各阶半不变量 γ_{yv} 的表达式为：

$$\gamma_{yv}=\begin{cases}a\gamma_v+b & (v=1)\\ a^v\gamma_v & (v>1)\end{cases}\tag{5-34}$$

半不变量有以上两个特性可以将数学计算中的卷积和反卷积等复杂运算简化成半不变量的代数运算，简化运算过程，大大减少了计算量和所需时间。

半不变量 γ_v 是个抽象概念，是为了简化计算认为引入的，其与原点矩 $\boldsymbol{\alpha}_v$ 和中心矩 $\boldsymbol{\beta}_v$ 有紧密的数学关系。

对式（5-31）取对数，代入式（5-33），得

$$\lg\varphi(t)=\lg\left[1+\sum_{1}^{k}\frac{\alpha_v}{v!}(it)^v\right]=\sum_{1}^{k}\frac{\gamma_v}{v!}(it)^v+o(t^k)\tag{5-35}$$

由此可知半不变量 γ_v 可以用各阶原点矩 $\alpha_1,\alpha_2,\cdots,\alpha_n$ 表示，将上式展开，根据计算经验[50]，结合计算所需的计算速度和精度，取前 7 阶半不变量即可达到满意的效果。利用半不变量代替随机变量利用 Gram-Charlier 级数理论进行展开代替卷积和反卷积计算，显著提高了计算速度。

3. 查理（Gram-Charlier）级数

N 维随机变量的卷积运算可以用其半不变量之间做加减来代替，这样可以大大地提高程序的运算速度，节省计算时间。

由半不变量与原点矩和中心矩的知识可知，当已知随机变量的概率密度函数和累计分布函数时，可以计算出变量的各阶半不变量。相反，如果已知随机变量的各阶半不变量，然后利用查理级数展开即可计算出 PDF 分布和 CDF 分布。

首先将任意随机变量 X 标准化，随机变量 X 服从（μ，σ^2）分布，$\overline{X}$ 表示其标准化的随机变量

$$\overline{X}=\frac{X-\mu}{\sigma}$$

$f(\overline{x})$ 和 $F(\overline{x})$ 分别表示变量 $\overline{X}$ 的 PDF 函数和 CDF 函数，并且满足 $f(\overline{x})=F'(\overline{x})$。函数 $f(\overline{x})$ 和 $F(\overline{x})$ 分别用 Gram-Charlier 级数展开后的表达式为

$$f(\overline{x})=\varphi(\overline{x})+\left(\frac{c_1}{1!}\right)\varphi'(\overline{x})+\left(\frac{c_2}{2!}\right)\varphi''(\overline{x})+\left(\frac{c_3}{3!}\right)\varphi'''(\overline{x})+\cdots$$

$$F(\overline{x})=\psi(\overline{x})+\left(\frac{c_1}{1!}\right)\psi'(\overline{x})+\left(\frac{c_2}{2!}\right)\psi''(\overline{x})+\left(\frac{c_3}{3!}\right)\psi'''(\overline{x})+\cdots\tag{5-36}$$

式中：$\varphi(\overline{x})$ 和 $\varphi(\overline{x})$ 分别表示服从标准正态分布的随机变量的 PDF 函数和 CDF 函数。

标准正态分布的 k 阶导数为

$$\varphi(x)=\frac{1}{\sqrt{2\pi}}\mathrm{e}^{-\frac{1}{2}x^2}\tag{5-37}$$

$$\varphi^{(k)}(x)=\left(\frac{\mathrm{d}}{\mathrm{d}x}\right)^k\varphi(x)=(-1)^kH_k(x)\varphi(x)\tag{5-38}$$

系数 c_k 的定义为

$$c_k=(-1)^k\int_{-\infty}^{+\infty}H_k(\bar{x})f(\bar{x})\mathrm{d}\bar{x},k=1,2,3,\cdots$$

根据计算经验[28]，Gram-Charlier 级数展开七阶即可满足计算所需的精度。

式（5-39）为 k 阶 Hermite 多项式 $H_k(\bar{x})$ 的数学表达式。

$$H_n(\bar{x})=(-1)^n\mathrm{e}^{\frac{\bar{x}^2}{2}}\frac{\mathrm{d}^n}{\mathrm{d}\bar{x}^n}\mathrm{e}^{-\frac{\bar{x}^2}{2}} \tag{5-39}$$

二、元件数学模型

本文需要用分布函数模拟系统输入量的不确定性，因此本节将介绍常规机组与负荷的概率模型建立。

1. 常规电力系统概率模型建立

常规机组出力认为是恒定不变的，通常用离散型随机变量中的两状态或多状态模型模拟常规发电机组出力的不确定性。其中两状态模型应用最多，即把常规发电机组只分为正常运行和故障停运两种运行状态，服从（0-1）分布，如表 5-1 所示。

常规发电机组其出力的概率模型可描述为

$$P(X=x_i)=\begin{cases}p, & x_i=C_p\\ 1-p, & x_i=0\end{cases} \tag{5-40}$$

式中 p——常规发电机组正常运行的概率；

$1-p$——常规发电机组故障停运的概率；

C_p——发电机组的额定出力。

表 5-1　　0-1 分布的期望

x	0	1
P	p	$1-p$

正常运行时，出于经济性、发电机的具体参数规定以及发电机在系统中承担的任务等因素的考虑，常规发电机组的功率因数 $\cos\varphi$ 是处于合理区间内的一个固定值，所以其无功功率为：

$$Q=P\cdot\tan\varphi$$

有些情况下，由于发电机组的局部故障或者个别辅助设备故障，或者由于系统所带负荷较小，再或者是出于经济性的考虑，需要在若干发电机组中更合理的分配出力大小，因此不需要也不应该使每个发电机组都满额发电，其出力分布也就不再服从 0～1 分布。此时可以用多状态出力模型模拟，对应于每一容量 C_i 的可用率都有一个概率值，这时发电机的有功出力概率为：

$$P(X=x_i)=p(x_i),\quad x_i=C_i,\quad i=1,2,3,\cdots \tag{5-41}$$

为了寻求电力系统的最优费用问题，本文采用多状态模型，假设发电机在机组出力上下限范围内服从均匀分布，那么

$$P(X=x_i)=\begin{cases}1/[(C_{\max}-C_{\min})/C_{\mathrm{b}}], & C_{\min}\geqslant 0\\ 1/[(C_{\max}-C_{\min})/C_{\mathrm{b}}+1], & C_{\min}<0,\quad x_i=C_i,\quad i=1,2,3,\cdots\end{cases} \tag{5-42}$$

式中 $C_{\min}$——发电机组出力下限；

$C_{\max}$——发电机组出力上限；

C_b——发电机组出力调整步长。

随机变量 X 只能在 0，1 两个数中取值，其取值概率为 $P\{X=k\}=p^k(1-p)^{1-k}, 0<p<1$，$k=0,1$，其期望和方差为 p 和 $p(1-p)$。则称 X 为 0～1 分布或者两点分布。

2. 负荷概率模型

作息时间、生产工艺、气候和季节等因素的不同使得电力系统的负荷功率总是不断变化。一般用负荷曲线来描述负荷功率的变化，根据分类依据不同分为日、周、年负荷曲线和个别用户、变电站、电力系统负荷曲线。参照多数概率潮流研究文献中负荷的处理方法，采用正态分布来模拟负荷变化的不确定性。

连续型随机变量 X 服从正态分布，记作 $X\sim N(\mu,\sigma^2)$，其 PDF 函数和 CDF 函数分别为

$$\begin{cases} f(x)=\dfrac{1}{\sqrt{2\pi\sigma}}e^{-\frac{(x-\mu)^2}{2\sigma^2}}, & -\infty<x<+\infty \\ F(x)=\dfrac{1}{\sqrt{2\pi\sigma}}\displaystyle\int_{-\infty}^{x}e^{-\frac{(t-\mu)^2}{2\sigma^2}}dt, & -\infty<x<+\infty \end{cases} \tag{5-43}$$

μ、σ 为随机变量 X 的期望和标准差，标准正态分布即是 $u=0$、$\sigma=1$ 时变量 X 的分布，记作 $X\sim N(0,1)$。其 PDF 函数和 CDF 函数分别为

$$\begin{cases} \varphi(x)=\dfrac{1}{\sqrt{2\pi}}e^{-\frac{x^2}{2}}, & -\infty<x<\infty \\ \Phi(x)=\dfrac{1}{\sqrt{2\pi}}\displaystyle\int_{-\infty}^{x}e^{-\frac{t^2}{2}}dt, & -\infty<x<\infty \end{cases} \tag{5-44}$$

任意的正态分布都可以转换成标准正态分布，如果 X 服从正态分布，令 $Y=\dfrac{X-\mu}{\sigma}$，则 $Y\sim N(0,1)$。正态分布的变量具有一个比较特殊的特点，一阶半不变量 γ_1 等于期望值 $E(X)$，二阶半不变量 γ_2 等于方差 σ^2，三阶及以上半不变量为 0。

作息时间、生产工艺、气候和季节等因素的不同使得电力系统的负荷功率总是不断变化。一般用负荷曲线来描述负荷功率的变化，根据分类依据不同分为日、周、年负荷曲线和个别用户、变电站、电力系统负荷曲线。参照多数概率潮流研究文献中负荷的处理方法，采用正态分布来模拟负荷变化的不确定性。假设 μ_P、σ_P 以及 μ_Q、σ_Q 为负荷的有功和无功功率的期望和方差，带入正态分布函数方程中，式（5-44）作为其 *PDF* 函数。负荷的一阶半不变量 γ_1 数值上等于期望 μ，二阶半不变量 γ_1 等于方差 σ^2，三阶及以上半不变量值为 0。

$$\begin{cases} f(P)=\dfrac{1}{\sqrt{2\pi}\sigma_P}e^{-\frac{(P-\mu_P)^2}{2\sigma_P^2}} \\ f(Q)=\dfrac{1}{\sqrt{2\pi}\sigma_Q}e^{-\frac{(Q-\mu_Q)^2}{2\sigma_P^2}} \end{cases} \tag{5-45}$$

三、风力发电机概率模型

1. 风速概率模型

风能具有随机性和间歇性的缺点，是一种不稳定的能源。如何正确处理风力发电机组是进行潮流计算分析的关键。在稳态分析中，常把风电机组视为 PQ 节点[29-30]，即根据给定风速和功率因数，算出风电机组的有功功率和无功功率。由于风力发电机组多采用异步发电

机，其输出有功功率取决于风速大小，而消耗的无功功率与机端电压输出的有功功率以及滑差密切相关，因此把风电场节点简单看作 PQ 节点会影响计算准确度。文献［31］建立模型时考虑了风电场无功功率受到节点电压等影响，把无功功率写成有功功率和异步发电机阻抗函数，使其模型得以改善。文献［32］提出计算含风电场的潮流联合迭代方法，通过修正雅可比矩阵来简化迭代过程。文献［33］应用风电场稳态模型，将异步风电机的滑差修正量引入到雅可比矩阵中，保证了牛顿-拉夫逊法的平方收敛速度。

以上文献忽视了风速的不确定性，将风电场的输出功率看成是确定值，无法全面地分析和描述风电的随机性。为此，文献［34］在风速功率分布基础上，以概率形式来描述约束条件，通过含风电场的电力系统概率潮流计算，可获得电压、功率等参数的概率期望值，通过计算电压出现过大或过小的概率来评估风电对电网运行的影响。文献［35］在研究该问题时采用了 MCS 法。文献［36］将风电场发电功率看作随机变量，根据随机采样风速样本计算风电场发电功率。由于风电场输出功率的随机变化给系统的经济调度带来了更多的不确定因素，文献［37］应用模糊理论建立了含风电场电力系统动态经济调度的模糊模型，使调度结果能够表达决策者意愿，从而更好地适应风机输出功率的随机性。文献［38］为了考虑风速随机变化的特点，提出了分时段策略，将风机在每个时段输出功率的期望值用于优化潮流计算，但文中提出的用于描述异步发电机模型的无功-电压特性方程仍然有一定的误差。

与风机出力密切相关的参数是风速。而风速概率分布参数是风电机组并网研究中所必须的重要参数。用于拟合风速概率分布的模型很多，有 Rayleigh 分布[39]、Weibull 分布[40]和对数正态分布等，其中两参数 Weibull 分布模型应用最为广泛。文献［40］在风速概率分布统计模型基础上，用计算图表法估计风力发电机组在最优效率运行点附近运行时风力发电量。文献［41］根据在几十个气象站观测的风速值，用 Weibull 分布拟合其概率分布。文献［42］用 Weibull 分布分析如东部沿海地区风速数据，并计算风力发电量。文献［43］分别用 Weibull 分布和对数正态分布拟合在 20 多个气象站观测的风速值，都能满足要求。但在绝大多数地方，Weibull 分布拟合更好。用于风速分布参数的方法有多种，如较常用的最小二乘法、最小误差逼近算法和极大似然法等。最小二乘法计算简单、方便，但其计算精度不高。文献［44］采用最小误差逼近算法计算 Weibull 分布特征参数，近似拟合风电场实际风速频率分布，并根据该分布了解风电场的风速特性，选择适当的风力发电机组，可以比较准确地预测风电场年输出电能。

风力发电机的出力根据风速计算得出，而风速具有很强的随机性，因此风电出力也具有不确定性。国内外很多学者对拟合风速的数学模型做了大量研究，主要由 Weibull 分布，Rayleigh 分布和 Gumbel 分布等几种模型，而 Weibull 分布式目前最为常用的模拟风速不确定性的数学模型。

随机变量 X 的两参数 Weibull 分布的 PDF 函数为

$$f(x)=\begin{cases}\left(\dfrac{k}{c}\right)\left(\dfrac{x}{c}\right)^{(k-1)}\mathrm{e}^{-\left(\frac{x}{c}\right)^{k}}, & x>0\\ 0, & x\leqslant 0\end{cases} \tag{5-46}$$

式中：k，c 分别是威布尔分布的形状参数和尺度参数，并且均为整数。

其数学期望和方差分别为

$$E(X)=c\Gamma\left(\frac{1}{k}+1\right)$$

$$D(X)=c^2\left\{\Gamma\left(\frac{2}{k}+1\right)-\left[\Gamma\left(\frac{1}{k}+1\right)\right]^2\right\}$$

同样，两参数威布尔分布的一阶原点矩和二阶原点矩分别为其期望和方差，其各阶原点矩为

$$\alpha_1=E(X)$$
$$\alpha_2=D(X)$$
$$\alpha_i=c^i\Gamma\left(\frac{i}{k}+1\right)$$

Weibull分布分为两参数和三参数模型，大部分研究文献均采用前者进行计算，其PDF函数为

$$\varphi(v)=\left(\frac{k}{c}\right)\left(\frac{v}{c}\right)^{(k-1)}\mathrm{e}^{-\left(\frac{v}{c}\right)^k},\quad k>0,c>0,v>0 \tag{5-47}$$

式中 $\varphi(v)$——风速概率密度函数；

v——风速；

k、c——形状参数和尺度参数。

k 和 c 可以根据平均风速 μ 和方差 σ 算出

$$k=\left(\frac{\sigma}{\mu}\right)^{-1.086} \tag{5-48}$$

$$c=\frac{\mu}{\Gamma\left(1+\frac{1}{K}\right)} \tag{5-49}$$

Γ 为Gamma函数，$\Gamma(a)=\int_0^{\infty}x^{a-1}\mathrm{e}^{-x}\mathrm{d}x(a>0)$。

一般来说，可以通过两种途径获得风速统计数据，可以从当地的气象部门获得将为丰富的风速数据；此外，风电场建设前需要做一年以上的实地测速，也会积累大量的风速数据。得到风速统计数据后即可计算出风电场所在地的平均风速 μ 和方差 σ。本文采用的数据来自某风电场24h实时实测数据。

Weibull分布的 i 阶矩为

$$\alpha_i=\int_0^{\infty}v^i f(v)\mathrm{d}v=\int_0^{\infty}\frac{k}{c}\left(\frac{v}{c}\right)^{k-1}v^i\mathrm{e}^{-\left(\frac{v}{c}\right)^k}\mathrm{d}v \tag{5-50}$$

令 $u=\left(\frac{v}{c}\right)^k$，那么 $v=cu^{\frac{1}{k}}$，$\mathrm{d}v=\frac{c}{k}u^{\frac{1}{k}-1}\mathrm{d}u$，则

$$\alpha_i=c^i\int_0^{\infty}u^{\frac{i}{k}}\mathrm{e}^{-u}\mathrm{d}u=c^i\Gamma\left(\frac{i}{k}+1\right) \tag{5-51}$$

由式（5-26）和式（5-27）可以推算出两参数Weibull分布的数学期望和方差，分别为

$$E(\boldsymbol{X})=c\Gamma\left(\frac{1}{k}+1\right)=\mu$$

$$D(\boldsymbol{X})=c^2\left\{\Gamma\left(\frac{2}{k}+1\right)-\left[\Gamma\left(\frac{1}{k}+1\right)\right]^2\right\}$$

Weibull分布的各阶原点矩为

$$\boldsymbol{\alpha}_1=E(\boldsymbol{X})$$
$$\boldsymbol{\alpha}_2=D(\boldsymbol{X})$$

$$\boldsymbol{\alpha}_i = c^i \Gamma\left(\frac{i}{k} + 1\right)$$

2. 风电机组的输出概率模型

由于潮流计算的输入是各节点的注入功率，这就需要计算各发电机的出力，包括常规发电机和风力发电机的出力。本文的相关研究中认为尾流效应对风电场出力影响较小，因此忽略风电场的尾流效应作用。假设每台风力发电机所受风速均相等并且等于自然风速，风电场的出力数值就等于每台风电机组出力之和。风电机组需要在一定风速范围内以不同运行方式运行，风电机所接受的风速低于切入风速 v_{cr} 或高于切出风速 v_{co} 时，风电机组不出力；处于两者之间时，风电机组发出额定功率。风电机组出力与风速的关系可以用图 5-1 近似表示。

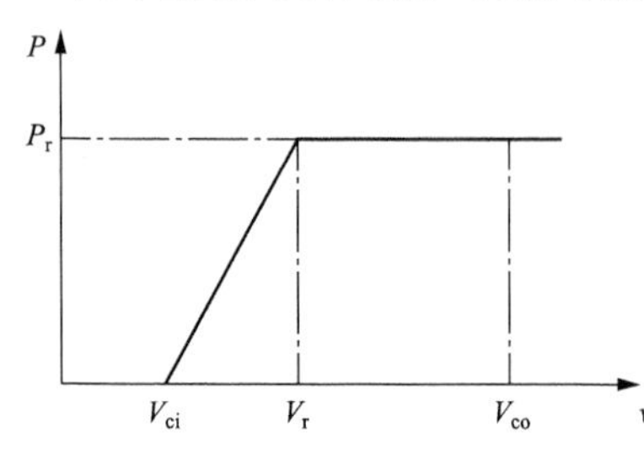

图 5-1 风电机组功率特性曲线

根据图 5-1 可知，风电机组输出功率表达式为

$$P = \begin{cases} 0, & v < v_{ci} \mid v > v_{co} \\ k_1 v + k_2, & v_{ci} \leqslant v \leqslant v_r \\ P_r, & v_r < v < v_{co} \end{cases} \tag{5-52}$$

其中

$$v_r - v_{ci}, \quad k_2 = -k_1 v_{ci}$$

本文中，$k_1 = 0.2$，$k_2 = -1$。

3. 风电机组的输出概率模型

为了模拟风电机组出力的不确定性，需要以概率的形式表示风电机组出力，其中风速的不确定性可以用 Weibull 分布表示，那么可以根据式（5-23）和式（5-28）计算得出风电机组有功出力的 PDF 函数。根据实际运行数据可知，大部分时间内风速 v 处于（v_{cr}，v_r），即风电机组出力与风速满足线性关系，因此，由式（5-23）和式（5-28）可得风电机有功出力的 PDF 函数为

$$f(p) = \frac{k}{k_1 c}\left[\frac{P - k_2}{k_1 c}\right]^{k-1} \mathrm{e}^{-\left(\frac{P-k_2}{k_1 C}\right)^k} \tag{5-53}$$

根据式（5-51）和式（5-52）可以推出风电机组有功出力的各阶原点矩为

$$\alpha_1 = k_1 c \Gamma\left(\frac{1}{k} + 1\right)$$

$$\alpha_2 = k_1^2 c^2 \left\{\Gamma\left(\frac{2}{k} + 1\right) - \left[\Gamma\left(\frac{1}{k} + 1\right)\right]^2\right\}$$

$$\alpha_i = k_1^i c^i \Gamma\left(\frac{i}{k} + 1\right)$$

国内已经建成的风电场中大多采用恒速和变速的恒频发电机。变速恒频的风力发电机对风能的利用效率较高，并且能够调节电压，可恒功率因数运行和恒压运行。本节采用恒功率因数运行方式，在风电场内安装电容器组，通过电容器组投切来调节无功平衡，使风电机组功率因数保持恒定。这种情况下，可以把风电场节点视为 PQ 节点。

$$Q = P\tan\alpha$$

恒功率因数控制下风电场有功不可调，无功出力根据给定的功率因数范围微调。风电机组吸收的无功功率的 PDF 函数、原点矩以及半不变量的计算方法与有功功率相同。

四、主动配电网优化运行模型

概率优化运行模型的基础是确定性的潮流计算模型，核心在于利用概率理论模拟电力系统中的不确定因素，选择合适的算法进行求解。本文以网损、电压偏差、成本最低为目标建立目标函数以求解，是一个对多个目标进行优化的问题。不失一般性，对一个包括多个决策变量、多个目标函数和多个约束条件的多目标约束优化问题，以最小化为例，可进行如下描述

$$\min f(x) = [f_1(x), f_2(x), \cdots, f_k(x)]$$
$$\text{s.t.}\ g_i(x) \leqslant 0, \quad i = 1,2,\cdots,m$$
$$h_i(x) = 0, \quad i = 1,2,\cdots,n$$
$$x \in X \in R^n, \quad f \in F \in R^n$$

式中　x 和 f 分别为决策向量和目标函数；g 和 h 分别为不等式和等式约束条件；X 和 F 分别表示决策空间和目标空间。

1. 目标函数

电力系统运行的经济性对于企业效益和社会效益具有十分重要的意义，因此从经济利益的角度减少系统有功损耗十分必要。网损太大会影响用户的供电质量、使线路过热，虽然网损不能完全消除，但可以将其降低到一定范围内。另外，网损的降低对于保护线路、减小电压降、改善电压水平等有积极的作用。本节目的为系统在保证供电稳定性以及安全性的前提下，成本最低。现对目标问题做如下描述。

1）系统网损指标。DG 的合理接入能对系统网损进行改善，从而提高配电网运行的经济性，建立的系统网损指标为

$$f_1 = \sum_{i=1}^{N}\sum_{j=1}^{M} G_{ij}(U_i^2 + U_j^2 - 2U_i^2U_j^2 \cdot \cos\theta_{ij}) \tag{5-54}$$

其中，U_i、U_j 分别为节点 i 和节点 j 的电压值；G_{ij} 和 θ_{ij} 为节点 i 和节点 j 之间的电导和电压相角差。

2）电压水平指标。由于一些可再生能源的接入，系统的电压稳定性会受到一定程度的影响，这取决于接入 DG 容量占系统容量的比例，建立电压稳定性指标为

$$f_2 \sum_{i=1}^{n} \left| \frac{U_i - U_{i\mathrm{ref}}}{U_{i\max} - U_{i\min}} \right| \tag{5-55}$$

其中，$U_{i\mathrm{ref}}$ 为节点 i 的额定电压值，$U_{i\max}$、$U_{i\min}$ 分别为节点 i 电压的最大和最小值。

3）成本。主动配电网中主要的成本还是在于火电机组的燃煤消耗。为此，经济成本目标为

$$f_3 = 8760\sum_{h=1}^{T_r}\beta^h \sum_{i=1}^{M} C_{ri}p_f S_{DGi} + \sum_{i=1}^{N_DG}(C_{fi}S_{DGi} + \delta_{DGi}) \tag{5-56}$$

式中　T_r——规划年水平；

β——当前价值因子；

p_f——系统的功率因数；

S_{DGi}——第 i 个 DG 安装点的出力。

2. 约束条件

PLF 计算的本质就是潮流计算，潮流计算就要满足系统的功率平衡，因此要满足一定的等式条件

$$\begin{cases} P_{Gi} - P_{Di} - U_i \sum_{j \notin i}^{N} U_j (G_{ij} \cos\theta_{ij} + B_{ij} \sin\theta_{ij}) = 0 \\ Q_{Gi} - Q_{Di} - U_i \sum_{j \notin i}^{N} U_j (G_{ij} \sin\theta_{ij} + B_{ij} \cos\theta_{ij}) = 0 \end{cases} \tag{5-57}$$

式中　P_{Gi}、Q_{Gi}——节点 i 节点常规机组发出的有功和无功功率；

P_{Di}、Q_{Di}——节点 i 节点常负荷的有功和无功功率。

除此之外，还要满足以下不等式条件。

1）发电机发出的有功和无功功率均需要满足上下限约束，其中，P_{Gm}、Q_{Gm} 为第 $\boldsymbol{m}$ 台常规机组发出的有功和无功功率

$$P_{Gm}^{\min} \leqslant P_{Gm} \leqslant P_{Gm}^{\max}$$

$$Q_{Gm}^{\min} \leqslant Q_{Gm} \leqslant Q_{Gm}^{\max}$$

2）通过变压器的变比调整也可以调整系统节点的电压水平，最优潮流中变压器变比也可以作为一个优化量，因此变比 t_{ij} 也需要满足一定约束

$$t_{ij}^{\min} \leqslant t_{ij} \leqslant t_{ij}^{\max}$$

需要特别指出，变压器并不是可以任意选择变比的，使用时需要在所提供的若干档位进行选择，该不等式仅表明大小有所约束。

3）节点电压是评判系统是否稳定运行的重要指标，其偏离值需要满足一定范围

$$U_i^{\min} \leqslant U_i \leqslant U_i^{\max}$$

4）导线的热稳定极限决定支路传输功率的能力，即支路流过的电流不能超过某一极限值：

$$| I_{ij} | \leqslant | I_{ij}^{\max} |$$

5）为了使风电机组为定功率因数方式运行，需要在风电场内安装电容器组为风机提供无功支持，其中 Q_{ck} 为并联电容器的容量

$$Q_{ck}^{\min} \leqslant Q_{ck} \leqslant Q_{ck}^{\max}$$

五、小结

本节对主动配电网运行优化的模型进行了基本的介绍，对常规机组、负荷以及风速、风机出力等进行概率描述，目的是为下一节算法寻优时以其数字特征作为初值，增加了初值的可靠性以及准确性。本节还对主动配电网进行了多目标建模，使其在满足经济性、可靠性、安全性的基础下最优化运行。

第三节　主动配电网运行优化算法

配电网可以处在多种运行方式下安全运行，但是在满足用户的用电需求和保障系统安全稳定运行的前提下取得最好的经济效益，合理安排各种控制设备的运行方式，使配网运行的总费用或所消耗的总燃料耗量最低，需要进行电力系统潮流计算寻优。本节将 PLF 与 OPF 理论相结合，建立含有风电场的电力系统的概率最优潮流模型，并以改进的 PSO 对其进行求解分析。

一、最优化潮流算法

最优模型中众多的等式约束和不等式约束条件使得求解比较困难。最早时期应用非线性规划算法求解 OPF 问题，后来又有了线性规划和二次规划，但是二者对于变量和约束条件

数量比较敏感。电力系统潮流的经典求解方法主要有以简化梯度法、牛顿法、内点法为代表的基于线性规划和非线性规划的求解方法，是研究最多的最优潮流算法，这类算法的特点是以一阶或二阶梯度作为寻找最优解的主要信息。

1. 简化梯度法

简化梯度法以极坐标形式的 Newton-Raphson 潮流计算为基础，对等式约束采用 Lagrange 乘子法处理，对不等式约束用 Kuhn-Tucker 罚函数处理，沿着控制变量的负梯度方向进行寻优，具有一阶收敛性。这种方法原理简单、存储需求小、程序设计简便。但是，在计算过程中会出现锯齿现象，收敛性比较差，尤其是在最优点附近时收敛速度很慢；每次迭代都需要重新计算潮流，计算量大，耗时多。另外，罚因子数值的选取对算法收敛速度的影响很大。

2. 牛顿法

牛顿法最优潮流比简化梯度法优势的地方在于它是一种具有二阶收敛速度的算法，除了利用目标函数的一阶导数之外，还利用了目标函数的二阶导数，考虑了梯度变化的趋势，因此所得到的搜索方向要比梯度法好，能够较快地找到最优点。但是牛顿法在求解最优潮流时必须用到 Hessian 矩阵的逆矩阵，其存储量和计算量比较大，使问题变得十分复杂。

3. 内点法

内点法最优潮流是解决最优潮流问题的最新一代算法。它本质上是拉格朗日函数、牛顿法与对数障碍函数法三者的结合，从初始内点出发，沿着可行方向求出目标函数值下降的后继内点，再从得到的内点出发，沿着可行方向迭代求出使得目标函数值下降的内点，重复搜索，得出一个由内点组成的序列，使得目标函数值严格单调下降，求出最优值。因此，初始点应该取在可行域内，并在可行域的边界设置“障碍”使迭代点接近边界时其目标函数值迅速增大，从而保证迭代点均为可行域的内点。内点法能有效地求解最优潮流问题，但对大规模最优潮流问题，往往寻找可行初始点十分困难，难以实现实时在线计算。但是随着对内点法的深入研究，在 Karmarkar 算法的基础上一些新的变形算法开始出现，并且被引入到电力系统的分析计算中。文献［51］提出了一种基于扰动 KKT 条件的 OPF 原始-对偶内点算法。文献［52-53］在文献［51］方法应用在了含有暂态稳定约束的最优潮流问题上。

以这些研究中，学者们主要做了两件事情：增加约束条件以及改进算法。增加了许多针对某种情况而特别设立的不等式约束，改进了算法的计算速度，提高了算法的精度。后来，延续至今的现代优化算法在各方面有良好的性能并且得到广泛应用。现代优化算法是以一定的直观基础而构造的算法，也称为启发式算法，是智能算法的一类。这类算法以其独特的优点和机制为解决复杂优化问题提供了新的思路和手段，比如进化算法、模拟退火法、极大熵法和人工神经网络等。

进化算法的主要形式是遗传算法、进化规划和进化策略。文献［54］提出一种改进遗传算法求解具有柔性交流输电装置的 OPF 问题，用遗传算法通过选择最佳调解状态使总发电成本最低，而且使潮流保持在安全极限内。文献［55］提出了一种基于学习策略的遗传算法用于解决最优潮流问题，该学习策略加快了算法的寻优速度。文献［56］提出了一种解决 OPF 问题的进化规划算法，该算法不受发电机行为曲线的限制，而且对初始点不敏感。进化算法鲁棒性强，具有高度的并行性，可以从多个方向在整个寻优空间同时进行寻优，因而可以求解大规模优化问题，并且已经成熟的应用在电力系统的一些离散规划问题中。但是这类算法需要大量的迭代次数，可能会过早地收敛到次全局最优点，而且用于求解混合整数问题时性能比较差，对于相关的控制参数的选择要求也比较高。

模拟退火法通过模拟高温物体退火的过程来寻优，其特点是在寻优过程中以一定的概率接受坏的状态，以便有机会跳出局部极小点，随机地在解空间个点搜索，使系统向全局最优点收敛。该算法收敛速度较慢。极大熵法利用热力学中的熵理论对优化问题中的不等式约束进行处理，文献［57］将其引入最优潮流中，把大量不等式约束用一个单控制变量的代理约束不等式来代替，取得了较好的效果。人工神经网络在20世纪70年代开始应用到电力系统中，直到80年代中期才逐渐发展成熟，Park等人于1993年尝试将Hopfield人工神经网络应用到电力系统经济调度中，将原问题的目标函数转换为能量函数，并且通过一系列迭代来减小能量函数，从而达到减小原目标函数的目的。随后Su等人对该方法进行了一些改进。在实际应用中，该算法存在计算速度慢，训练时间长等问题。

随着人工智能和计算机技术的发展，一些新型算法，例如粒子群优化算法、混沌优化算法、禁忌搜索算法和人工鱼群优化算法等被应用于电力系统优化问题的求解。粒子群优化算法作为一种新的进化算法在最优潮流求解中得到广泛应用，文献［58］提出一种新的机遇可行保留策略和变异算子的改进粒子群来求解最优潮流问题，算例表明所提算法优于进化规划算法和常规的粒子群优化算法。文献［59］提出一种带赌轮选择的双种群粒子群优化算法求解最优潮流问题，采用双种群增强算法的全部搜索能力，基于赌轮算法的概率选择机制增强了算法的局部搜索能力。文献［60］提出一种改进粒子群优化算法求解有功最优潮流问题。

其中，粒子群算法并不限于问题本身的连续性，也不受目标函数自身特性的限制，特别是对于一些用传统优化方法无法描述的问题，可以通过将其转化为目标函数进而采用粒子群算法的方法实现优化。粒子个体的相关信息之间没有直接的联系，因而算法更具有扩充性。较之传统的优化方法，由于算法的求解过程是整体种群性能的体现与选择，单一的个体不会对结果产生决定性的影响，因此粒子群算法具有更强的鲁棒性。

本节在成本、电压偏差、网损均最低的前提下，求解最优潮流，因此可归结为一类多目标优化问题。粒子群算法对解决多目标的优化问题有很大的优势，相比传统的和基于进化算法的处理方法，粒子群算法的优势在于如下三方面：

1）算法具有高效的全局搜索能力，非常适合于求解复杂度相对高并且可行域相对小的多目标问题，因为算法采用全局粒子并行搜索的模式，可以同时搜索多个非劣解，有利于形成非劣最优解集。

2）PSO算法对寻优对象要求简单，本身复杂度不高，因此普适性较强，可以用于出力多种类型的多目标优化和带约束问题，也易于与传统方法结合改善自身性能。

3）该算法具有调整参数少，收敛速度快和编程较容易等优势。但同时存在收敛后期速度变慢以及可能陷入局部最优等缺点。本节对标准粒子群算法进行改进以求优化该问题，并最终采用该算法求解前述含有风电场电力系统概率最优潮流模型。

二、标准粒子群算法

粒子群算法是基于群智能的优化算法，是一种新兴的迭代演化计算技术。算法起源于对鸟群捕食行为的研究，原理是鸟群在寻找食物的过程中通过自身的记忆并根据种群内其他个体的经验来修正自己的飞行方向和飞行速度，最终找到食物。

算法把鸟群搜索食物的过程抽象成通过群体智慧寻找问题最优解的过程，鸟群中的鸟被抽象成该群体中的个体粒子，粒子没有质量和体积，但是可以描述它的速度和加速状态，粒子携带问题决策变量的信息，这个信息可以是单一的，更多的情况是多维变量。群体则符合由 Millonas 在开发应用于人工生命的模型时所提出的群体智能的五个基本原则：①群体能够计算简单的空间和时间；②群体能够受到环境中的优秀粒子的影响；③群体的行动范围较大；④群体较稳定，不在每次环境变化时都改变自身的行为；⑤在活动范围内，群体能够在适当的时候改变自身的行为。那么寻优问题的取值范围就是该群体的搜索空间。以下是对标准粒子群算法的描述：

一个有 N 只鸟的群体在一个 D 维区域内觅食，每只鸟用一个 D 维的向量来表示其所处位置。其中第 i 只鸟的位置表示为：

$$X_i=(x_{i1},x_{i2},\cdots,x_{iD}),\quad i=1,2,3,\cdots,N \tag{5-58}$$

每只鸟的每个位置向量均可改变，并且相互独立，其变化速度也是一个 D 维的向量，记为：

$$V_i=(v_{i1},v_{i2},\cdots,v_{iD}),\quad i=1,2,3,\cdots,N \tag{5-59}$$

第 i 只鸟在每个阶段搜索到的距离食物最近的位置被称为个体极值，记为：

$$p_{\text{best}}=(p_{i1},p_{i2},\cdots,p_{iD}),\quad i=1,2,3,\cdots,N \tag{5-60}$$

鸟群中每个阶段搜索到的距离食物最近的那只鸟所处的位置称为全局极值，记为：

$$g_{\text{best}}=(p_{g1},p_{g2},\cdots,p_{gD}),\quad i=1,2,3,\cdots,N \tag{5-61}$$

记住这两个最优位置后，群体内的所有个体根据式（5-62）和式（5-63）调整自身的飞行速度和位置。

$$v_{i(d+1)}=\omega v_{id}+c_1r_1(p_{id}-x_{id})+c_2r_2(p_{gd}-x_{gd}) \tag{5-62}$$

$$x_{i(d+1)}=x_{id}+v_{id} \tag{5-63}$$

式中 v_{id}——第 i 个粒子的 d 代速度向量，$v_{id}\in[-v_{\max},v_{\max}]$，$v_{\max}$是由用户设定的，用来限制粒子最大飞行速度的常数；

c_1、c_2——加速常数，也称为学习因子，用于调节粒子每次迭代的步长，可根据具体问题进行调节；

r_1、r_2——在 $[0,1]$ 均匀分布的随机数，随机数的增强了粒子的多样性。

式（5-62）包含以下三部分：第一部分表示鸟有维持上一阶段飞行速度的趋势，称为惯性，ω 为惯性因子，ω 较大则粒子受当前迭代群体粒子最优值和自身最优粒子值的影响较小，更倾向于保留之前的搜索经验，因而此时算法的搜索能力倾向于全局范围，局部搜索的能力减弱，这种情况下搜索得到的解多为全局最优解，反之，则得到局部最优解。第二部分表示鸟有向自身历史最优位置靠近的趋势，为记忆部分。第三部分表示鸟有向群体最优位置靠近的趋势，为学习部分。在算法搜索过程中，粒子在搜索空间中的飞行速度也要受到限制。粒子应受到最小速度限制，这样避免粒子由于受随机性的影响跳出搜索空间。粒子还应受到最小速度限制，这样增强粒子的活力，避免早熟收敛到局部最优。

算法首先给群体中的每个粒子在变量变化范围内赋予初值，每个粒子赋予携带变量的初值，以及适应度评价函数初值。在算法的每一次迭代过程中，个体粒子都会比较历史最优值和当前最优值，从而更新个体粒子的最优值。遍历每个粒子之后，再比较群体历史最优值和当前群体最优值，从而更新群体全局最优值。评价粒子优劣的函数叫作适应度函数，个体粒子和全局粒子的最优值就是根据适应度函数来进行调整寻优的，在优化的过程中，群体中的个体粒子也是按照适应度函数值来移动的。

图 5-2 解释了粒子群算法的计算过程，最优解在 O 处，x_1 为粒子此刻的位置，x_2 为调整后粒子的位置，p_{best}为个体最优位置，即个体最优值。g_{best}为群体最优位置，即全局最优

值。v_1 表示此时刻粒子向全局最优位置调整的速度，v_2 表示粒子向个体最优位置调整的速度，v_3 表示此刻粒子本身的速度。v_1、v_2、v_3 根据式（5-54）合成后，粒子从 x_1 移动到 x_2，显而易见，x_2 更加靠近最优的位置。群体中每个粒子不断重复该过程，直到某个粒子达到或者无限接近最优位置为止。

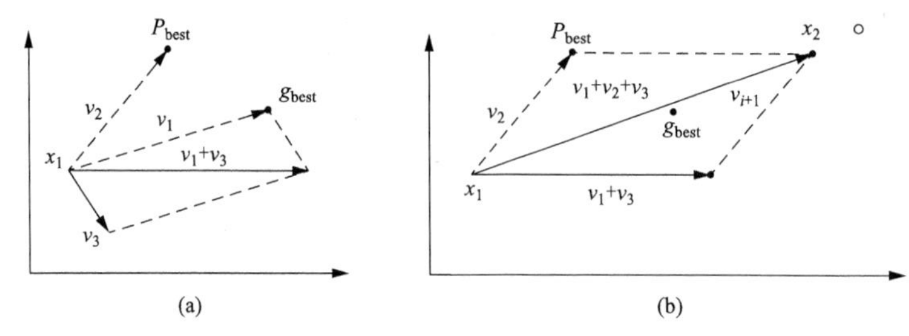

图 5-2　粒子速度和位置调整示意图

三、改进的粒子群算法

尽管多目标粒子群算法已经是比较成熟的优化算法，并且已经被广泛应用在各个多目标优化领域中，取得了很好的效果，但是针对电力系统这样一个非线性的系统的多目标优化策略，由于对象的非线性特性，为提高算法非线性复杂对象的寻优性能，在算法的参数上必须做出一些改进。由于粒子不断向个体极值和全局极值靠近，与进化算法类似，可能会出现局部最优解或者早熟收敛等问题。除此之外，粒子群算法的性能很大程度上取决于参数设置，这些都是需要解决的问题。针对 PSO 算法本身和其在求解具体优化问题时遇到的一些问题，众多学者对粒子群算法做了大量研究工作，在避免局部最优和早熟收敛的问题上取得了显著成果。本文主要对粒子寻优参数做改进。

1. 惯性权重

由本章第二节分析可知，若速度向量中没有惯性权重，所有粒子很容易向同一位置趋近，造成局部的最优，只有当全局最优解恰好在初始的搜索空间时，才可能会搜索到期望的全局最优解，但算法优劣取决于初始解的好坏，展现的更多是局部搜索的能力；惯性权重使得粒子保持运动惯性，使其具有扩展搜索空间的趋势，有能力探索新的区域。惯性权重的存在或改进可以增强算法的全局搜索能力。通过调整 ω 的大小来控制历史速度对于当前速度的影响，使其作为一个兼顾全局搜索与局部搜索的参数。

较大的惯性权重使得算法对未知区域有较强的搜索能力，而小的惯性则能对小的区域进行精细的搜索。对于一个搜索式优化算法，早期具有较强的探测能力可以更好地向全局极值靠近，晚期具有精细的搜索能力有利于向全局极值靠拢。因此，本文采用的惯性权重随搜索时间递减的方式，计算为

$$w=\begin{cases}w_{\max}, & iter\leqslant 0.05iter_{\max}\\ w_{\max}-\dfrac{w_{\max}-w_{\min}}{iter_{\max}}(iter-0.05\times iter_{\max}), & iter\in\geqslant(0.05iter_{\max},0.95iter_{\max})\\ w_{\min}, & iter\geqslant 0.95iter_{\max}\end{cases}\tag{5-64}$$

2. 收缩因子

c_1、c_2 代表了粒子向自身极值 P_{best} 和全局极值 g_{best} 推进的随机加速权值。小的权值可以使粒

子在远离目标区域内振荡；而大的权值可以使粒子迅速向目标区域移动，甚至又离开目标区域。收缩因子通过调整粒子群算法的参数来避免陷入局部最优，达到快速收敛的目的。其表达式为：

$$v_{i(d+1)} = \lambda[\omega v_{id} + c_1 r_1 (p_{id} - x_{id}) + c_2 r_2 (p_{gd} - x_{gd})] \tag{5-65}$$

式中：c_1、c_2 为加速常数，λ 为收缩因子，其计算公式为

$$\lambda = \frac{2}{|2-\varphi-\sqrt{\varphi^2-4\varphi}|} \tag{5-66}$$

其中，$\varphi=c_1+c_2$，大多数文献中取 $\varphi\geqslant4$。

3. 种群交叉

粒子群算法与遗传算法一样，种群质量的好坏可以影响计算速度，那么可以把遗传算法中的交叉技术引入到粒子群算法中来。Angeline 首先提出用进化算法中的选择机制来改善粒子群优化算法。前述提到，算法的优劣取决于初值的优劣，在每次迭代之前选择若干父代粒子进行交叉，用交叉后的粒子取代父代粒子进行下一步计算。其交叉公式为

$$\begin{cases} v_{1(d+1)} = \dfrac{v_{1d}+v_{2d}}{||v_{1d}+v_{2d}||}||v_{1d}|| \\ v_{2(d+1)} \dfrac{v_{1d}+v_{2d}}{||v_{1d}+v_{2d}||}||v_{2d}|| \end{cases} \tag{5-67}$$

$$\begin{cases} x_{(1d+1)} = rx_{1d} + (1-r)x_{2d} \\ x_{2(d+1)} = rx_{2d} + (1-r)x_{1d} \end{cases} \tag{5-68}$$

式中　r——0～1 的随机数。

通过此方法产生的子代代替父代，在选择父代的时候没有基于适应值来选择，防止了基于适应值的选择对那些多局部极值的函数带来的潜在问题。交叉型 PSO 与传统 PSO 模型的唯一区别在于粒子群在进行速度和位置的更新后还要进行交叉操作，并用产生的后代粒子取代双亲粒子。两个父代粒子交叉后仍然生成两个粒子，因此其粒子数量不会改变。只有两个父代粒子的速度做了求和并且规格化，因此其向量长度也不变，改变的仅仅是其飞行方向。交叉操作后使得后代粒子继承了双亲粒子的优点，在理论上增强了粒子之间的区域搜索能力。

4. 邻域学习因子

粒子群算法的基本思想就是根据自身历史最优位置和种群最优位置对自己进行更新，为了增强其学习能力，在计算速度公式中加入向临近粒子学习的部分，这就是邻域模型。临近粒子需要满足两个条件：一是与该粒子相邻；二是适应度值是相邻粒子中最高的。改进后的速度计算公式为

$$v_{i(d+1)} = \omega v_{id} + c_1 r_1 (p_{id} - x_{id}) + c_2 r_2 (p_{gd} - x_{gd}) + c_3 r_3 (p_{bd} - x_{id}) \tag{5-69}$$

c_3 与 c_1、c_2 一样，为加速常数，但是相邻粒子的指导能力要弱于个体极值和全局极值的指导能力，因此前者的权重要低于后两者的权重，即 c_3 取值要比 c_1、c_2 小。这样一来，粒子不仅向全局最优和个体历史最优学习，还增强了相邻最优学习，获得的信息有所增加，增强了搜索的能力。

四、算法的可行性

为验证算法的可行性，本节以系统最优潮流为目标来进行验证。最优潮流是控制系统内的变量，火电机组有功出力，各发电机与补偿装置无功出力，变压器抽头位置等，使电力系统运行成本最小为主要目标，减少火电机组燃料费用至最小的一类优化。本章中以电力系统煤耗最小为目标函数，则该最优潮流问题可记为

$$\min F = \sum_{i=1}^{N} F_i(P_{Gi}) = \sum_{i=1}^{N} a_i P_{Gi}^2 + b_i P_{Gi} + c_i$$
$$\text{s. t. } g_i(x) \leqslant 0, \quad i = 1,2,\cdots,m$$
$$h_i(x) = 0, \quad i = 1,2,\cdots,n$$
$$x \in X \in R^n, \quad f \in F \in R^n$$

式中 a_i，b_i，c_i——常规发电机组的煤耗系数；

P_{Gi}——第 i 台常规发电机的有功功率；

g 和 h——分别为不等式和等式约束条件；

X 和 F——分别表示决策空间和目标空间。

算例以计算 IEEE-14 系统的最优潮流，考虑负荷的时间变化。由于并网点电压与风电场的变化相关。主要从并网点电压与发电成本两方面进行分析。仿真结果如图 5-3、图 5-4 所示。

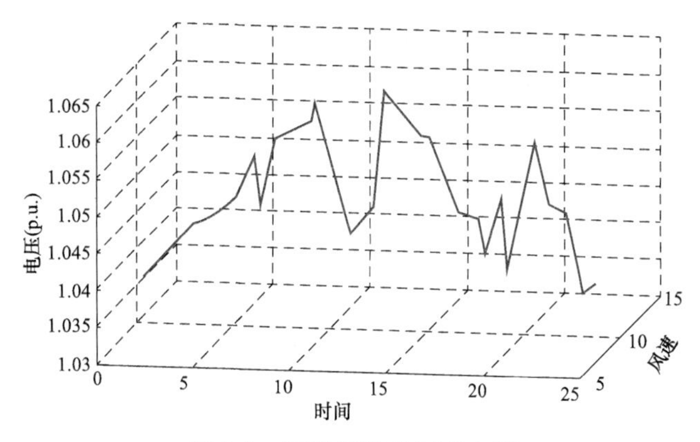

图 5-3 标准 PSO 并网点电压

测试结果分别从未设置惯性权重、未设置收缩因子、未设置种群交差以及未设置邻域学习因子四个方面来说明算法改进的优劣。从结果来看，收缩因子以及种群交叉对算法结果的影响最大。收缩因子的存在，可以大幅度提高算法的收敛速度，但是仅仅这一点无法保证结果的最优性。种群交叉从改进初始粒子的质量出发，保存了父代粒子的最优特性，提高了寻优的质量。邻域学习因子对结果的影响最小，邻域学习虽然增加了其寻找最优粒子的可能性，但是效果并不明显。

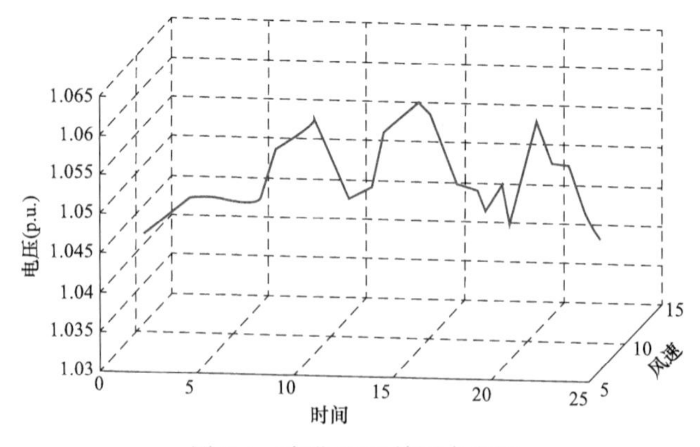

图 5-4 改进 PSO 并网点电压

测试结果数据如表 5-2 所示。

表 5-2　　测 试 结 果 数 据

名称	功率因数	并网点电压	网损	发电成本	迭代次数
标准 PSO	0.95	1.046p.u.	0.263p.u	850.68p.u.	531
改变 2，3，4	0.95	1.046p.u.	0.258p.u.	844.75p.u.	354
改变 1，3，4	0.95	1.048p.u.	0.249p.u.	833.52p.u.	473
改变 1，2，4	0.95	1.046p.u.	0.260p.u.	848.61p.u.	327
改变 1，2，3	0.95	1.048p.u.	0.254p.u.	842.60p.u.	299
改进 PSO	0.95	1.048p.u.	0.249p.u.	833.52p.u.	279

改进后的算法对初始粒子的质量以及粒子的飞行轨迹做了调整，使其增强了学习能力，粒子受到除来自自身历史最优值以及种群最优值的影响以外，还受到临近粒子的影响，使其飞行速度和飞行方向更加接近目标。并网点的电压随着风电机组的变化而变化，标准粒子群算法计算所得并网点电压偏差最大为 2%，改进后算法求得并网点电压偏差最大为 1.2%，并网点电压波动幅度减小，有利于提高并网点供电的可靠性。在发出同等功率的有功功率下，风电机组能就地提供无功功率，可以使得系统网损降低，同时也有助于减少补偿装置的投切，减少其额外的经济投入。发电成本后者比前者减少了 1.8%。由结果分析来看，改进后的算法具有更优的计算结果以及更快的收敛速度。

五、小结

本节介绍了最优化计算的一般算法，介绍了粒子群算法的特点，并在此基础上分别考虑算法的搜索能力、收敛速度、初值选择、位置速度迭代优化等对标准粒子群算法进行改进。为本文的结论提供算法基础。

第四节　主动配电网的仿真分析

一、算例仿真

算例采用 IEEE-14 节点系统作为仿真对象。仿真基准容量为 $S_n=100$MVA，结果中的数据均为无量纲的标幺值。种群规模取 1000，终止迭代次数取 600，交叉概率取 0.8。表 5-3 给出了测试系统的基本参数。

表 5-3　　测 试 系 统 参 数

系统名称	IEEE-14
节点/线路数	14/20
风电接入节点	14
可控电源数（P_{Gi}，Q_{Ri}）	8(3，5)
接入风机台数	10
总负荷基准值（MW）	259

风速的数据来源于 HOMER 软件，该软件可用于查看可再生系统、分布式电源和混合动力系统。HOMER 可仿真系统一年 8760h 的能量平衡过程，其中的案例均来源于实测数据。本文中选用的仿真选取某风资源丰富地区一天的风速变化，如表 5-4 所示，风速范围为(8.19～15.93m/s)。负荷数据见表 5-5。

表 5-4　风速数据

时段（h）	风速（m/s）	风速因子	时段（h）	风速（m/s）	风速因子
1	8.5815	1.000	13	13.9764	1.629
2	12.2173	1.424	14	12.8119	1.493
3	12.3871	1.443	15	13.7796	1.606
4	12.9332	1.507	16	13.9632	1.627
5	12.7817	1.489	17	12.3147	1.435
6	11.1084	1.294	18	11.9938	1.400
7	10.5826	1.233	19	10.2958	1.200
8	12.636	1.472	20	11.3477	1.322
9	10.6292	1.239	21	10.6159	1.237
10	12.5188	1.459	22	10.5121	1.225
11	13.1391	1.531	23	10.0091	1.166
12	12.038	1.403	24	9.2093	1.073

表 5-5　负荷数据

时段（h）	负荷（MW）	负荷因子	时段（h）	负荷（MW）	负荷因子
1	1448	1.000	13	1714	1.184
2	1349	0.932	14	1618	1.117
3	1280	0.884	15	1602	1.106
4	1258	0.869	16	1620	1.119
5	1242	0.858	17	1619	1.118
6	1233	0.852	18	1746	1.206
7	1256	0.867	19	1897	1.310
8	1367	0.944	20	2029	1.401
9	1493	1.031	21	1959	1.353
10	1653	1.142	22	1922	1.327
11	1701	1.175	23	1824	1.260
12	1746	1.206	24	1448	1.000

风速因子和负荷因子均为标幺值，具体计算为，以 1h 的数据为基准，其他时刻的数据与其作商求得。

风速和负荷因子变化曲线如图 5-5 和图 5-6 所示。

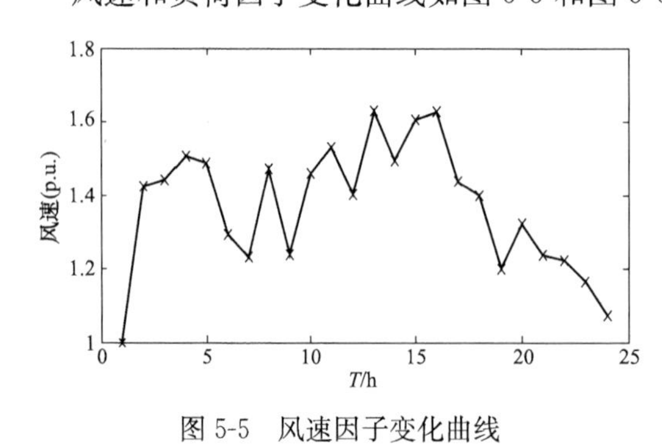

图 5-5　风速因子变化曲线

图 5-6　负荷因子变化曲线

表 5-6 给出了风速在切入风速和额定风速之间变化时风机有功和无功的变化数据。

表 5-6　　单台风机有功无功功率

风速（m/s）	有功（kW）	无功上限（kvar）	无功下限（kvar）
8	81.13	26.67	26.67
9	120.39	39.57	39.57
10	169.39	55.68	55.68
11	229.18	75.33	75.33
12	300.82	98.87	98.87
13	385.33	126.65	126.65
14	483.73	158.99	158.99
15	596.98	196.22	196.22

图 5-7～图 5-10 为 IEEE-14 节点系统接入 10 台风电机组的仿真情况。主要分析风电机组所在点电压变化以及常规机组有功无功出力情况。其中深色线表示的是有功出力，浅色为无功。

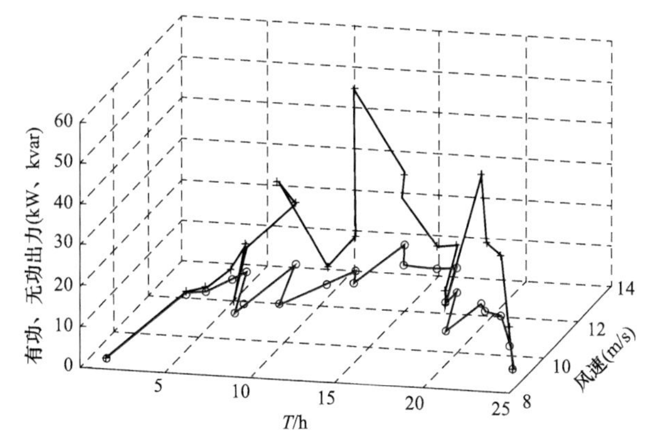

图 5-7　风电机组有功无功出力

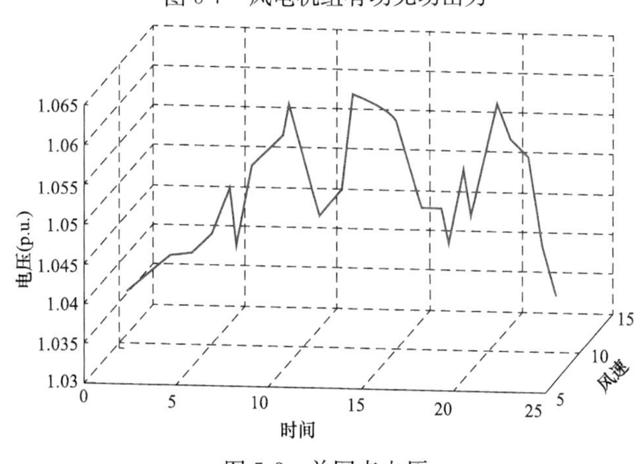

图 5-8　并网点电压

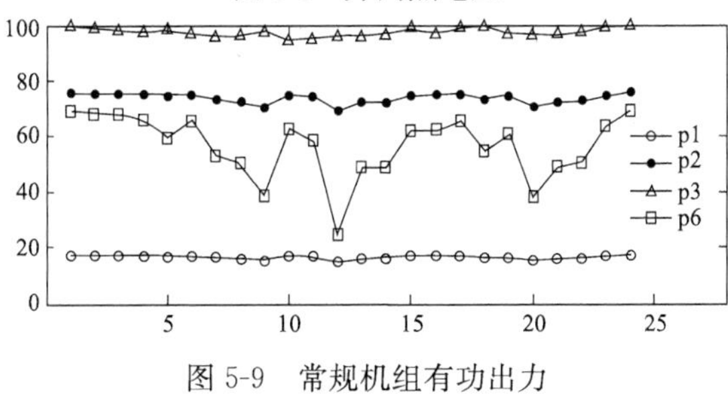

图 5-9　常规机组有功出力

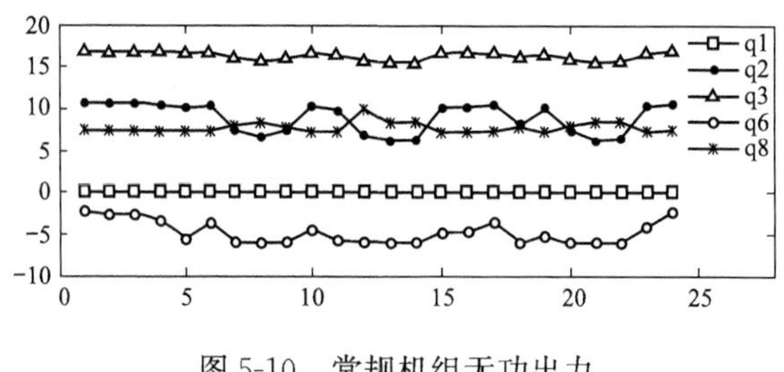

图 5-10 常规机组无功出力

图 5-9 与图 5-10 中分别是 1、2、3、6 号常规机组有功无功出力情况。IEEE-14 节点系统接入风电机组后，系统的潮流分布收到了很大的影响。随着风速增加，风电场有功增加，系统中常规电源出力随着风电场输出有功功率的变化而减少。在风速变化的过程中，满足电压约束的情况下，风电场无功出力达到上限，使得节点电压维持在 1.036～1.06p.u.。

随着风速增加，风电场节点有功出力增加，无功出力为正值，因此节点电压值增加，在 12h 达到峰值。如果无功补偿装置不能满足正常电压调节的需要，风电机组还需要从临近电源节点吸收无功。

在主动配电网中，不仅仅要考虑到负荷需求量，还要考虑到负荷实时的变化，以便实时调整机组出力配合。图 5-11～图 5-14 为考虑负荷需求响应后的优化运行情况。风电场输出

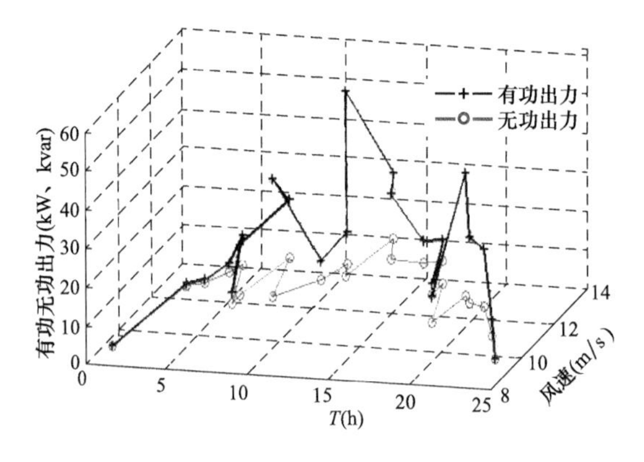

图 5-11 风电机组有功、无功出力

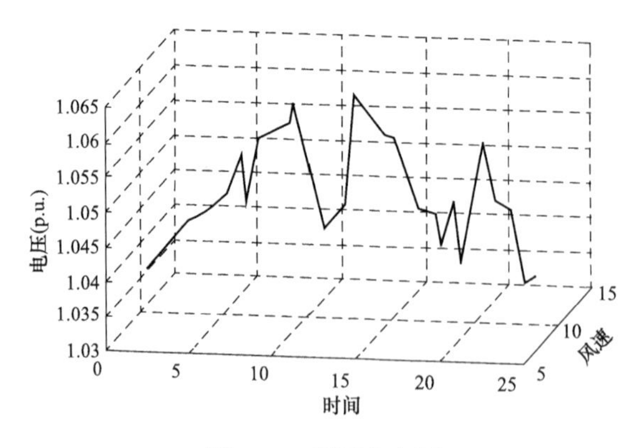

图 5-12 并网点电压

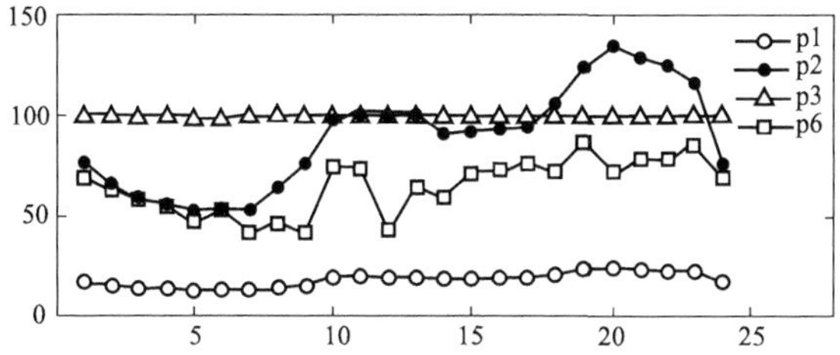

图 5-13 常规机组有出力

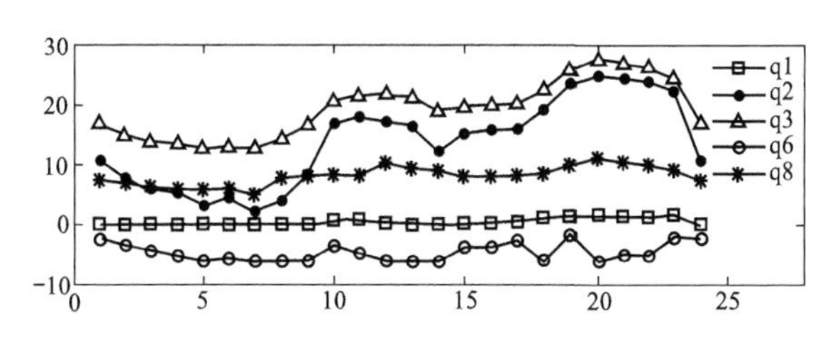

图 5-14 常规机组无功出力

功率具有很强的随机性和波动性，虽然风电场出力与负荷变化没有直接的关系，但是常规电源出力却受到风速和负荷的共同影响，第 12h 时负荷达到半天内的极大值，有功需求较大，由于风电场有功出力不可调，1、2、3 号常规电源节点有功出力上调。风电场无功出力与有功出力和电压有关：随着风速的增大，风电场有功无功出力增大使电压升高，20h 时出力最大，此时并网点电压达到最大。在风速变化的过程中，满足电压约束的情况下，风电场无功出力达到上限，使得节点电压维持在 1.038～1.06p. u. 。

由仿真结果可以看出，系统接入风电机组后，最优潮流的分布受到一定影响；由于风电机组没有无功调节能力，电压效果不理想，有个别时段在风机接入点有电压波动较大的情况，尤其是考虑负荷波动以后，常规电源的出力大大增加。随着风电机组的大规模接入，备用占比（备用容量占可调电源容量的比例）越高，越有利于提高系统接纳风电的能力。因此系统要平衡负荷和风电的出力变化，需提供足够的备用容量以供调节。

二、概率潮流计算结果分析

DG 合理配置可以有效降低系统有功损耗、改善电压水平、提高系统负荷率等，否则将严重影响电网的经济性、安全性和可靠性。为了更全面合理的观察风电场出力的不确定性对系统电压与潮流的影响。本文根据文献［61］的结论，假定风电机组接在 14 节点，并观察 14 节点，与 14 节点相连的 13 节点，以及距离 14 节点较远的 10 节点进行比较分析。

图 5-15～图 5-20 分别给出了节点 11、13、14 的电压幅值 PDF 曲线和 CDF 曲线，虚线表示理想状态下的曲线，实线表示实际寻优效果后的节点电压的 PDF 和 CDF 曲线。

由图可知，风电机组接入对节点 14 的电压产生较大的影响，应该增加储能装置以及电容器的投切组数。对于相邻节点的影响作用略低，而对距离较远的 11 节点几乎无影响。

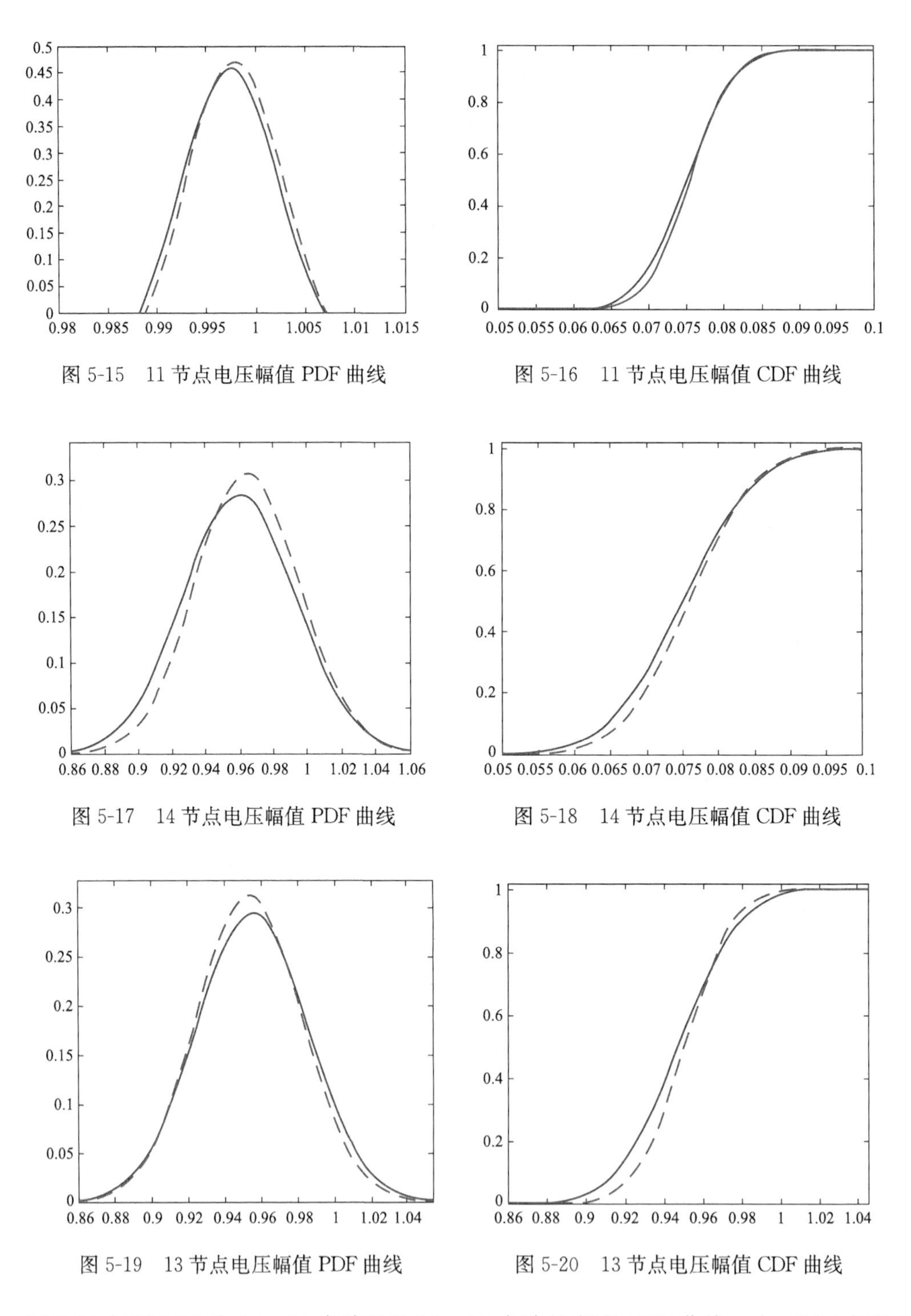

图 5-15 11 节点电压幅值 PDF 曲线

图 5-16 11 节点电压幅值 CDF 曲线

图 5-17 14 节点电压幅值 PDF 曲线

图 5-18 14 节点电压幅值 CDF 曲线

图 5-19 13 节点电压幅值 PDF 曲线

图 5-20 13 节点电压幅值 CDF 曲线

图 5-21 与图 5-22 为 13～14 支路以及 11～10 支路的潮流 CDF 曲线，由于风电场的尾流效应的存在，其出力有所降低，有功功率由 13 节点流向 14 节点的概率增加，说明常规发电机组的有功出力对 13 节点产生了影响，这也导致了 13 节点越限概率的降低。11～10 支路距离风电场比较远，使得风电场对其作用降低，并未对其潮流产生过大的影响，可保存之前的无功配置方案。

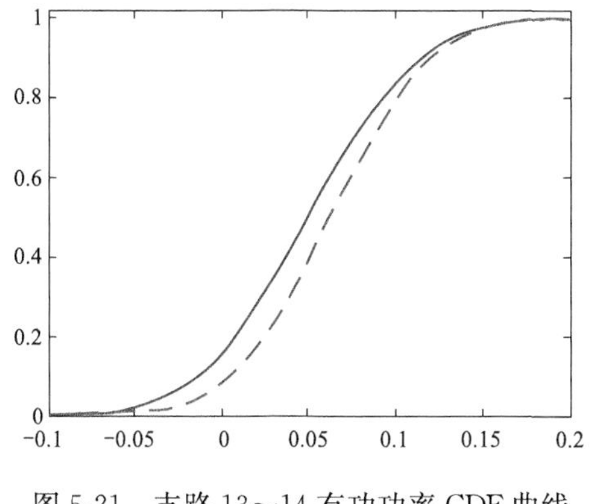

图 5-21 支路 13～14 有功功率 CDF 曲线

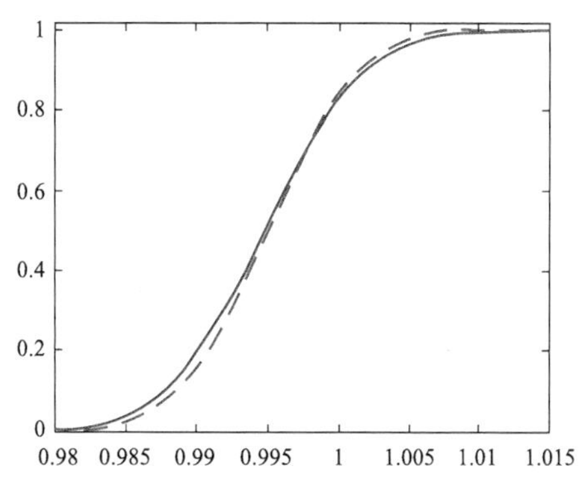

图 5-22 支路 11～10 有功功率 CDF 曲线

三、算法结果分析

上节计算结果均是在基于 IEEE 标准测试系统数据的基础上完成的，本文选择以下几种情形作为对比：

（1）用蒙特卡洛模型取代概率潮流计算部分，其他过程不发生变化，进行计算，粒子群算法初值随机赋予，算法过程不做任何优化，计算结果作为参考值。

（2）以概率模型计算得到风电机组出力的期望作为初值，并用未修改的粒子群算法进行寻优做计算。

（3）以概率模型计算得到风电机组出力的期望作为初值，并用优化过的粒子群算法进行寻优计算。

调整常规发电机组出力分配，并利用粒子群算法寻优后，计算结果对应的各常规机组出力分配以及总的发电成本数据列于表 5-7 中。

蒙特卡罗模拟普遍认为最接近实际情况，因此可作为基准对后两种模型的优劣进行分析。最优分配发电成本最高，使用普通 PSO 寻优的结果，与基准值有一定的差异，而且由于初始粒子随机给出，难以得到满足适应度函数的初值，容易使得结果陷入局部最优，使得结果偏差较大。而利用修改过后的 PSO 算法进行寻优，使得成本、网损、电压偏差各项指标均有所降低。这是因为在初始粒子的选择过程中考虑了约束条件，而且采用了种群交差，粒子质量较优，算法的改进也增强了粒子的寻优能力，避免其陷入局部的最优。

表 5-7　　计　算　结　果

发电机节点	情形 1	情形 2	情形 3
1	1.7123－j0.1792	1.7032－j0.1673	1.7022－j0.1721
2	0.4231＋j0.2533	0.4213＋j0.2627	0.4225＋j0.2485
3	0.1928＋j0.2716	0.1943＋j0.2633	0.1937＋j0.2793
6	0.2208＋j0.4064	0.2161＋j0.3527	0.2035＋j0.3416
8	0.1196＋j0.1759	0.1140＋j0.1679	0.1136＋j0.1763
成本	830.25p.u.	822.45p.u.	806.92p.u.
网损	0.263p.u.	0.256p.u.	0.218p.u.
电压偏差	3.13%	3.37%	2.28%

四、小结

风机的存在，虽然使得电压偏差在合理的范围之内（7%），但其电压偏差较之基准数值仍然偏大。另外风机的接入使得系统网损有了增加，对系统的电压水平产生了影响，因此需要对系统的潮流情况进行大概的预判。若风电功率考虑过高可能造成全网备用不足，如果考虑过低又可能增加其他常规火电机组深度调峰容量，从而带来火电机组煤耗指标的大幅度上升。采用的概率建模，可以比较全面地反映系统在不同输入条件下所处的状态，赋予PSO算法以更加准确的初值，并且使得粒子朝着正确的方向飞行，使得最终的寻优效果达到最优。与蒙特卡洛模拟计算结果对比，证明了本文所采用方法的有效性。

第三章

微电网孤岛检测技术

本章主要针对分布式发电并网逆变器的孤岛检测技术进行研究，提出了基于快速傅里叶变换（Fast Fourier Transform，FFT）和小波变换的混合孤岛检测方法。首先，分析了基于逆变器侧的分布式发电并网系统孤岛检测方法的机理，总结了孤岛检测标准，对比了各种孤岛检测方法的特点，给出了评判孤岛检测方法的有效指标。其次，以分布式发电并网系统孤岛检测的等效电路为基础，定量分析了分布式电源与输出电量信号之间的关系，并以并网系统中孤岛的电压谐波信号为研究对象，提出了基于 FFT 和小波变换的混合孤岛检测方法，即分别用 FFT、小波变换对孤岛电压谐波信号的低、高频部分进行处理，得到特定谐波的幅值与小波系数绝对值的平均值，通过判断这两个值是否都超过各自的阈值来检测孤岛。然后，采用基于电网电压定向的矢量控制方法对分布式发电并网逆变器进行控制，设计了其 LC 滤波器以及孤岛检测的 RLC 负载，在 Matlab/Simulink 中建立了分布式发电并网孤岛检测系统的仿真模型，分别对其检测盲区内的孤岛情况、电能质量扰动情况进行仿真，结果表明，本文提出的孤岛检测方法无检测盲区、能有效避免因电能质量扰动引起的断路器误动作；并与高频阻抗法进行对比，结果表明本文提出的方法检测速度更快。

第一节　分布式发电并网孤岛检测的基本问题

分布式发电并网系统的非计划孤岛运行会给用户以及电力设备造成严重损害，因此，实际的分布式发电并网系统必须具备孤岛检测的功能。

一、基于逆变器的孤岛检测机理分析

对分布式发电并网系统而言，迅速、有效地检测出孤岛状态对整个系统具有十分重要的意义。IEEE Std. 1547—2003 规定孤岛检测以及孤岛防护必须在 2s 内完成，检测时间越短越好。

如图 6-1 所示，当断路器 S1、S2 均闭合时，系统处于并网运行；当电网出现故障或停电维修等情况时，断路器 S1 断开，此时系统处于孤岛运行，应及时检测出孤岛状态，并将 DG 侧断路器 S2 切断，同时关闭分布式电源。

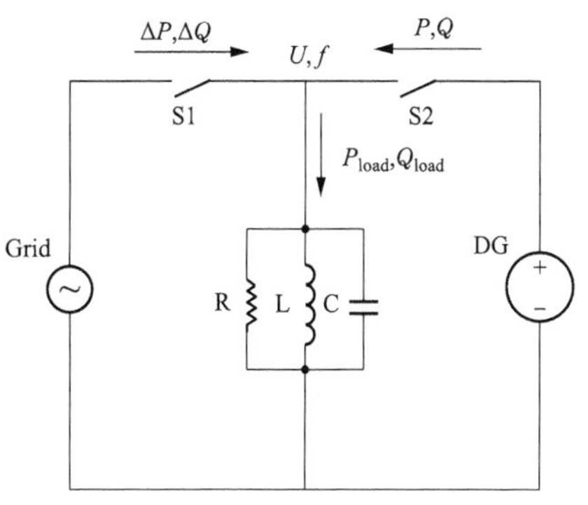

图 6-1　分布式发电并网孤岛检测的原理示意图

其中，Grid 为电网侧电压，DG 为系统中分布式电源逆变器端的输出电压，U、f 为 PCC 点的电压和频率。P、Q 分别为分布式电源向负载供给的有功功率和无功功率，ΔP、ΔQ 为电网向负载供给的有

功功率和无功功率，P_{load}、Q_{load}分别为本地负载需要的有功功率和无功功率，R、L、C为本地负载。由功率平衡条件可知

$$\begin{cases} P_{load} = P + \Delta P \\ Q_{load} = Q + \Delta Q \end{cases} \tag{6-1}$$

1. 有功功率失配在电网跳闸后对PCC点电压幅值的影响

当系统并网运行时，逆变器提供的有功功率为

$$P = \frac{U^2}{R'} \tag{6-2}$$

式中 U——PCC电压；

R'——从系统角度看其供电负载的等效电阻。

分布式发电系统发生孤岛后，逆变器提供本地负载的全部有功功率，假设此时PCC点电压因电网跳闸而发生改变，则

$$P = \frac{U'^2}{R} = \frac{(U+\Delta U)^2}{R} \tag{6-3}$$

式中 U'——发生孤岛后的PCC点电压；

ΔU——PCC点电压的变化量；

R——本地负载的电阻值。

假设并网逆变器采用的是恒功率控制，则有

$$\frac{U^2}{R'} = \frac{(U+\Delta U)^2}{R} \tag{6-4}$$

可得

$$R' = R\left(\frac{U}{U+\Delta U}\right)^2 \tag{6-5}$$

因此，分布式发电系统与本地负载间的功率差额为

$$\Delta P = \frac{U^2}{R} - \frac{U^2}{R'} \tag{6-6}$$

将R'的表达式带入该式，得

$$\Delta P = \frac{U^2}{R}\left[1 - \left(\frac{U+\Delta U}{U}\right)^2\right] \tag{6-7}$$

由上式可知，只要分布式发电系统与本地负载间的功率失配，即$\Delta P \neq 0$，则$\Delta U \neq 0$，也即是说PCC点电压的幅值会因孤岛的出现而改变。

2. 无功功率失配在电网跳闸后对PCC点电压频率的影响

当逆变器运行在单位功率因数下，其向负载提供的无功功率$Q=0$。当分布式发电系统并网运行时，电网向本地负载提供全部的无功功率，即

$$Q_{load} = \Delta Q = \frac{U^2}{\omega L}(1 - \omega^2 LC) \tag{6-8}$$

式中 ω——PCC点电压的角频率；

L、C——本地负载的感抗值。

而本地RLC负载的谐振频率为

$$\omega_{load} = \frac{1}{\sqrt{LC}} \tag{6-9}$$

式中 ω_{load}——本地RLC负载的谐振频率。

将ω_{load}的表达式带入上式，可得

$$Q_{\text{load}} = \Delta Q = \frac{U^2}{\omega L}\left(1 - \frac{\omega^2}{\omega_{\text{load}}^2}\right) \tag{6-10}$$

分布式发电系统发生孤岛后，本地负载所需的无功功率只能由逆变器提供，则可得

$$Q_{\text{load}} = \Delta Q = \frac{U^2}{\omega L}\left(1 - \frac{\omega^2}{\omega_{\text{load}}^2}\right) = 0 \tag{6-11}$$

电网跳闸后PCC点电压的角频率ω将向ω_{load}方向偏移，直到等于ω_{load}，以迫使$Q_{\text{load}}=0$，促使分布式系统与负载无功功率匹配。

由上面的分析可知，当分布式发电系统供给的功率与本地负载所需的有功功率或无功功率不匹配时，PCC点的电压幅值或频率将会发生偏移。有功功率或无功功率不匹配率越大，PCC点的电压幅值或频率的偏移量也越大；反之，若有功功率或无功功率不匹配率很微小甚至完全匹配时，PCC点的电压幅值或频率的偏移量将很小，难以达到设定的保护阈值，此时难以检测出孤岛情况。

3. 孤岛检测标准

目前，分布式发电系统的孤岛检测国际通用标准主要包括如下两个。

1) IEEE Std. 929—2000《光伏系统的并网推荐实施标准》[Institute of Electrical and Electronics Engineers，Recommended practices for utility interface of photovoltaic (PV) Systems][14]。

2) IEEE Std. 1547—2003《接入电力系统的分布式电源并网标准》(IEEE，Standard for interconnecting distributed resources with electric power Systems)[39]。

表6-1为IEEE Std. 929—2000孤岛检测时间标准，表6-2、表6-3分别为IEEE Std. 1547电压和频率的相关标准。其中，U_n是电网电压正常幅值，f_n是电网电压正常频率。

表6-1　IEEE Std. 929—2000/UL1741对孤岛最大检测时间的限制

电压值	频率值	允许最大检测时间
$<0.5U_n$	f_n	6个周期
$0.5U_n<U<0.88U_n$	f_n	120个周期
$0.88U_n\leqslant U\leqslant 1.10U_n$	f_n	正常运行
$1.1U_n<U<1.37U_n$	f_n	120个周期
$1.37U_n\leqslant U$	f_n	2个周期
U_n	$f<f_n-0.7$Hz	6个周期
U_n	$f>f_n+0.5$Hz	6个周期

表6-2　IEEE Std. 1547的电压检测标准

电压幅值	最大检测时间
$<0.5U_n$	0.16s
$0.5U_n<U<0.88U_n$	0.20s
$1.11U_n<U<1.20U_n$	1.00s
$U>1.20U_n$	0.16s

表6-3　IEEE Std. 1547的频率检测标准

光伏系统有功功率	频率范围	允许的最大检测时间
$P\leqslant 30$kW	>60.5	0.16s
	<59.3	0.16s
$P>30$kW	>60.5	0.16s
	<(57.0～59.8)	0.16～300s

其中，IEEE Std. 929—2000 中还定义了“无孤岛逆变器”：当向以下两种负载中其中一种供电时，且能够在 10 个电网基频周期内成功检测出孤岛并停止向电网供电的逆变器。

1）逆变器输出有功功率与负载所需功率的不匹配度大于 50%，即逆变器输出有功功率小于负载所需功率的 50%或者大于其 150%。

2）本地负载功率因数小于 0.95 时。

除上述两种情形外，逆变器输出有功功率与负载所需功率的失配度在 50%以内，即逆变器输出有功功率与负载所需功率的比值在 50%～150%，且本地负载功率因数大于 0.95 时，逆变器也应能在 2s 内成功检测出孤岛状态且停止向电网供电[39]。上述几种情况所指的本地负载均为品质因数 $Q_f \leqslant 2.5$ 的并联式谐振负载。

近年来，随着我国分布式发电系统规模日益扩大，为了对相关行业和装置进行规范，我国于 2005 年颁布了相关国家标准，即光伏系统并网技术要求 GB/T 19939—2005[40]，标准中对孤岛检测提出了以下要求：

1）光伏系统的逆变器必须具备过/欠压以及过/欠频保护功能。

2）发生孤岛后，反孤岛防护必须在 2s 内动作，并将光伏系统与大电网切断，即使电网电压和频率恢复至正常范围，光伏系统仍不能立即向电网供电。

3）应至少采用主动式与被动式孤岛检测方法各一种。

二、孤岛检测方法特点分析

目前，分布式发电并网系统孤岛检测方法按照被检测电量的位置可分为基于电网侧和逆变器侧两大类，其中，基于逆变器侧的孤岛检测方法又分为被动式和主动式两类。微电网孤岛检测方法的分类如图 6-2 所示。

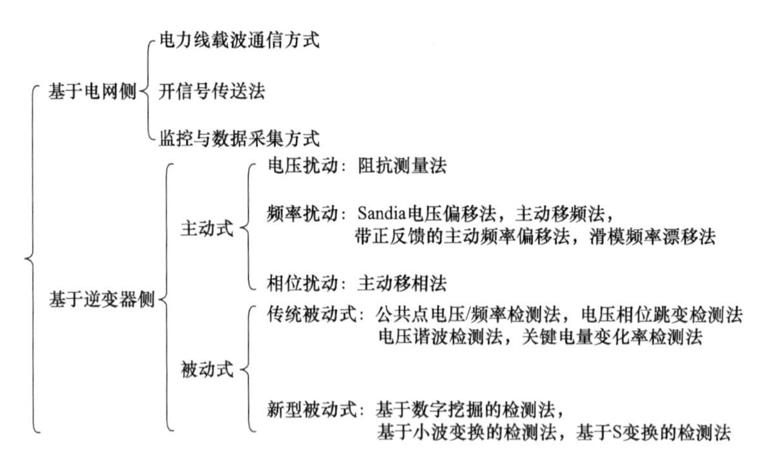

图 6-2 微电网孤岛检测方法分类

1. 电网侧检测法

电网检测法又称远程检测法，主要利用通信手段来检测断路器的状态，具体指首先在电网侧发出载波信号，而逆变器侧的接收装置则根据信号发生的变化是否满足要求来判断孤岛，可分为电力线载波通信方式、开信号传送法、监控与数据采集方式三种[8]。

优点：无检测盲区、检测可靠性高、对电能质量无影响。

缺点：需要增添额外的设备，成本高、经济性低。

2. 主动式检测法

主动式检测法是向分布式发电系统中的并网逆变器注入有规律的扰动信号，如电压幅值、频率、相位等，根据电路的响应情况来判断是否发生孤岛，此方法的检测盲区小，但由于扰动信号的注入对电能质量有影响。下面将介绍几种典型的主动式方法。

(1) 阻抗测量法（Impedance Measurement，IM)。通过向逆变器输出电流中周期性地注入扰动，从而使输出电压发生变化，通过测量 dU_a/dI，相当于阻抗的值来判断孤岛[27]。

优点：由于本地负载的阻抗远大于电网的阻抗，当发生孤岛后，阻抗变化明显，所以检测盲区非常小。

缺点：需要在逆变器侧加装设备，增加了成本；当多个逆变器同时运行时，由于在形成孤岛时各逆变器之间的电流变化量相互叠加，而可能使总的电流变化量减少，进而导致检测失败。

(2) Sandia 电压偏移法（Sandia Voltage Shift，SVS)。主要是将 PCC 点的电压与电网额定电压的差值引入至电路作为正反馈，直至 PCC 点电压超出正常范围时检测出孤岛[7]，此法的原理表达式如下

$$I(k)=I(k-1)+A[U(k-1)-U_0] \tag{6-12}$$

式中 $I(k)$——逆变器当前时刻的输出电流；
$I(k-1)$——逆变器前一时刻的输出电流；
A——正反馈系数；
$U(k-1)$——PCC 点电压前一时刻的电压；
U_0——PCC 点的工频额定电压。

并网运行时，电压受电网的钳制作用不变，因此电流幅值也不变；当发生孤岛时，PCC 点电压 U 发生改变，由于正反馈的作用，促使逆变器输出电流也随之 I 变化，这种微小的变化被一直循环地放大，直至 U 超出设定的阈值时，检测出孤岛。

优点：原理相对简单，容易实现；SVS 常与其他主动式检测方法结合使用，检测盲区(NDZ) 非常小。

缺点：会降低电能质量，对系统的暂态响应造成不良影响。

(3) 主动移频法（Active Frequency Drift，AFD)。通过周期性地向逆变器输出电流的频率注入扰动，当系统并网运行时，由于大电网的钳制作用，输出电流的频率会跟踪电网电压频率，而与其保持一致；当出现孤岛时，PCC 点的电压会随本地负载发生变化，为了达到负载的谐振频率，PCC 点的电压频率会自动偏移，而扰动则加强了这种偏移，直至频率超出设定的阈值而判断为孤岛[28]。

优点：容易实现，NDZ 小，效率较高。

缺点：使逆变器输出的电能质量降低；若注入的扰动过大，会对相关电力设备造成不良影响。

(4) 带正反馈的主动频率偏移法（Active Frequency Drift With Positive Feedback，AFDPF)。

在 AFD 法的基础上，向输出电压中引入正反馈，从而加速输出频率偏移，同时减小 NDZ[29]。

算法可表示为

$$c_f(k)=c_f(k-1)+F[\Delta f(k)] \tag{6-13}$$

式中 c_f——截断系数，$c_f(k-1)$ 为前一周期截断系数；
$\Delta f(k)$——两个周期的频率差；
$F[\Delta f(k)]$——频率偏移量的正反馈系数。

优点：比 AFD 的检测性能更高，不仅加速输出频率偏移出正常范围，且 NDZ 更小。

缺点：电能质量有所下降，与弱电网并网运行时，会对系统的暂态响应造成不良影响。

（5）滑模频率漂移法（SMS，Slide-mode Frequency Shift）。

通过对输出电流的相位注入扰动来改变频率，当系统并网运行时，由于电网的钳制作用，逆变器工作在工频状态；当发生孤岛时，由于相角偏移使得 PCC 点的电压频率从工频处产生偏移，由于正反馈的作用，PCC 点的电压频率不断被放大，直至超出设定的阈值而检测出孤岛[30]。

此方法的原理可表示为

$$\theta = \theta_m \sin\left[\frac{\pi(f - f_g)}{2(f_m - f_g)}\right] \tag{6-14}$$

式中 θ_m——最大相移角；

f_m——该相移角产生时对应的频率；

f_g——电网额定频率。

优点：容易实现；检测效率很高，NDZ 很小。

缺点：由于要向逆变器的输出电流中注入对相位的扰动，会降低其电能质量；若稳定频率在正常频率允许范围内，会存在检测盲区。

（6）主动移相法（APS，Automatic Phase Shift）。它是对 SMS 的改进方法，引入了附加相角偏移量，通过向 SMS 中的稳定频率点注入扰动，使其在该点不能保持稳定。

当系统并网运行时，由于电网的钳制作用，输出电流与电压同相位；当系统孤岛运行时，电流相位的附加相角增量会随频率不断增大，由于正反馈的作用，又导致频率进一步增大，直至超出设定的阈值而检测出孤岛。

优点：与 SMS 法相比，频率偏移速度更快。

缺点：由于附加相角增量的引入，会影响相应速度；相角参数较多，检测效率优化困难。

3. 被动式检测法

被动法是通过检测出现孤岛后 PCC 点的电压幅值、频率、相位、谐波含量等变化来判断孤岛，对电能质量无影响，但存在较大盲区。被动法可分为传统被动式方法和新型被动式方法。

（1）传统被动式方法。

1）公共点电压/频率检测法（VFD，Voltage/Frequency Detection）。也称过/欠压和过/欠频检测法，通过检测 PCC 点的电压幅值、频率是否超过设定的阈值来判断孤岛。在逆变器的输出功率与负载不匹配的情况下，当出现孤岛时，公共点的电压、频率会随会出现变化，若超出设定的阈值时，则可检测到孤岛，这是检测孤岛最直接、最常用的方法[18]。过压保护、欠压保护、过频保护、欠频保护这四种保护是微电网系统中并网逆变器必须具备的功能。

优点：原理简单，不需要外加其他硬件、成本低。

缺点：如前所述，当逆变器的输出功率与所带负载接近匹配时，则电网断电后公共点的电压、频率变化非常小，此方法就无法检测出孤岛，存在较大盲区；若不与其他技术配合使用，很难有效检测。

2）电压相位跳变检测法（PJD，Phase Jump Detection）。当分布式发电系统并网运行时，由于并网逆变器中锁相环的作用，逆变器的输出电流与电压同相位；当系统与大电网断开后，逆变器输出电流的频率、相位不变，而为了保持并网时的负载阻抗角，PCC 点的电压相位会随之变化。因此，通过检测输出电流与 PCC 点电压之间的相位差是否发生较大变化来判断孤岛[41]。

优点：原理简单，只需检测逆变器的输出电流与 PCC 点电压之间的相位差，对于多 DG 系统仍然适用。

缺点：当本地负载为纯阻性或其阻抗角不够大时，相位差几乎无变化，无法有效检测出孤岛，存在检测盲区；在投切感性、容性负载或启动电动机的过程中将会有较大的瞬间相位跳变，容易引起误判，这也使得相位差的阈值很难确定。

3）电压谐波检测法（HD，Harmonics Detection）。通过检测分布式发电系统逆变器侧的电压总谐波畸变率（VTHD）是否超过设定的阈值来判断孤岛[32]。当系统并网运行时，电网阻抗小，逆变器输出的谐波电流大部分都流向电网，PCC 点的电压谐波量小；当系统孤岛运行时，谐波电流全部流入比电网阻抗大得多的本地负载阻抗，导致逆变器侧的电压谐波含量较大，当其足够大时，则可检测到孤岛状态。

优点：简单易行，多台逆变器同时工作时不会产生稀释效应。

缺点：存在检测盲区；检测阈值难以确定。

4）关键电量变化率检测法（CRDKP，Change Rate Detection of Key Power）。通过检测孤岛前后一些关键电量的变化值是否超过设定的阈值来判断孤岛，如输出功率变化率、频率变化率、相位电压变化率、频率功率变化率、频率电压变化率等电量特征值。近年来，国内外的研究者提出了一些新型被动式检测方法，检测盲区明显减小。

（2）新型被动式方法。

1）基于数字挖掘的检测法。基于数字挖掘的孤岛检测法主要是将具有统计学思想的分类算法引入检测中，以优化整定检测阈值的方法。

2）基于小波变换的检测法。小波变换作为一种重要的信号处理工具，在计算机应用、图像分析、电能质量扰动检测等方面已取得了很多成果。近年来，小波变换也被引入到微电网系统的孤岛检测技术中。

3）基于 S 变换的检测法。S 变换作为对小波变换的一种改进，其用于电能质量扰动识别已经取得了良好的效果。目前，一些学者开始尝试将其引入到分布式系统的孤岛检测中。

分布式发电并网孤岛检测各方法的优缺点对比见表 6-4。

表 6-4　分布式发电并网孤岛检测各方法优缺点对比

方法	优点	缺点
远程检测法	无检测盲区；检测可靠性高	成本高、经济性低
Sandia 电压偏移法	原理相对简单；容易实现	降低电能质量
主动移频法	容易实现，NDZ 小	若注入扰动过大，会对相关电力设备造成不良影响
带正反馈的主动频率偏移法	加速输出频率偏移出正常范围	电能质量有所下降
滑模频率漂移法	容易实现；检测效率很高	若稳定频率在正常频率允许范围内，会存在检测盲区
主动移相法	频率偏移速度快	由于附加相角增量的引入，会影响相应速度；相角参数较多，检测效率优化困难
公共点电压/频率检测法	原理简单，成本低	存在较大盲区；若不与其他技术配合使用，很难有效检测

续表

方法	优点	缺点
电压相位跳变检测法	原理简单，适用于多 DG 系统	有检测盲区，相位差的阈值很难确定
电压谐波检测法	简单易行	检测阈值难以确定
关键电量变化率检测法	灵敏度较高	检测阈值难以确定
基于数字挖掘的检测法	优化整定检测阈值	计算量较大，影响检测速度
基于小波变换的检测法	检测效率高、检测盲区小	阈值难以确定
基于 S 变换的检测法	检测盲区小、对电能质量无影响	程序复杂、计算量较大

三、孤岛检测方法的有效指标

（1）检测盲区（non-detection zone，NDZ）是判断分布式发电并网孤岛检测方法的一种有效指标，即系统中存在不能被有效检测的孤岛区域。存在检测盲区的原因之一是当系统内逆变器供给的功率与负载功率接近完全匹配时，PCC 点电压和频率均在允许的范围内，导致出现孤岛后，系统仍然能稳定运行而无法检测出孤岛状态。

由式（6-3）、式（6-7）、式（6-10）可得

$$\left(\frac{U}{U_{max}}\right)^2-1\leqslant\frac{\Delta P}{P}\leqslant\left(\frac{U}{U_{min}}\right)^2-1 \tag{6-15}$$

$$1-\left(\frac{f}{f_{max}}\right)^2\leqslant\frac{\Delta P}{PQ_f}\leqslant1-\left(\frac{f}{f_{min}}\right)^2 \tag{6-16}$$

其中，U_{min}、U_{max}、f_{min}、f_{max}为欠/过压、欠/过频中的电压/频率的上、下限值；Q_f 为负载的品质因数，根据相关标准，一般取 2.5。

由 IEEE 标准可知：$f_n-0.7\leqslant f\leqslant f_n+0.5$，$0.88U_n\leqslant U\leqslant 1.1U_n$。

结合我国实际情况，取 f_n 为 50Hz，U_n 为 220V，可得孤岛检测盲区的范围为

$$-17.36\%\leqslant\frac{\Delta P}{P}\leqslant 29.13\% \tag{6-17}$$

$$-4.93\%\leqslant\frac{\Delta P}{PQ_f}\leqslant 7.15\% \tag{6-18}$$

（2）检测方法的稀释性是判断孤岛检测方法的另一有效指标，即适用于单逆变器的孤岛检测方法对多逆变器系统是否同样适用。一些孤岛检测方法，如所有主动式方法都需要向电量信号中注入扰动，而这些扰动对于多逆变器来说可能因为不同步而造成相互抵消的作用，从而降低有效性。

此外，孤岛检测方法还需考虑检测的快速性，以及对电能质量的影响等方面。

四、小结

本节首先介绍了分布式发电并网孤岛检测的形成机理、检测标准及测试流程，然后着重对基于逆变器侧的主动式和被动式孤岛检测方法的特点进行了分析，最后总结了评估孤岛检测的有效指标，为孤岛检测方案的制定提供了重要依据。

第二节　基于 FFT 与小波变换的分布式发电并网混合孤岛检测方法

基于逆变器侧的分布式发电并网孤岛检测方法主要分为主动式和被动式两类，主动式检

测方法的检测效果较好、盲区小，但其由于向电路中引入其他扰动而对电能质量产生了不良的影响；传统的被动式方法直接测量逆变器输出端的电压、电流、频率等电量，对电能质量无影响，但检测盲区较大，特别是当分布式电源的功率与负载功率匹配程度高时，这种方法就会失效。因此，为了提高孤岛检测方法的检测性能以及保证分布式发电系统的供电质量，有必要探索出检测效率高、盲区小的新型孤岛检测方法。

当孤岛发生时，连接大电网与分布式发电系统中分布式电源的 PCC 开关跳掉，从而形成由负载与分布式电源组成的电力孤岛。此时，由于大电网的切除，电路中的阻抗发生了变化，导致 PCC 点的电压、电流发生变化，进而引起电压、电流的谐波含量发生变化。文献[12，46] 分别从电路特征和分布式电源的逆变器两个角度，分析了孤岛前后电路中电压谐波含量发生变化的原因，为将谐波含量的变化作为检测孤岛情况的一种依据提供了理论支撑。

小波变换作为一种分析暂态信号的强大工具，近年来，开始被一些国内外学者应用到孤岛检测技术中。由于小波变换能够准确提取信号的高频特征信息，因此，基于小波变换的孤岛检测方法通常只分析信号的高频部分，会造成电网中存在高次谐波时发生误判；而且，谐波含量及其特征会随着分布式电源种类、数量以及负载的变化而变化，因此，信号的高频部分并不能完全完整地表征信号的特征。

针对单独使用小波变换不足以有效提取孤岛信号特征的缺陷，本文引入处理低频信号能力强的 FFT 分析，提出基于 FFT 和小波变换的混合孤岛检测方法，此方法充分结合 FFT 和小波变换各自的优势，有利于更准确地分析孤岛信号特征。

本文提出的方法具体如下：首先测量分布式发电并网系统中孤岛前后 PCC 点的电压、电流信号，然后利用 FFT 得到孤岛电压谐波信号中低频部分的特定频率幅值；并利用小波变换得到信号高频部分的小波系数绝对值的平均值。若这两个判据同时大于各自的阈值，则认为发生孤岛，否则没有。

一、基于 FFT 的低频孤岛信号分析

1. 利用 FFT 的谐波检测原理

FFT 是在离散傅里叶变换（DFT，Discrete Fourier Transform）的基础上发展起来的，首先介绍 DFT 的原理。

假设信号为式（6-19）所示的正弦波电压

$$u(t)=A\sin(\omega_0 t+\varphi)=A\sin(2\pi f_0 t+\varphi) \tag{6-19}$$

其中，A 为幅值，φ 为电压相位，ω_0 为角频率，f_0 为频率，$\omega_0=2\pi f_0$，$f_0=50\text{Hz}$。

对电压信号 $u(t)$ 采样 N 次，产生如式（6-20）所示的采样序列

$$u(n)=A\sin\left(\frac{2\pi f_0 nfT_0}{N}+\varphi\right) \tag{6-20}$$

采样周期为 T_0，然后对采样序列 $u(n)$ 进行 DFT，再乘以相应的系数 $2/N$，得到基波信号的频谱系数 $U(0)$ 为

$$U(0)=\frac{2}{N}\sum_{n=0}^{N-1}u(n)\mathrm{e}^{-\mathrm{j}\left(\frac{2\pi}{N}\right)n}=\frac{2}{N}\sum_{n=0}^{N-1}u(n)\cos\frac{2\pi}{N}n-\frac{2}{N}\sum_{n=0}^{N-1}u(n)\sin\frac{2\pi}{N}n \tag{6-21}$$

令

$$U_I(0)=\frac{2}{N}\sum_{n=0}^{N-1}u(n)\cos\frac{2\pi}{N}n \tag{6-22}$$

$$U_R(0)=\frac{2}{N}\sum_{n=0}^{N-1}u(n)\sin\frac{2\pi}{N}n \tag{6-23}$$

将式（6-22）、式（6-23）带入式（6-21），可得

$$U(0)=U_I(0)-U_R(0)=A\sin\varphi-A\cos\varphi \tag{6-24}$$

所以，基波信号的频谱系数 $U(0)$ 的幅值为 A。

假设电压信号含有 M 次谐波，则其以傅里叶级数的形式可表示为

$$u(t)=a_0+\sum_{k=0}^{M}(a_k\cos k\omega t+b_k\sin k\omega t) \tag{6-25}$$

其中

$$a_k=\frac{1}{\pi}\int_{-\pi}^{\pi}u(t)\cos k\omega t\,\mathrm{d}t \tag{6-26}$$

$$b_k=\frac{1}{\pi}\int_{-\pi}^{\pi}u(t)\sin k\omega t\,\mathrm{d}t \tag{6-27}$$

令

$$U(k)=a_k+\mathrm{j}b_k \tag{6-28}$$

则可得到各次谐波幅值为

$$U_k=\sqrt{a_k^2+b_k^2} \tag{6-29}$$

相位为

$$\varphi_k=\arctan^{-1}(b_k/a_k) \tag{6-30}$$

$U(k)$ 是电压信号的 DFT 序列，由 $U(k)$ 可以计算出 a_k 和 b_k 的值，进而可以得到其他各次谐波的幅值和相位，上述的推导过程即为利用 DFT 进行谐波检测的原理。

但是，直接计算 N 点 DFT 的计算量非常大，不适合用于工程实际。而 FFT 作为 DFT 的快速实现方法，可以使运算量下降几个数量级，从而大大提高数字信号处理的速度。所以，本文将采用 FFT 进行信号处理。

FFT 是分析平稳信号的主要工具，可以准确得到低频平稳信号中各次谐波的幅值，因此，其可以用于分析孤岛信号的低频谐波含量，下面首先对孤岛检测的等效电路图进行分析以获取孤岛信号特征。

2. 基于逆变器的孤岛检测电路电压谐波分析

孤岛发生前后，分布式发电并网系统中 PCC 点的电压、电流谐波含量的变化与分布式电源密切有关，为分析分布式电源对电路谐波含量的影响，画出孤岛检测系统的等效电路，如图 6-3 所示。其中，V_{DG}为等效分布式电源，Z1、Z2 共同构成 LC 滤波器，Z3 为完全匹配下的 RLC 本地负载，Z4 为电网等效阻抗。

为了方便理解以及简化电路，此处仅画出单相电路，但实际研究的系统为三相电路；而且，等效模型中忽略电网侧电压对 PCC 点的电压、电流谐波含量的影响。

当发生孤岛时，连接大电网与系统中分布式电源的 PCC 开关跳掉，从而形成由负载与分布式电源组成的电力孤岛。此时，由于大电网的切除，电路中的阻抗发生了变化，导致 PCC 点的电压、电流发生变化，从而引起电压、电流的谐波含量发生变化。图 6-4～图 6-7 为分布式电源的功率与负载功率完全匹配的情况下，在 Matlab/Simulink 中绘制的孤岛前后

电压、电流各次谐波含量以及总含量的FFT分析图。实际系统为三相对称电路，为减小计算量，只取其中的一相电压、电流进行分析。

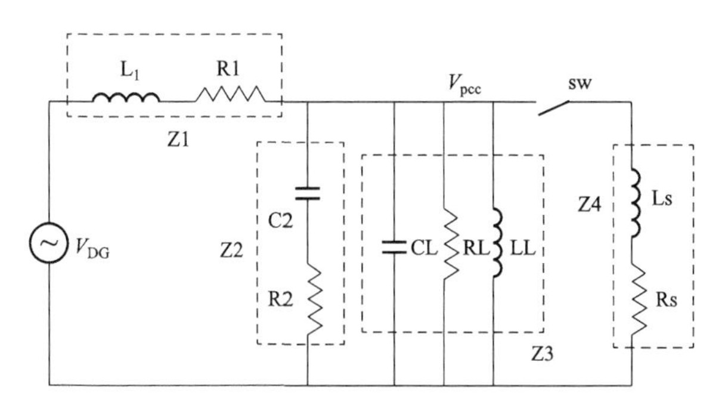

图 6-3　分布式发电孤岛检测等效电路图

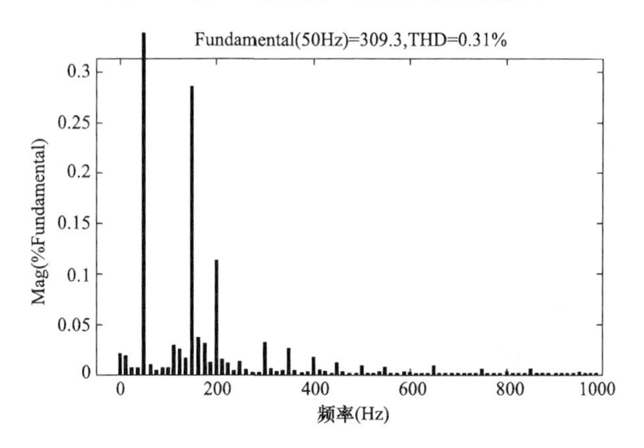

图 6-4　分布式发电孤岛前电压FFT分析图

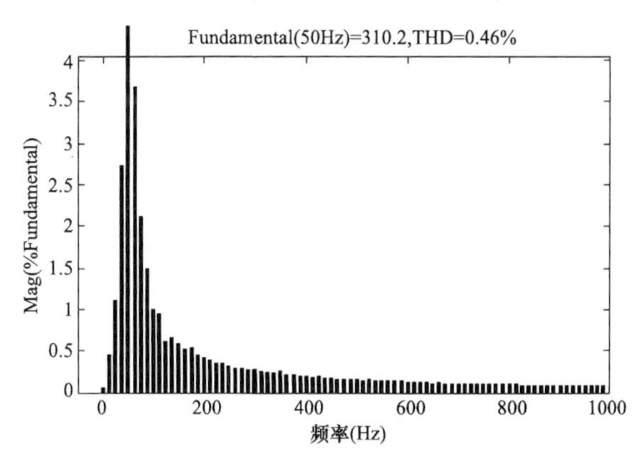

图 6-5　分布式发电孤岛后电压FFT分析图

对比图6-4、图6-5可以看出，电压谐波含量由孤岛前的0.31%增大至孤岛后的0.46%，并且孤岛前后的谐波含量主要集中在低于1kHz的频段，而且孤岛后200Hz以下的谐波含量较孤岛前明显增加。

对比图6-6、图6-7可以看出，电流谐波含量由孤岛前的1.13%增大至孤岛后的1.29%，且与电压谐波含量的变化趋势一致，孤岛后200Hz以下的谐波含量较孤岛前明显增加。

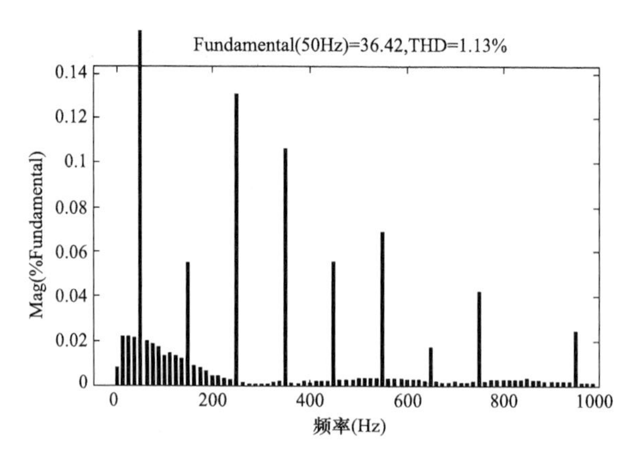

图 6-6 分布式发电孤岛前电流 FFT 分析图

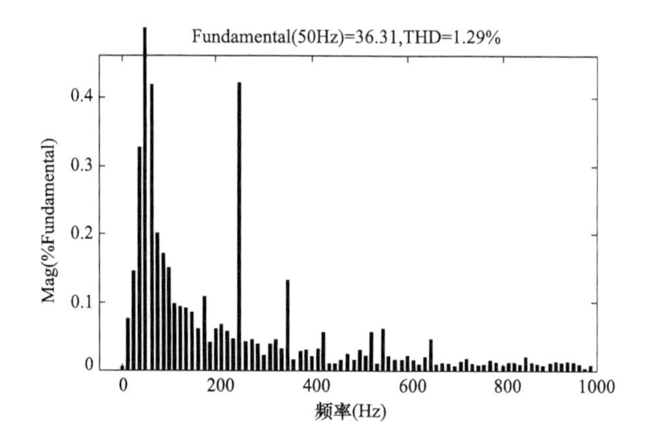

图 6-7 分布式发电孤岛后电流 FFT 分析图

但是，以上的 FFT 分析图得到的均是基波的整数次谐波的含量，而忽略了非整数次谐波，为了更加准确刻画孤岛前后电压、电流谐波含量变化的特征，并揭示逆变器输出信号与分布式电源之间的关系，下面将通过分析上述孤岛检测的等效电路图以挖掘这些电量之间的内在联系[23]。

假设电路初始状态为并网状态，大电网为理想电网，忽略其在切除分布式系统过程中对电路的暂态影响，可以得到方程式（6-31）～式（6-36）

$$Z_1(\mathrm{j}\omega_{DG}) = R_1 + \mathrm{j}\omega_{DG}L_1 \tag{6-31}$$

$$Z_2(\mathrm{j}\omega_{DG}) = \frac{\mathrm{j}\omega_{DG}R_2C_2 + 1}{\mathrm{j}\omega_{DG}C_2} \tag{6-32}$$

$$Z_3(\mathrm{j}\omega_{DG}) = R_L // \frac{1}{\mathrm{j}\omega_{DG}C_L} // \mathrm{j}\omega_{DG}L_L \tag{6-33}$$

$$Z_4(\mathrm{j}\omega_{DG}) = R_S + \mathrm{j}\omega_{DG}L_S \tag{6-34}$$

$$V_{PCC} = V_{DG}\frac{Z_2//Z_3//Z_4}{Z_1 + Z_2//Z_3//Z_4} \tag{6-35}$$

$$I_{DG} = \frac{V_{PCC}}{Z_3//Z_4} \tag{6-36}$$

通过求解方程式（6-35）和式（6-36），可以分别得到逆变器输出端电压和电流对分布式电源的变化率，如方程式（6-37）和式（6-38）所示。

$$\left|\frac{\partial V_{PCC}}{\partial V_{DG}}\right| = \frac{Z_2//Z_3//Z_4}{Z_1 + Z_2//Z_3//Z_4} \tag{6-37}$$

$$\left|\frac{\partial I_{DG}}{\partial V_{DG}}\right| = \left|\frac{1}{Z_3//Z_4}\right|\left|\frac{\partial V_{PCC}}{\partial V_{DG}}\right| \tag{6-38}$$

同理，当 PCC 开关跳开，电路进入孤岛状态时，可以得到逆变器输出端电压和电流对分布式电源的变化率，如方程式（6-39）和式（6-40）所示。

$$\left|\frac{\partial V_{PCC}}{\partial V_{DG}}\right| = \frac{Z_2//Z_3}{Z_1 + Z_2//Z_3} \tag{6-39}$$

$$\left|\frac{\partial I_{DG}}{\partial V_{DG}}\right| = \left|\frac{1}{Z_3}\right|\left|\frac{\partial V_{PCC}}{\partial V_{DG}}\right| \tag{6-40}$$

由于电流谐波含量与电压谐波含量孤岛后的变化趋势一致，且考虑到减少后期信号处理的计算量，本文仅对电压谐波含量的变化做进一步分析。

根据方程式（6-37）～式（6-40），在 Matlab 中绘制孤岛检测盲区内，即孤岛后 PCC 点电压 U 为 $0.88U_n \leqslant U \leqslant 1.1U_n$ 时，不同负载匹配率下，孤岛前后逆变器输出端电压对分布式电源的变化率的幅频曲线如图 6-8 所示。

其中，曲线 r_1、r_2 表示的是 $U=1.1U_n$ 的孤岛前后的幅频曲线，对应的 RLC 负载为 $R=9.4\Omega$，$L=11.97\text{mH}$，$C=847\mu\text{F}$；曲线 r_1'、r_2'表示的是 $U=0.88U_n$ 的孤岛前后的幅频曲线，对应的 RLC 负载为 $R=7.5\Omega$，$L=9.55\text{mH}$，$C=1061.6\mu\text{F}$。从图 6-8 中可以看出，在不同 RLC 负载下，相应的孤岛前后的幅频值无明显变化；在同一 RLC 负载下，孤岛前后的幅频值有明显变化，孤岛前的幅值在 150Hz 附近达到最大，而孤岛后的幅值在 80Hz 附近达到最大。

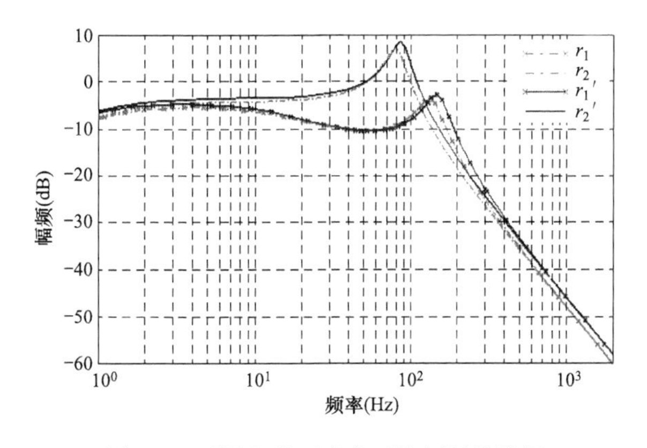

图 6-8 不同负载匹配率下的幅频曲线图

但是，80Hz 为基频（50Hz）的非整数倍，欲有效检测出 80Hz 的谐波含量，就必须缩小频域里的频次间隔。设在一个基频周期 T_1，即 0.02s 内采样 $n=2^p$ 点，则采样频率为 $f_s=nf_1$，可测 $n/2$ 条频谱。若采样频率不变，而采样时间 T'增加至 k 个 T_1 时，即 $T'=kT_1$，在 T'内采样点数为 $n'=kn$，对 n'点信号进行 FFT 分析可得 $kn/2$ 条谱线，频次间隔由 1 缩短至 $1/k$。如当 $k=10$ 时，即采样时间增至 10 个基频周期时，频次间隔则为 0.1 次，相应的频率间隔缩至 5Hz[47]。

当 $k=10$ 时，频率间隔为 5Hz，可分析 80Hz 的谐波，但此时分析窗宽为 10 个工频周期，处理的时间太长，而孤岛检测对时间精度要求高，所以，取 10 个工频周期作为窗宽不切合实际情况；当 $k=2$ 时，频率间隔为 25Hz，可分析 25Hz 的整数次谐波，如 75Hz，且此时分析窗宽仅为 2 个工频周期，时间较短，能够满足孤岛检测对时间的要求。因此，综合上述幅频曲线结果和孤岛检测的时间要求，本文选用 75Hz 的谐波幅值作为孤岛信号的一个判据，采样时间仅需 2 个工频周期，即 0.04s。

二、基于小波变换的高频孤岛信号分析

小波变换是在傅里叶变换的基础上发展起来的，克服了傅里叶变换的时间窗和频率窗固定的局限性，其时频窗口是可变的，具有多分辨率的特点，大量理论和实践表明，小波变换的特点非常适合研究非平稳时变信号。

1. 小波变换理论

（1）连续小波变换。假设原始信号 $f(t)$ 为平方可积函数，$\varphi(t)$ 为基小波或母小波函数，则 $f(t)$ 的连续小波变换可以表达为

$$WT_x(a,b)=a^{-\frac{1}{2}}\int_{-\infty}^{\infty}x(t)\varphi^*\left(\frac{t-b}{a}\right)\mathrm{d}t=\langle x(t),\varphi_{a,b}(t)\rangle \tag{6-41}$$

$$\varphi_{a,b}(t)=a^{-\frac{1}{2}}\varphi[(t-b)/a] \tag{6-42}$$

式中：参数 a 为与频率对应的尺度因子，b 为与时间对应的位移因子。

基小波 $\varphi(t)$ 需满足如下的容许性条件

$$\int\varphi(t)\mathrm{d}t=0 \tag{6-43}$$

对于小波基 $\varphi_{a,b}(t)$，尺度因子的作用是对基小波 $\varphi(t)$ 作伸缩，位移因子的作用是确定对信号 $x(t)$ 分析的时间位置，即时间中心[49]。当 $a>1$ 时，a 越大，则 $\varphi(t/a)$ 的时域宽度越大；反之，当 $a<1$ 时，a 越小，则 $\varphi(t/a)$ 越窄。

由 Parsevals 定理，小波变换在频域上的等效表达式为

$$WT_x(a,b)=\frac{\sqrt{a}}{2\pi}\int_{-\infty}^{\infty}X(\omega)\Phi^*(a\omega)\mathrm{e}^{i\omega b}\mathrm{d}\omega=\left\langle\frac{1}{2\pi}X(\omega),\varphi_{a,b}(\omega)2\right\rangle \tag{6-44}$$

当 a 值较小时，小波变换的时域分辨率较高，频域分辨率较低，适合于分析高频信号；当 a 值较大时，小波变换的时域分辨率较低，频域较高，适合于分析低频信号。但无论 a 怎么变化，小波的时宽与带宽的乘积不变，即小波变换的时频分析区间面积保持不变。同时，这也说明了小波变换的一个非常重要的性质—恒 Q 性质，Q 为基小波的品质因数，$Q=$带宽/中心频率。恒 Q 性质是小波变换区别于其他变换的重要性质，也是其能够得以广泛应用的一个重要原因。

（2）离散小波变换。在实际工程应用中，由于小波变换的计算量过大，需要由计算机来实现，所以必须对其尺度因子和位移因子进行离散化，即离散小波变换。

连续小波变换的离散化不仅是时间的离散化，而是分别针对尺度因子 a 和位移因子 b 进行离散。连续小波变换的尺度因子 a 和位移因子 b 通常被离散成 $a=a_0^j$ 和 $b=ka_0^jb_0$，因此，离散化的小波变换可表示为

$$\varphi_{j,k}(t)=a_0^{-\frac{j}{2}}\varphi[a_0^{-j}(t-ka_0^jb_0)]=a_0^{-\frac{j}{2}}\varphi(a_0^{-j}t-kb_0) \tag{6-45}$$

相应的小波变换为

$$WT_x(j,k)=\int_{-\infty}^{\infty}x(t)\varphi_{j,k}^*(t)\mathrm{d}t=\langle x(t),\varphi_{j,k}(t)\rangle \tag{6-46}$$

在实际使用中，常对尺度因子进行二进离散，即令 $a_0=2$，$b_0=1$，因此，得到的小波为

$$\varphi_{j,k}(t)=2^{-j/2}\varphi(2^{-j}t-k) \tag{6-47}$$

称为二进小波。

相应的小波变换为

$$WT_x(j,k)=\int_{-\infty}^{\infty}x(t)\varphi_{j,k}^*(t)\mathrm{d}t=\langle x(t),\varphi_{j,k}(t)\rangle \tag{6-48}$$

称为二进小波变换。

2. 离散小波变换的快速实现算法

S. Mallat 提出了多分辨率分析的概念，并在多分辨率分析的基础上，给出了如何通过低通、高通滤波器组实现信号的小波变换及逆变换的实现过程，并由此来实现离散小波变换的快速算法，即 Mallat 算法，其大大减少了直接进行连续小波变换的计算量，在小波变换中占据着非常重要的位置。

设 V_j，$j\in Z$ 是 $L^2(R)$ 空间中一系列的闭合子空间，若它们满足相应的性质，则认为 V_j，$j\in Z$ 是一个多分辨率近似。已知 $\phi_{j,k}(t)$ 是 V_j 中的正交归一基，$\phi_{j,k}(t)$ 是 W_j 中的正交归一基，并且 V_j 垂直于 W_j，$V_{j-1}=V_j\oplus W_j$。令 $a_j(k)$、$d_j(k)$ 分别为多分辨分析中的近似部分、细节部分的离散逼近系数，$h_0(k)$、$h_1(k)$ 分别是满足二尺度差分方程式的低通、高通滤波器，则 $a_j(k)$、$d_j(k)$ 存在如下递推关系[44]

$$a_{j+1}(k)=\sum_{n=-\infty}^{\infty}a_j(n)h_0(n-2k)=a_j(k)\cdot\overline{h_0}(2k) \tag{6-49}$$

$$d_{j+1}(k)=\sum_{n=-\infty}^{\infty}a_j(n)h_1(n-2k)=a_j(k)\cdot\overline{h_1}(2k) \tag{6-50}$$

$$\bar{h}(k)=h(-k) \tag{6-51}$$

式（6-49）～式（6-51）的含义为：设 $j=0$，$a_0(k)$ 是信号 $x(t)$ 在 V_0 中由正交基 $\phi_{j,k}(t-k)$ 分解得到的系数，它是在 V_0 中对 $x(t)$ 的离散平滑逼近。将 $a_0(k)$ 通过一滤波器后得到 $x(t)$ 在 V_1 中的离散平滑逼近 $a_1(k)$。该滤波器是将 $h_0(k)$ 先作一次翻转，得 $h_0(-k)=\overline{h_0}(k)$，然后 $a_0(k)$ 再与$\overline{h_0}(k)$ 进行卷积运算，公式中的$\overline{h_0}(2k)$ 体现了二抽取环节。如果令 j 从 0 开始逐级增大，即可得到多分辨率的逐级实现。如图 6-9 所示，为 Mallat 算法的实现过程。

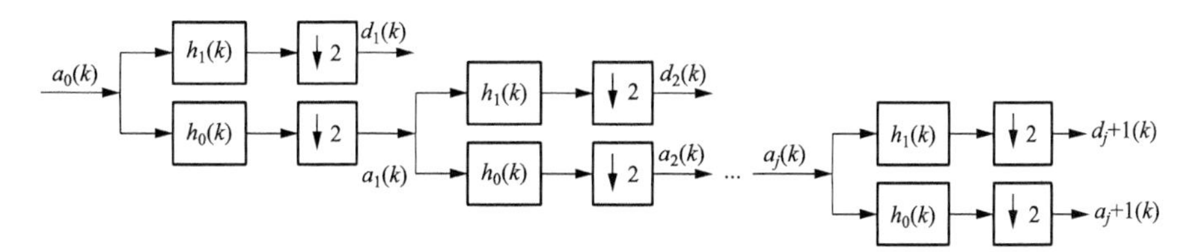

图 6-9 多分辨率分解的实现过程

下面将给出小波逆变换的过程，即多分辨率的重构。若 $a_{j+1}(k)$、$d_{j+1}(k)$ 按式（6-49）～式（6-50）得到，则 $a_j(k)$ 可由下式重构

$$a_j(k) = \sum_{n=-\infty}^{\infty} a_{j+1}(k)h_0(k-2n) + \sum_{n=-\infty}^{\infty} d_{j+1}(k)h_1(k-2n) \tag{6-52}$$

在分解过程中，滤波器 h_0、h_1 要先进行翻转，再作二抽取，而在重构过程中，h_0、h_1 不需要翻转，再作二插值。

3. 小波基的选择及信号特征提取

（1）小波基的选择。不同小波基的性质不同，对同一信号分析的结果也不同，为了选取合适的小波基分析微电网孤岛信号特征，下面首先简单介绍小波基的性质。

小波基的重要特征包括正交性、对称性、紧支性、消失矩以及时频窗中心和面积等。正交性可以确保重构各层频带信号的能力；对称性保证子波具有线性相位，以避免在小波分解和重构过程中信号的失真；紧支性确保小波有优良的空间局部性质，即紧支宽度越窄，小波的时域局部化能力越强，但时域与频域上的紧支性不可兼得，最多只有一个是紧支的；消失矩则反映能量集中程度的高低，足够高的消失矩有利于信号奇异点的准确检测。

分布式发电并网系统中孤岛信号属于非平稳信号，适合对其进行分析的母小波应具备以下条件。

1）紧支性是选择合适小波基的首要条件，良好的紧支性可有效减少相邻分解级信号间的能量渗漏以保证其局部化能力[45]。

2）滤波器不宜过长，过长的滤波器会导致算法计算量过大，而过于复杂的计算会消耗计算机大量时间与存储空间，严重影响实际中的应用。

3）消失矩要足够高，消失矩越高，越有利于准确检测出信号的奇异点，而且微电网孤岛检测需要准确定位孤岛发生的时刻，所以消失矩要高。

db 系列小波具有以上性质，特别适用于非平稳信号的检测与定位。本文选用处理非平稳信号能量较强的 db5 小波和滤波阶数高、平滑信号能力强的 db24 小波分别对同一谐波进行 5 层分解、重构，得到各层的重构信号如图 6-10、图 6-11 所示，其中，谐波的采样频率为 6.4kHz，其表达式如下

$$\begin{cases} y = 311\sin(100t), t = 0 \sim 0.2\text{s} \\ y = 311\sin(100t) + 311 \times 0.05\sin(300t) + 311 \times 0.01\sin(2000t), t = 0.2 \sim 0.4\text{s} \end{cases} \tag{6-53}$$

其中，注入的谐波为 0.05p.u. 的 3 次谐波（150Hz）和 0.01p.u. 的 20 次谐波（1000Hz）。

各层高频分量，即细节分量 d1～d5 的频带范围为：第 1 层（d1）：1600～3200Hz；第 2 层（d2）：800～1600Hz；第 3 层（d3）：400～800Hz；第 4 层（d4）：200～400Hz；第 5 层（d5）：100～200Hz。从理论上分析，0.05p.u. 的 3 次谐波信号应分布在 d5 层，幅值大约 15；0.01p.u. 的 20 次谐波信号应分布在 d2 层，幅值大约 3。

从图 6-10 中可以看出，d5 层的谐波信号在 0.2s 后变小了，d2 层的谐波信号在 0.2s 后明显增大，幅值接近 3，说明 db5 小波的高频重构能力强，低频重构能力弱；而从图 6-11 中可以看出，d5 层的谐波信号在 0.2s 后明显增大，幅值接近 15，d2 层的谐波信号在 0.2s 后明显增大，幅值接近 3，说明 db24 小波的高频重构能力和低频重构能力都很强，但是 db24 小波的滤波器太长，会造成算法的计算量大大增加，不利于硬件实现。因此，综合小波基的重构能力以及滤波器长度，本文选用 db5 小波，考虑到其高频重构能力强，所以只对信号的高频部分进行处理。

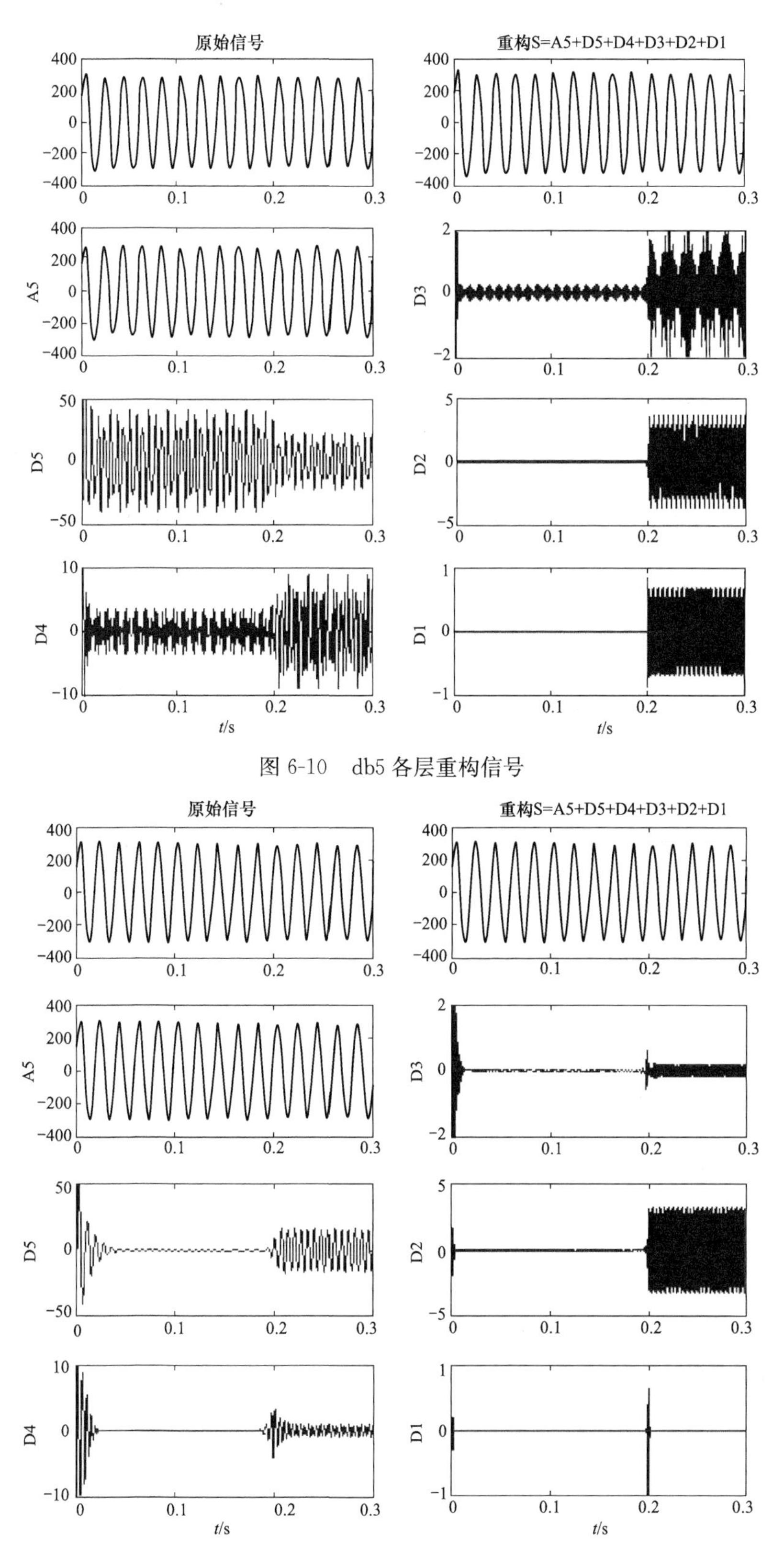

图 6-10 db5 各层重构信号

图 6-11 db24 各层重构信号

（2）信号特征提取。为了减少算法计算量以及充分利用 db5 小波的高频重构能力，本文仅对 PCC 点电压进行两层小波分解，通过分别比较两层小波系数绝对值平均值孤岛前后的差值，发现 d2 层小波系数变化更明显，因此，选用 d2 层的小波系数绝对值的平均值作为特征值。

本文提出的分布式发电并网孤岛检测方法小波变换部分的具体处理方法为：对采集的 PCC 点的 A 相电压信号进行两尺度小波分解，求其在两个周期内的小波系数绝对值平均值，并将其作为小波变换的特征量，也是孤岛检测的第二个判据。

三、基于 FFT 与小波变换的混合孤岛检测方法流程

信号可分为平稳信号和非平稳信号，平稳信号一般为低频稳态信号，非平稳信号一般为高频暂态信号或突变信号，而分布式发电并网系统的孤岛信号中同时存在低频稳态信号和高频暂态信号。现有利用小波变换的孤岛检测方法往往只对信号的高频部分进行分析，而忽略了信号低频部分的信息，导致信号分析的不完整，从而影响检测方法的准确性。

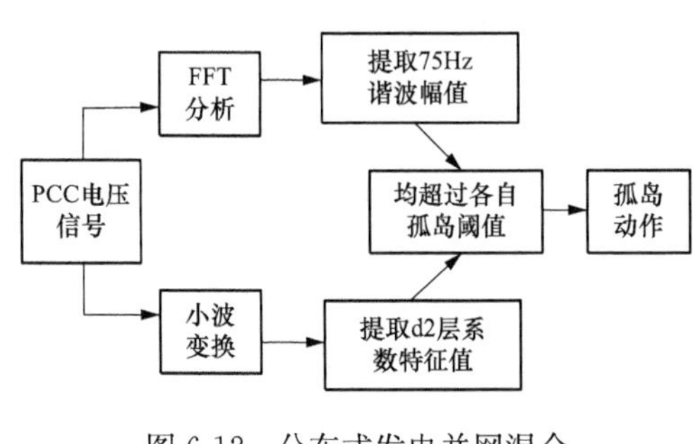

图 6-12　分布式发电并网混合孤岛检测方法流程图

为了更准确地分析孤岛信号，本文采用 FFT 与小波变换的混合孤岛检测方法，分别对孤岛电压谐波信号的低频和高频部分进行分析，得到检测孤岛情况的双重判据，具体的检测流程如图 6-12 所示：首先测量 PCC 点的电压信号，利用 FFT 对孤岛电压谐波信号的低频部分进行分析，得到特定谐波的幅值；利用离散小波变换的快速实现算法——Mallat 算法对信号的高频部分进行分析，准确定位信号发生突变的时刻，并计算出细节部分小波系数绝对值的平均值。若低频部分 75Hz 的谐波幅值以及高频部分的 d2 层细节部分小波系数绝对值的平均值均超过设定的阈值，则判断发生孤岛，否则没有。

这种方法较好地结合了 FFT 与小波变换各自分析信号的优势：FFT 处理低频信号能力强，可以准确计算出特定谐波幅值；小波变换可以准确定位突变信号发生的时刻，而且利用小波变换时，不需要对信号进行多层分解，仅需对信号进行两层分解，只提取 d2 层信号即可，这比单独使用小波变换进行多层分解检测孤岛的方法，运算量大大减小，且运算效率得到了提高。

四、小结

本节提出了基于 FFT 和小波变换的分布式发电并网混合孤岛检测方法，分析了 FFT 用于孤岛信号电压谐波检测的原理，从电路角度量化了分布式电源以及逆变器输出端电压、电流之间的关系，通过绘制波特图，找到了孤岛前后变化较明显的频带，确定用 FFT 分析 75Hz 谐波含量的变化；分析了小波变换理论、离散小波变换的快速实现算法——Mallat 算法，通过综合对比不同小波基的消失矩、滤波器长度、对同一信号的重构能力等，选取 db5 小波作为小波基，并选用 d2 层细节部分小波系数绝对值的平均值作为特征值；给出了本文提出的分布式发电并网混合孤岛检测方法的流程图，具体说明了其实现过程。

第三节　分布式发电并网孤岛检测系统的建模与仿真分析

本文通过总结基于逆变器侧的主动式和被动式的孤岛检测法各自的优缺点，提出了基于FFT和小波变换的分布式发电并网混合孤岛检测方法。根据PCC点电压谐波含量在孤岛前后不等的原理，通过对PCC点电压分别进行FFT分析和小波变换，得到对应孤岛电压谐波信号的低频部分和高频部分的特征值，由于此方法是一种被动式检测方法，对电能质量无影响。

一、孤岛检测系统的建模

1. 分布式发电并网系统结构

本课题的分布式发电并网系统结构如图6-13所示，主要包括：17kW的三相聚光光伏阵列、逆变器、LC滤波器、本地RLC并联负载以及三相电网。其中，输出滤波电路采用LC滤波器，用以滤除高次谐波；RLC并联负载用以模拟一个最严重的孤岛情况。

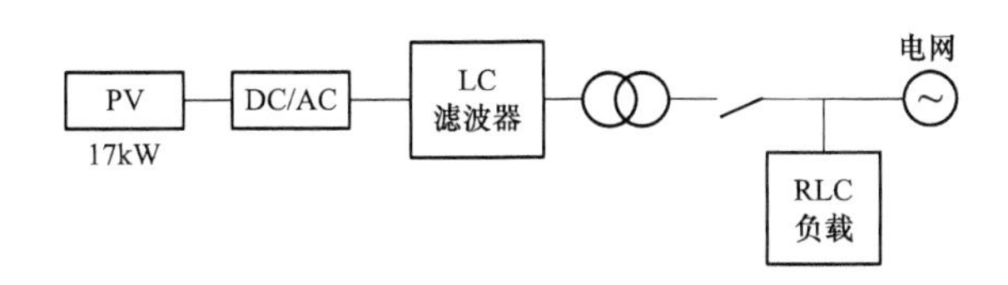

图6-13　分布式发电并网系统结构图

分布式发电系统工作时，聚光光伏阵列将收集的太阳能转换为直流电源，经DC/AC输出高频SVPWM波，再经LC滤波器滤波后，则向电网输入与其电压频率、相位均相同的正弦波电流，以确保系统按单位功率因数运行。

分布式发电并网系统的主要参数如下：

直流侧输入电压：$V_{dc}=700\sim1000V$；

并网额定电压：$u=220V$；$V_{ref}=\sqrt{2}u=311.127V$；

并网频率：$f=50Hz$；

输出功率：$P=17kW$；

开关频率：$f_s=10kHz$；

额定输出电流：$i=\frac{P}{3u}=25.758A$；

调制比：$m=\sqrt{3}\frac{V_{ref}}{V_{dc}}=0.77$；

电网阻抗：$R_s=0.5\Omega$；$L_s=2mH$。

2. LC滤波器设计

采用LC滤波器滤除开关频率附近的高次谐波，以获取良好的正弦电压波形。

输出纹波电流取10%～20%，本文取10%，有

$$\Delta I=10\%\cdot i=2.576A \tag{6-54}$$

按单极性SPWM滤波计算，以直流母线电压为1000V设计：

$$L_0 = \frac{V_{dc\_max}}{8\Delta I \cdot f_s} = 4.853(\text{mH}) \tag{6-55}$$

实际取：$L=5.5\text{mH}$。

通常负载谐振频率为电网基波频率的 10～20 倍，有

$$f_0 = 10f = 500(\text{Hz}) \tag{6-56}$$

$$C_0 = \frac{1}{L \cdot (2\pi \cdot f_0 \cdot 20)^2} = 0.046(\mu\text{F}) \tag{6-57}$$

电容无功不超过 5%系统额定，有

$$C_1 = 5\% \frac{P}{3u^2 \cdot 2\pi f_s} = 0.093(\mu\text{F}) \tag{6-58}$$

考虑实际情况，取 $C=0.09\mu\text{F}$。

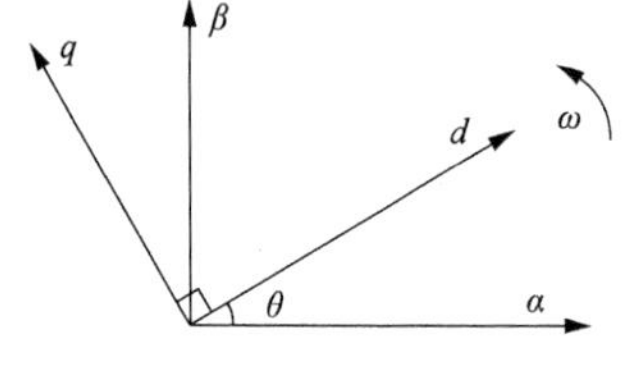

图 6-14　Park 变换矢量图

3. 三相并网逆变器的数学模型与控制策略

为了简化分布式发电系统模型的控制及计算量，可将两相 $\alpha\beta$ 静止坐标系下的正弦交流电量转化为同步旋转的两相 dq 坐标系下的直流量，这种变换称为 Park 变换[53]，如图 6-14 所示。

假设初始时刻 $\theta=0$，dq 坐标系的旋转角速度为 ω，依据等幅变换原则，Park 变换矩阵为

$$\boldsymbol{T}_{\alpha\beta/dq} = \begin{bmatrix} \cos\omega t & \sin\omega t \\ -\sin\omega t & \cos\omega t \end{bmatrix} \tag{6-59}$$

其逆变换矩阵为

$$\boldsymbol{T}_{dq/\alpha\beta} = \begin{bmatrix} \cos\omega t & -\sin\omega t \\ \sin\omega t & \cos\omega t \end{bmatrix} \tag{6-60}$$

两坐标系下输入电流之间的关系为

$$\begin{aligned} \boldsymbol{T}_{\alpha\beta/dq} L \frac{\text{d}}{\text{d}t}\begin{bmatrix} i_\alpha \\ i_\beta \end{bmatrix} &= L \frac{\text{d}}{\text{d}t}\boldsymbol{T}_{\alpha\beta/dq}\begin{bmatrix} i_\alpha \\ i_\beta \end{bmatrix} - L\frac{\text{d}\boldsymbol{T}_{\alpha\beta/dq}}{\text{d}t}\begin{bmatrix} i_\alpha \\ i_\beta \end{bmatrix} \\ &= L\frac{\text{d}}{\text{d}t}\begin{bmatrix} i_d \\ i_q \end{bmatrix} - \begin{bmatrix} 0 & \omega L \\ -\omega L & 0 \end{bmatrix}\begin{bmatrix} i_d \\ i_q \end{bmatrix} \end{aligned} \tag{6-61}$$

联立式（6-59）～式（6-61），可得并网变换器在 dq 两相旋转坐标系下的交流侧状态方程为

$$\begin{bmatrix} L\dfrac{\text{d}i_d}{\text{d}t} \\ L\dfrac{\text{d}i_q}{\text{d}t} \end{bmatrix} = \begin{bmatrix} -R & \omega L \\ -\omega L & -R \end{bmatrix}\begin{bmatrix} i_d \\ i_q \end{bmatrix} + \begin{bmatrix} 1 & 0 \\ 0 & 1 \end{bmatrix}\begin{bmatrix} v_d \\ v_q \end{bmatrix} - \begin{bmatrix} 1 & 0 \\ 0 & 1 \end{bmatrix}\begin{bmatrix} e_d \\ e_q \end{bmatrix} \tag{6-62}$$

式（6-62）为变换器在 dq 旋转坐标系下的状态方程，这样可对控制系统的分析、设计过程进行简化，但由于 d、q 两轴分量是耦合的，会对系统的稳定性及动态特性造成不利影响，因此需要对 d、q 两轴分量进行解耦。

在 dq 旋转坐标系中，系统的有功和无功功率分别表示为[54]

$$\begin{cases} p = \dfrac{3}{2}(e_d i_d + e_q i_q) \\ q = \dfrac{3}{2}(-e_d i_q + e_q i_d) \end{cases} \tag{6-63}$$

假设电网电压中不存在谐波，则 $e_q=0$，则上两式可简化为

$$\begin{cases} p = \dfrac{3}{2}e_d i_d \\ q = -\dfrac{3}{2}e_d i_q \end{cases} \tag{6-64}$$

通过分别控制三相并网逆变器的 d 轴、q 轴电流就可以控制并网的有功功率和无功功率，但 d 轴、q 轴分量仍是耦合的，需要进行解耦控制。

在 dq 坐标系下，三相并网逆变器的数学模型可以写成

$$\begin{cases} e_d = v_d - i_d R - L\dfrac{\mathrm{d}i_d}{\mathrm{d}t} + \omega L i_q \\ e_q = v_q - i_q R - L\dfrac{\mathrm{d}i_q}{\mathrm{d}t} - \omega L i_d \end{cases} \tag{6-65}$$

由式（6-65）中可以得到，d 轴电流耦合到 q 轴的分量为 $-\omega L i_d$，因此 i_d 会影响 q 轴电压 e_q 的值，给 q 轴的电流控制器设计带来一定困难，将式（6-65）的两个方程稍做变形，改为

$$\begin{cases} i_d R + L\dfrac{\mathrm{d}i_d}{\mathrm{d}t} = v_d + \omega L i_q - e_d \\ i_q R + L\dfrac{\mathrm{d}i_q}{\mathrm{d}t} = v_q - \omega L i_d - e_q \end{cases} \tag{6-66}$$

若令

$$\begin{cases} v_d' = v_d + \omega L i_q - e_d \\ v_q' = v_q - \omega L i_d - e_q \end{cases} \tag{6-67}$$

将式（6-67）代入式（6-66）可得到

$$\begin{cases} i_d R + L\dfrac{\mathrm{d}i_d}{\mathrm{d}t} = v_d' \\ i_q R + L\dfrac{\mathrm{d}i_q}{\mathrm{d}t} = v_q' \end{cases} \tag{6-68}$$

从式（6-68）可以看出，当以 v_d' 和 v_q' 为等效的电流控制变量时，d、q 两轴电流相互独立，v_d' 和 v_q' 则受电流环的 PI 调节器输出控制，即

$$\begin{cases} v_d' = \Delta v_d = K_{pi}(1 + 1/\tau_{pi}s)(i_d^* - i_d) \\ v_q' = \Delta v_q = K_{pi}(1 + 1/\tau_{pi}s)(i_q^* - i_q) \end{cases} \tag{6-69}$$

式中：Δv_d，Δv_q 分别是 d 轴和 q 轴的 PI 调节器输出，K_{pi} 为比例系数，τ_{pi} 为积分时间常数，i_d^*，i_q^* 分别为 d 轴和 q 轴的参考电流，因此可得到控制变量 v_d 和 v_q 的控制方程为

$$\begin{cases} v_d = K_{pi}(1 + 1/\tau_{pi}s)(i_d^* - i_d) - \omega L i_q + e_d \\ v_q = K_{pi}(1 + 1/\tau_{pi}s)(i_q^* - i_q) + \omega L i_d + e_q \end{cases} \tag{6-70}$$

从式（6-70）可以推断，因为电流状态反馈的引入，d、q 两轴电流已实现独立控制，并且引入前馈补偿，以进一步提高系统的动态性能。图 6-15 是电流解耦控制原理框图，解耦是指在 d 轴或 q 轴的电流 PI 调节器输出中注入另一轴的分量，且该分量与受控对象产生的耦合量方向相反、大小相等[55]，以消除不同轴之间的相互影响。

图 6-16 为基于电网电压定向的分布式发电并网系统控制框图，对其采用无功电流控制。

采样三相电网电压 e_a、e_b、e_c 进行锁相，获取其相位与频率信号作为并网电流的相位和频率的参考值；同时采样三相并网电流 i_a、i_b、i_c，通过 dq 变换得到 d 轴、q 轴电流，与并网电流的参考值 i_d^*、i_q^* 进行 PI 调节，经过解耦与前馈控制后，再由 dq 变换的逆变换得到 V_α、V_β，最后经过 SVPWM 得到驱动信号，实现逆变器的单位功率因数运行。

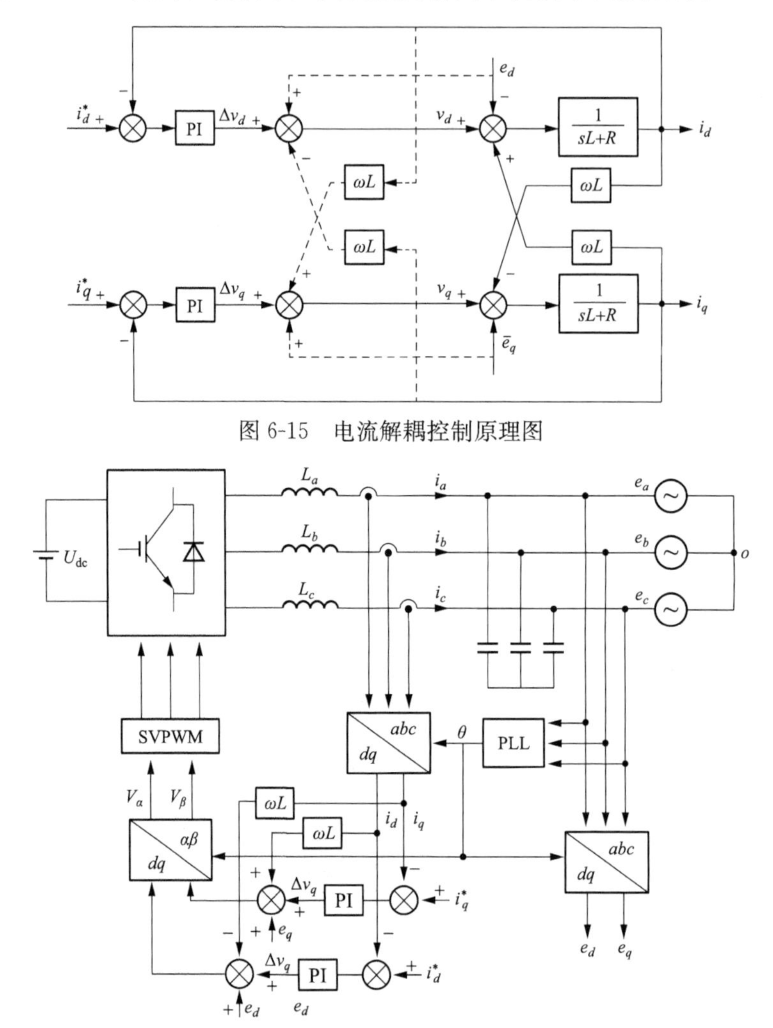

图 6-15　电流解耦控制原理图

图 6-16　系统控制原理图

4. RLC 孤岛负载设计

在孤岛测试时，通常用并联 RLC 负载表示本地负载，通过选取特定的参数来模拟一个最严重的孤岛情况，以检验检测方法的效果。RLC 负载的品质因数 Q_f 的选择很关键，Q_f 值取过小使逆变器在测试平台上能顺利通过检测，但在实际应用中却无法有效判断出孤岛；而 Q_f 值取过大，与实际负载相差甚远，使测试失去实用价值。在实际应用中，国际上一般认为 $Q_f=2.5$ 则可以满足测试条件。

根据孤岛检测中最严重的情况，即当逆变器输出功率与负载功率完全匹配时，确定并联 RLC 负载参数，负载谐振频率设为 50Hz，并由此确定电感、电容的取值。

因此，可以得到适用于本课题分布式发电系统的 RLC 负载为

$$R=\frac{U^2}{P}=\frac{220^2}{\frac{17}{3}\times 10^3}=8.54(\Omega) \tag{6-71}$$

$$L=\frac{U^2}{2\pi\cdot f\cdot Q_{\mathrm{f}}\cdot P}=\frac{220^2}{2\times 3.14\times 50\times 2.5\times\frac{17}{3}\times 10^3}=10.9(\mathrm{mH}) \tag{6-72}$$

$$C=\frac{Q_{\mathrm{f}}\cdot P}{2\pi\cdot f\cdot U^2}=\frac{2.5\times\frac{17}{3}\times 10^3}{2\times 3.14\times 50\times 220^2}=932.2(\mu\mathrm{F}) \tag{6-73}$$

式中 P——负载额定功率；

U——相电压；

f——谐振频率；

Q_{f}——负载品质因数。

二、孤岛检测系统的建模

本文采用 Matlab/Simulink 搭建分布式发电并网孤岛检测系统的仿真模型，如图 6-17 所示，此仿真模型主要包括三相电源部分、光伏系统主电路、LC 滤波器、本地 RLC 并联负载以及孤岛检测模块。其中，三相可编程电源用以模拟电网电压，它可实现电网电压突变或注入谐波；LC 滤波器和本地 RLC 并联负载的参数值由前面的设计可知；分布式发电系统的并网逆变器采用电流控制，给定的电流幅值为 16；WAVELET&FFT 为基于 FFT 和小波变换的分布式发电并网混合孤岛检测模块；control 为孤岛检测的执行模块。control 中的 wave _ signal 和 FFT _ signal 的初始状态置为高电平，若孤岛检测模块的检测结果为孤岛状态，则 control 中的 wave _ signal 和 FFT _ signal 变为低电平，封锁分布式发电系统中逆变器的触发脉冲，系统将实施孤岛保护，同时关闭光伏电源。

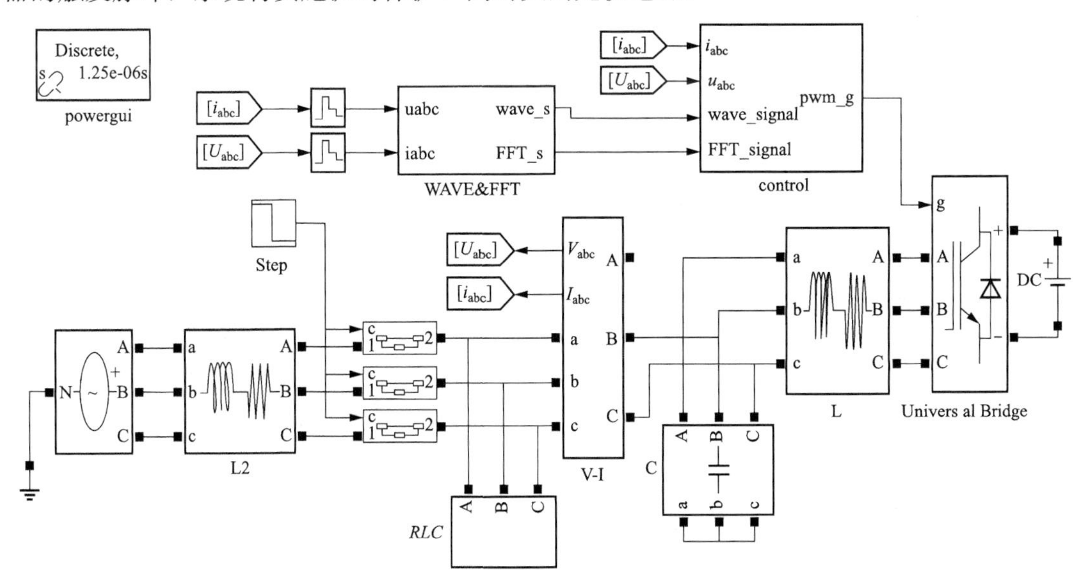

图 6-17　基于 FFT 和小波变换的分布式发电混合孤岛检测仿真模型

图 6-18 为上述仿真模型的三相电压和三相并网电流的波形，从波形中可以看出，并网电流能够很好地跟踪电网电压，实现了单位功率因数并网运行。

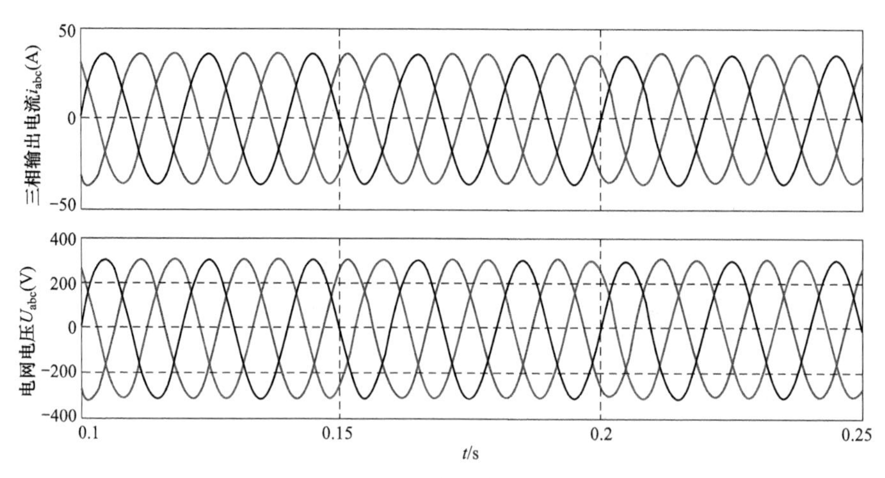

图 6-18 系统并网运行时的电流、电压波形

三、孤岛检测系统的仿真分析

1. 不同孤岛负荷下混合孤岛检测法的仿真分析

由 IEEE 标准可知，当 PCC 点电压处于如下范围：$0.88U_n \leqslant U \leqslant 1.1U_n$，此时分布式发电系统处于孤岛检测盲区。传统的过/欠压、过/欠频保护等检测方法无法有效检测出盲区内的孤岛状态，而本文提出的 FFT 和小波变换的分布式发电并网混合孤岛检测方法在此严苛条件下依然能够有效检测。

如图 6-19 所示，为不同负载匹配度下（100%*RLC* 负荷、88%*RLC* 负荷以及 110%*RLC* 负荷）的孤岛检测仿真波形。

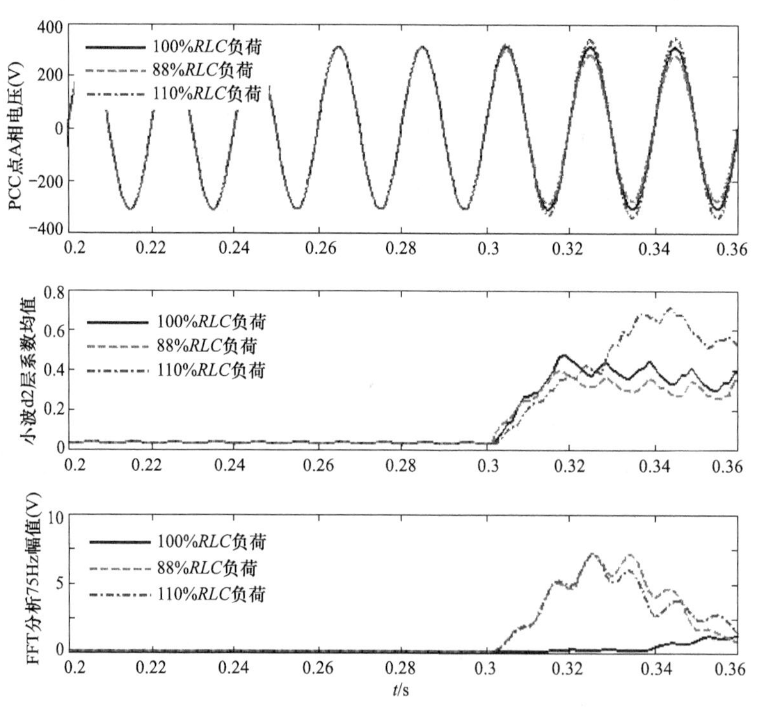

图 6-19 不同负载匹配度下的孤岛检测仿真波形

从图 6-19 中可以看出，孤岛发生后，100%*RLC* 负荷情况下的 PCC 点 A 相电压幅值保持不变，88%*RLC* 负荷情况下的 PCC 点 A 相电压幅值减小，110%*RLC* 负荷情况下的 PCC 点 A 相电压幅值增大，验证了第二节所述的孤岛检测机理：孤岛发生前后，PCC 点电压幅值会发生变化；三种负荷情况下的小波系数 d2 层的均值都明显增大，110%*RLC* 负荷情况下的小波系数值最大，100%*RLC* 负荷情况下的小波系数值和 88%*RLC* 负荷情况下的小波系数值变化趋势和幅值几乎一样，说明即使在负载完全匹配的情况下，通过小波系数的值仍然能有效识别出孤岛；三种负荷情况下的用 FFT 分析得到的 75Hz 的谐波含量都明显增大，88%*RLC* 负荷、110%*RLC* 负荷这两种情况下的值变化趋势和幅值几乎一样，都先逐渐增加，然后逐渐减小，而 100%*RLC* 负荷情况下的值一直缓慢上升，三者的值在 0.36s 时趋于一致。

因此，只要分别设定合适的小波 d2 层系数和 75Hz 的谐波含量的阈值，就能够有效检测出孤岛情况。

2. 基于混合孤岛检测法的孤岛信号与电能质量扰动的仿真分析

分布式发电并网孤岛检测无论是哪种方式，最终都是通过检测 PCC 点的电压、电流、频率等电量是否超过设定的范围来判断孤岛，而电压突变、电网谐波等电能质量扰动同样也能引起这些电量发生变化，当扰动量足够大，超过了设定的保护范围，则会将其他扰动误判为孤岛而迫使分布式电源退出运行，降低系统的运行效率。因此，为了确保孤岛检测不受电能质量扰动的影响而引起误判，很有必要对孤岛情况和其他相关电能质量扰动进行识别。

本文以 PCC 点的电压为分析对象，检测该处电压谐波含量的变化，与此相关的干扰为电网电压突变和电网谐波。

(1) 电网电压突降与孤岛的识别。

电压突变信号为

$$u(t) = [1 \pm \alpha(u(t_2) - u(t_1))]\sin(\omega_0 t) \tag{6-74}$$

式中 α=0.1～0.9——突变幅度；

t_1——突变开始发生时刻；

t_2——结束时刻。

在 0.1～0.3s 电压突降至 0.88U_n，在 0.4s 时断路器断开。如图 6-20 所示，为电压突降和孤岛的仿真波形。

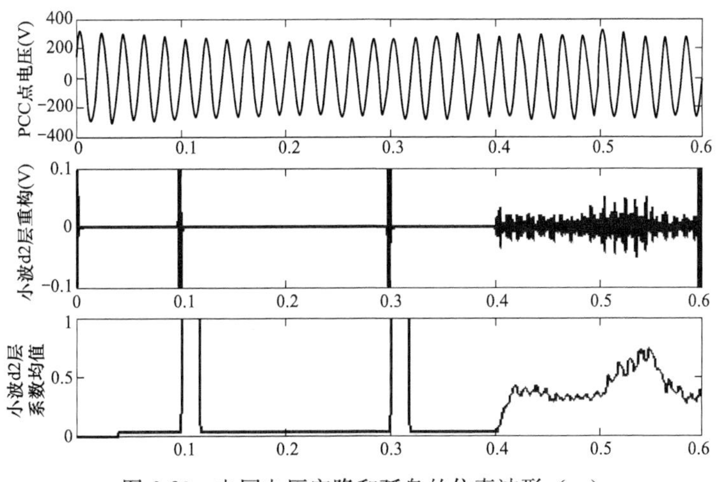

图 6-20 电网电压突降和孤岛的仿真波形（一）

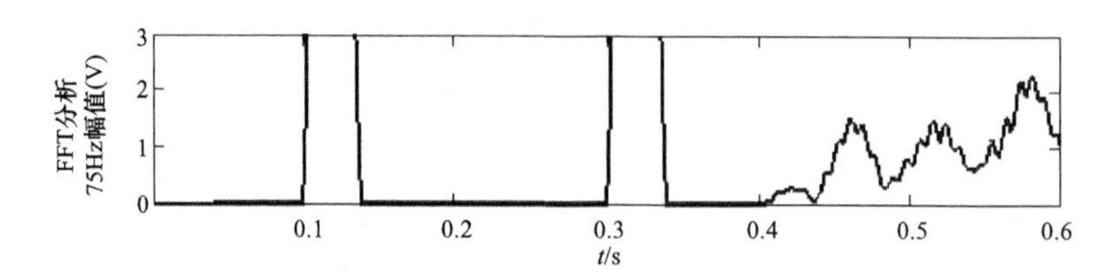

图 6-20 电网电压突降和孤岛的仿真波形（二）

从图 6-20 中可以看出，当电压突降时，小波 d2 层的重构信号、小波 d2 层系数的均值以及 FFT 分析的 75Hz 幅值这三个指标均只在突变瞬间 0.1、0.3s 这两个时刻有明显变化，在 0.1～0.3s 之间几乎无变化，且小波 d2 层系数的均值发生变化的持续时间不到两个周期；而在 0.4s 发生孤岛后，这三个指标均有明显变化，且这种变化能够持续存在。

通过对比波形，说明电压突降发生的变化是瞬间的，而一旦孤岛发生，其产生的变化会持续存在，而且这两种情况的区别可以通过上述三种指标反映出来。因此，只要设定合适的小波 d2 层系数的均值和 FFT 分析的 75Hz 幅值的阈值，以及设定合适的分析周期，如两个周期，则可以区分电压突降和孤岛这两种情况。

(2) 电网谐波与孤岛的识别。

电网谐波信号为

$$u(t) = \sin(\omega_0 t) + a_1 \sin(k_1 \omega_0 t) + a_2 \sin(k_2 \omega_0 t) + \cdots + a_n \sin(k_n \omega_0 t) \tag{6-75}$$

式中 a_1=0.02～1，a_2=0.02～1，a_n=0.02～1——谐波含量；

k_1，k_2，…，k_n——谐波次数。

正常电网谐波含量主要集中在低次谐波中，而且三相系统中不存在 3k 次谐波。在 0.1～0.3s 向电网中注入 0.05p.u. 的二次谐波，在 0.4s 时断路器断开。如图 6-21 所示，为电压突降和孤岛的仿真波形。

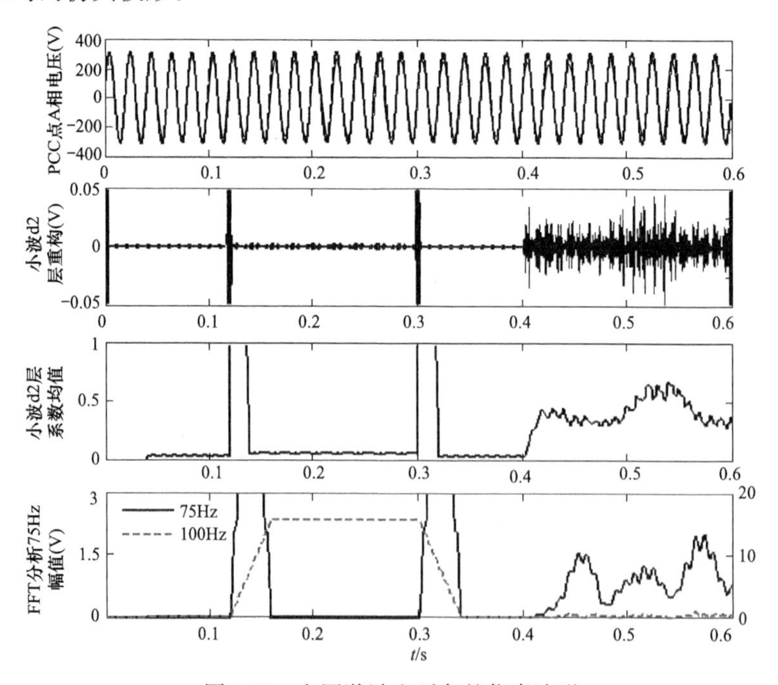

图 6-21 电网谐波和孤岛的仿真波形

从图 6-21 中可以看出，当向电网注入谐波后，小波 d2 层的重构信号、小波 d2 层系数的均值和 FFT 分析的 75Hz 幅值这三个指标均在突变瞬间 0.1、0.3s 这两个时刻有明显变化，而在 0.1～0.3s 只有微弱变化，且小波 d2 层系数的均值发生变化的持续时间不到两个周期；而发生孤岛后，小波 d2 层的重构信号、小波 d2 层系数的均值以及 FFT 分析的 75Hz 幅值这三个指标均有明显变化，且这种变化能够持续存在。

通过对比波形，说明电压谐波发生的变化是瞬间的，而一旦孤岛发生，其产生的变化会持续存在，而且这两种情况的区别可以通过上述三种指标反映出来。因此，只要设定合适的小波 d2 层系数的均值和 FFT 分析的 75Hz 幅值的阈值，以及设定合适的分析周期，如两个周期，则可以区分电压突降和孤岛这两种情况。

通过对比上述两种扰动与孤岛情况的仿真波形，可以得知，扰动与孤岛情况最本质的区别在于扰动特征是突变的，而孤岛信号的特征是持续的，而且小波 d2 层系数的均值和 FFT 分析的 75Hz 幅值这两个判据的值不一样，因此通过设定合适的阈值以及分析周期，就能够有效识别电能质量扰动和孤岛情况。

3. 混合孤岛检测法与高频阻抗法的仿真对比分析

为了更直观地说明本文提出的分布式发电并网混合孤岛检测方法的有效性，将此方法的检测效果与性能较好的高频注入法进行比较。

高频阻抗法属于一种主动检测方法，向并网逆变器中注入高频信号扰动，而引起电网电压、电流变化，并计算其电网阻抗，通过判断阻抗是否达到设定的阈值来识别孤岛，其原理图如 6-22 所示。

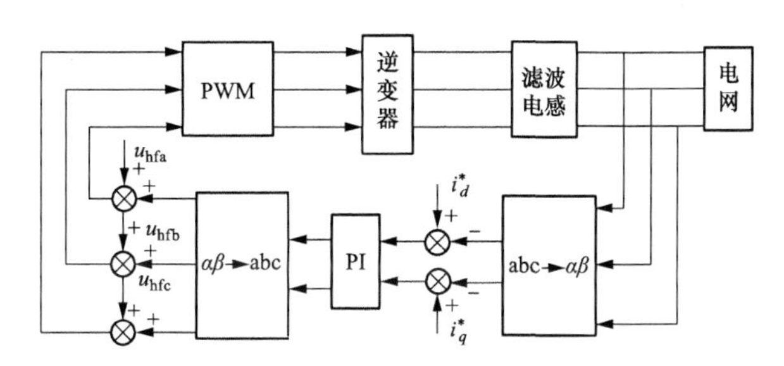

图 6-22 高频阻抗法原理图

三相高频扰动信号如式 (6-76)～式 (6-78) 所示为

$$u_{hfa} = A\sin\omega_h t \tag{6-76}$$

$$u_{hfb} = A\sin(\omega_h t - 2\pi/3) \tag{6-77}$$

$$u_{hfc} = A\sin(\omega_h t + 2\pi/3) \tag{6-78}$$

式中 A——高频扰动信号的幅值；

ω_h——扰动信号的频率。

如图 6-23 所示，为负载完全匹配下高频阻抗法的孤岛检测仿真波形，注入高频信号的 PCC 点的阻抗阈值设为 0.32Ω、0.3s 时发生孤岛。

从图 6-23 中可以看出，因发生了孤岛，PCC 点高频阻抗明显增大，在 0.36s 达到阻抗阈值，检测出孤岛，此时，逆变器输出电流，即 PCC 点电流迅速降为 0，PCC 电压也随之降为 0，说明此方法成功检测出孤岛，检测时间为 0.06s，达到了 IEEE Std. 1547 对孤岛检测时间的要求。

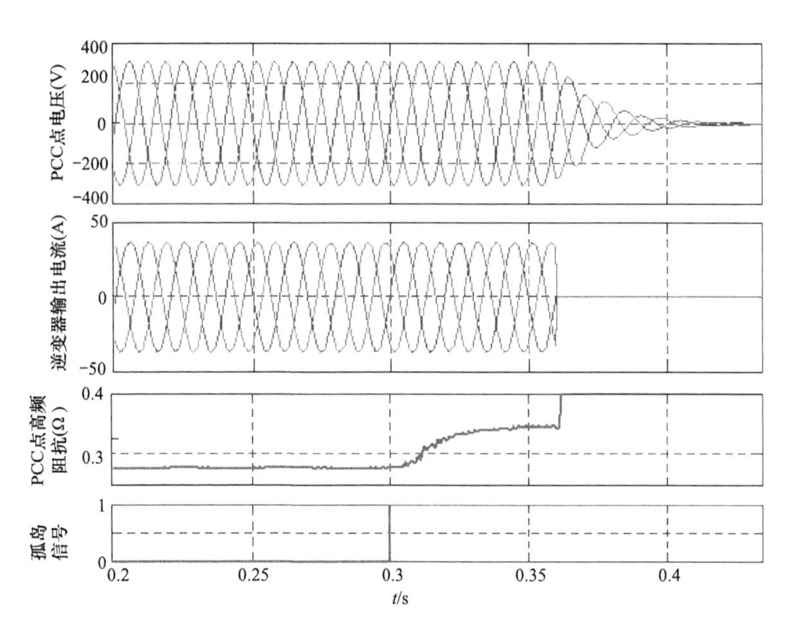

图 6-23 高频阻抗法的孤岛检测仿真波形

如图 6-24 所示，为分布式发电并网混合孤岛检测方法的仿真波形，并将负载设置为完全匹配，0.3s 时发生孤岛。从图中可以看出，孤岛发生后，小波系数 d2 层均值和利用 FFT 得到的 75Hz 谐波含量这两个判据均有明显增加，0.35s 时图 6-17 中的 WAVELET&FFT 模块中的输出信号由高电平变为低电平，使逆变器触发脉冲被封锁，逆变器输出电流，即 PCC 点电流降为 0，PCC 点电压也降为 0，说明此方法成功检测出孤岛状态，且孤岛检测时间为 0.05s，符合 IEEE Std. 1547 对孤岛检测时间的要求。

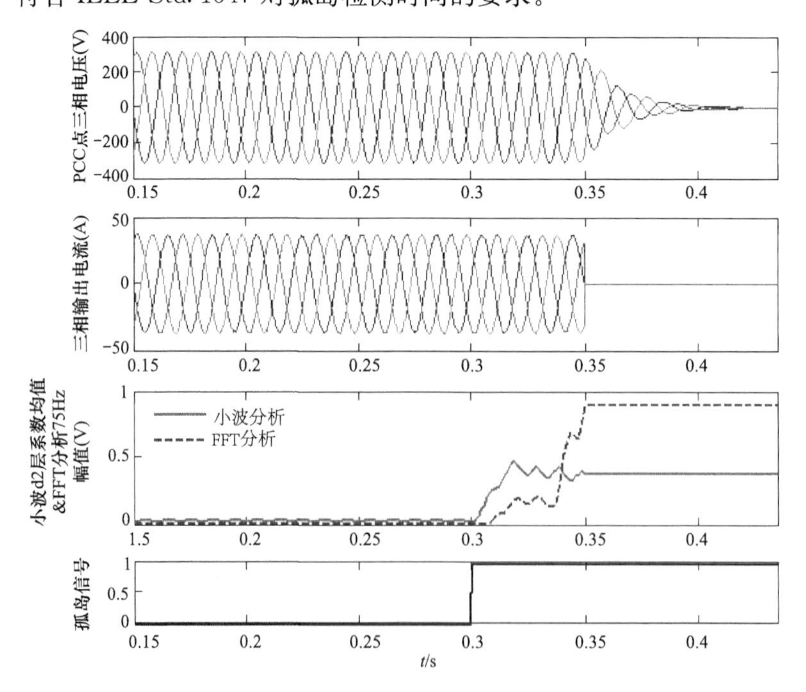

图 6-24 混合孤岛检测法的仿真波形

通过对比两种方法的检测结果可知，本文提出的分布式发电并网混合孤岛检测方法的检测时间较高频阻抗法更短，而且混合孤岛检测方法是一种被动式检测法，无需向电路中注入其他扰动信号，因而对电能质量无影响，因此混合孤岛检测方法的检测性能更好。

四、小结

本节首先给出了分布式发电并网系统结构，设计了 LC 滤波器，然后建立了并网逆变器在 dq 坐标系下的数学模型，实现将控制变量由交流量化为直流量，针对在 dq 坐标系下电流控制分量耦合的问题，研究了其解耦控制策略，并设计了 RLC 孤岛负载，在 Matlab/Simulink 中建立了分布式发电并网孤岛检测系统的仿真模型，仿真波形表明系统的并网电流能够很好地跟踪电网电压，实现了单位功率因数并网运行。接着，分别对孤岛检测盲区内的孤岛情况、电能质量扰动情况进行仿真，结果表明，本文提出的混合孤岛检测方法无检测盲区、能有效避免因电能质量扰动引起的断路器误动作；并与高频阻抗法进行对比，仿真结果表明本文提出的方法检测速度更快，为工程实践提供了一种新的检测方法。

第二章

复合储能技术

本章对复合储能系统在微电网中的应用进行分析，将不同特性的储能装置混合使用、协调控制，解决孤岛运行下微电网暂态过程中电能质量和系统不稳定等问题，保证系统安全稳定运行；其次，建立了基于复合储能的微电网稳定性分析数学模型，并在单储能电源控制系统的基础上，结合电力系统的稳定性分析，对提出的控制策略做出了评价。

第一节　复合储能及微电源变流器

微电网中的微电源大多都是通过电力电子设备连接在一起，对于三相交流微电网而言，能量转换装置基本都是三相全桥变流器，因此需要对变流器进行建模分析。本文所研究复合储能都采用电压型三相全桥逆变器，因此在研究微电网复合储能系统的控制策略之前，必须先建立起三相全桥逆变器模型。本章建立了复合储能微电源电压型三相全桥变流器数学模型；对单个储能微电源的下垂控制器进行了设计，不仅考虑电压电流双环控制器的比例积分参数的设计，还根据实际的微电网设计了合理的下垂系数；根据复合储能系统不同储能电源的特点，制定了基于主电源下垂—从电源倒下垂的控制策略。

一、电压型三相全桥变流器数学模型

图 7-1 为三相全桥变流器的拓扑结构，该变流器的容量为 200kW。其中包括双模块 IGBT，等效直流电压，IGBT 的吸收电容，过流保护熔断丝，滤波电感和滤波电容。其中 *LC* 滤波器中的滤波电容为三角形接法，即采样电压为线电压，采样电流为相电流。定义变流器的桥臂分别为 *A*、*B*、*C*，顺序为从左向右。三相逆变器两两桥臂之间的电压被称为桥臂线电压，分别表示为 u_{AB}，u_{BC}，u_{CA}，流经滤波电感的电流可以表示为 i_{La}，i_{Lb}，i_{Lc}，注入微电网 400V 母线变压器低压侧的电流可以表示为 i_{aout}，i_{bout}，i_{cout}，微电网 400V 母线变压器低压侧电压可以表示为 u_{Cab}，u_{Cbc}，u_{Cca}，因为滤波电容为三角形接法，所以采样电压为线电压。

为了能够对微电网中的所有微电源进行控制，必须对电压电流进行解耦控制，因为微电源电压频率或者有功无功控制基本都通过电力电子开关进行调节，这与传统的同步发电机的控制完全不同。为了实现电力电子的解耦控制，必须对采集的电压进行相关坐标变换。建立模型前，作出如下假设：第一，认为 IGBT 为理想的开关，忽略开通和关断损耗以及开通时间和关断时间；第二，电力电子的开关频率设定在 3～10kHz 之间；第三，忽略 *IGBT* 的吸收电容对变流器的影响、线路上的杂散电感对变流器的影响，以及变流器 *LC* 滤波器的寄生电阻对变流器的影响。

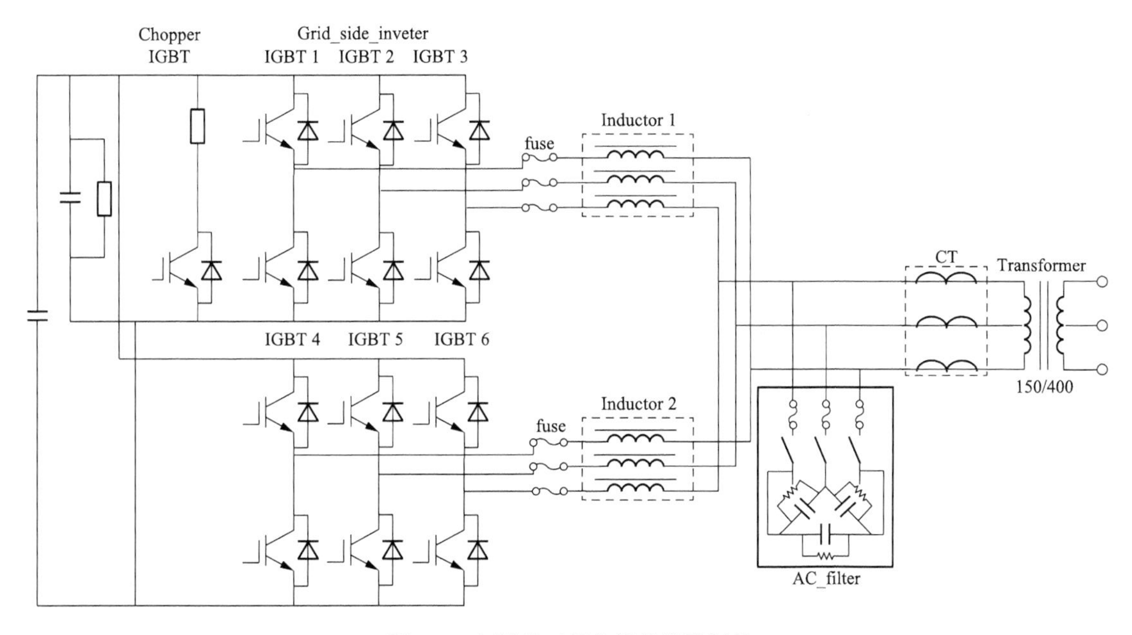

图 7-1　电压型三相全桥变流器拓扑

1. 相静止坐标系下数学模型

假设滤波器能有效滤除系统的高频谐波，变流器输出的电压为工频 50Hz 的三相交流电。根据基尔霍夫定律，以滤波电感上电流和滤波电容上的电压作为状态变量，列写变流器的微分状态方程为

$$i_{La} - i_{aout} = C_f \frac{du_{Cab}}{dt} - C_f \frac{du_{Cca}}{dt} \tag{7-1}$$

$$i_{Lb} - i_{bout} = C_f \frac{du_{Cbc}}{dt} - C_f \frac{du_{Cab}}{dt} \tag{7-2}$$

$$i_{Lc} - i_{cout} = C_f \frac{du_{Cca}}{dt} - C_f \frac{du_{Cbc}}{dt} \tag{7-3}$$

$$u_{AB} - u_{Cab} = L_f \frac{di_{La}}{dt} - L_f \frac{di_{Lb}}{dt} \tag{7-4}$$

$$u_{BC} - u_{Cbc} = L_f \frac{di_{Lb}}{dt} - L_f \frac{di_{Lc}}{dt} \tag{7-5}$$

$$u_{CA} - u_{Cca} = L_f \frac{di_{Lc}}{dt} - L_f \frac{di_{La}}{dt} \tag{7-6}$$

将上面的式子分两组写成矩阵的形式，可得

$$\begin{bmatrix} 1 & -1 & 0 \\ 0 & 1 & -1 \\ -1 & 0 & 1 \end{bmatrix} \cdot \begin{bmatrix} \dfrac{di_{La}}{dt} \\ \dfrac{di_{Lb}}{dt} \\ \dfrac{di_{Lc}}{dt} \end{bmatrix} \cdot = \frac{1}{L_f} \cdot \begin{bmatrix} u_{AB} \\ u_{BC} \\ u_{CA} \end{bmatrix} - \frac{1}{L_f} \cdot \begin{bmatrix} u_{Cab} \\ u_{Cbc} \\ u_{Cca} \end{bmatrix} \tag{7-7}$$

$$\begin{bmatrix}\frac{\mathrm{d}u_{\mathrm{Cab}}}{\mathrm{d}t}\\\frac{\mathrm{d}u_{\mathrm{Cbc}}}{\mathrm{d}t}\\\frac{\mathrm{d}u_{\mathrm{Cca}}}{\mathrm{d}t}\end{bmatrix}-\begin{bmatrix}\frac{\mathrm{d}u_{\mathrm{Cca}}}{\mathrm{d}t}\\\frac{\mathrm{d}u_{\mathrm{Cab}}}{\mathrm{d}t}\\\frac{\mathrm{d}u_{\mathrm{Cbc}}}{\mathrm{d}t}\end{bmatrix}=\frac{1}{C_{\mathrm{f}}}\cdot\begin{bmatrix}i_{La}\\i_{Lb}\\i_{Lc}\end{bmatrix}-\frac{1}{C_{\mathrm{f}}}\cdot\begin{bmatrix}i_{\mathrm{aout}}\\i_{\mathrm{bout}}\\i_{\mathrm{cout}}\end{bmatrix}\tag{7-8}$$

将式（7-7）进行整理，可得

$$\begin{bmatrix}1&-1&0\\0&1&-1\\-1&0&1\end{bmatrix}\cdot\begin{bmatrix}\frac{\mathrm{d}i_{La}}{\mathrm{d}t}\\\frac{\mathrm{d}i_{Lb}}{\mathrm{d}t}\\\frac{\mathrm{d}i_{Lc}}{\mathrm{d}t}\end{bmatrix}\cdot=\frac{1}{L_{\mathrm{f}}}\cdot\begin{bmatrix}1&-1&0\\0&1&-1\\-1&0&1\end{bmatrix}\cdot\begin{bmatrix}u_{\mathrm{A}}\\u_{\mathrm{B}}\\u_{\mathrm{C}}\end{bmatrix}-\frac{1}{L_{\mathrm{f}}}\cdot\begin{bmatrix}1&-1&0\\0&1&-1\\-1&0&1\end{bmatrix}\cdot\begin{bmatrix}u_{\mathrm{Ca}}\\u_{\mathrm{Cb}}\\u_{\mathrm{Cc}}\end{bmatrix}\tag{7-9}$$

2. 两相静止坐标系下数学模型

三相静止坐标系下，只有两相完全独立，因此可以将三相静止坐标变换到两相静止坐标系下，目的就是简化分析过程，为实现变流器的解耦控制奠定基础。将变流器的三相静止坐标转换到两相静止坐标下称为Clark变换，而将三相静止坐标变换到两相静止坐标下的矩阵被称为Clark变换矩阵[32]，该变换矩阵表达式为

$$\boldsymbol{T}_{abc-\alpha\beta}=\frac{2}{3}\begin{bmatrix}1&-\frac{1}{2}&-\frac{1}{2}\\0&\frac{\sqrt{3}}{2}&-\frac{\sqrt{3}}{2}\end{bmatrix}\tag{7-10}$$

将两相静止坐标变换到三相静止左边下的矩阵被称为反Clark变换矩阵，其表达式为

$$\boldsymbol{T}_{\alpha\beta-abc}=\begin{bmatrix}1&2\\-\frac{1}{2}&\frac{\sqrt{3}}{2}\\-\frac{1}{2}&-\frac{\sqrt{3}}{2}\end{bmatrix}\tag{7-11}$$

式（7-8）和式（7-9）在两相静止坐标系下的状态方程可以表示为

$$\boldsymbol{T}_{abc-\alpha\beta}\cdot\begin{bmatrix}\frac{\mathrm{d}u_{\mathrm{Cab}}}{\mathrm{d}t}\\\frac{\mathrm{d}u_{\mathrm{Cbc}}}{\mathrm{d}t}\\\frac{\mathrm{d}u_{\mathrm{Cca}}}{\mathrm{d}t}\end{bmatrix}-\boldsymbol{T}_{\mathrm{abc}-\alpha\beta}\cdot\begin{bmatrix}\frac{\mathrm{d}u_{\mathrm{Cca}}}{\mathrm{d}t}\\\frac{\mathrm{d}u_{\mathrm{Cab}}}{\mathrm{d}t}\\\frac{\mathrm{d}u_{\mathrm{Cbc}}}{\mathrm{d}t}\end{bmatrix}=\boldsymbol{T}_{\mathrm{abc}-\alpha\beta}\cdot\frac{1}{C_{\mathrm{f}}}\cdot\begin{bmatrix}i_{La}\\i_{Lb}\\i_{Lc}\end{bmatrix}-\boldsymbol{T}_{\mathrm{abc}-\alpha\beta}\cdot\frac{1}{C_{\mathrm{f}}}\cdot\begin{bmatrix}i_{\mathrm{aout}}\\i_{\mathrm{bout}}\\i_{\mathrm{cout}}\end{bmatrix}\tag{7-12}$$

$$\boldsymbol{T}_{\mathrm{abc}-\alpha\beta}\cdot\begin{bmatrix}\frac{\mathrm{d}i_{La}}{\mathrm{d}t}\\\frac{\mathrm{d}i_{Lb}}{\mathrm{d}t}\\\frac{\mathrm{d}i_{Lc}}{\mathrm{d}t}\end{bmatrix}\cdot=\frac{1}{L_{\mathrm{f}}}\cdot\boldsymbol{T}_{\mathrm{abc}-\alpha\beta}\cdot\begin{bmatrix}u_{\mathrm{A}}\\u_{\mathrm{B}}\\u_{\mathrm{C}}\end{bmatrix}-\frac{1}{L_{\mathrm{f}}}\cdot\boldsymbol{T}_{\mathrm{abc}-\alpha\beta}\cdot\begin{bmatrix}u_{\mathrm{Ca}}\\u_{\mathrm{Cb}}\\u_{\mathrm{Cc}}\end{bmatrix}\tag{7-13}$$

三相静止坐标系转向两相静止坐标系下的空间相量原理图如图 7-2 所示。

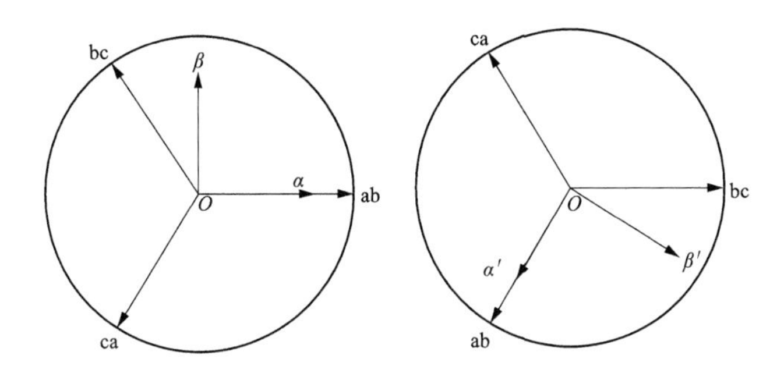

图 7-2 三相静止坐标变换到两相静止坐标原理图

根据空间相量原理图可得：

$$\begin{bmatrix}\dfrac{\mathrm{d}u_{C\alpha}}{\mathrm{d}t}\\ \dfrac{\mathrm{d}u_{C\beta}}{\mathrm{d}t}\end{bmatrix}-\begin{bmatrix}-\dfrac{1}{2} & -\dfrac{\sqrt{3}}{2}\\ \dfrac{\sqrt{3}}{2} & -\dfrac{1}{2}\end{bmatrix}\cdot\begin{bmatrix}\dfrac{\mathrm{d}u_{C\alpha}}{\mathrm{d}t}\\ \dfrac{\mathrm{d}u_{C\beta}}{\mathrm{d}t}\end{bmatrix}=\frac{1}{C_{\mathrm{f}}}\cdot\begin{bmatrix}\dfrac{\mathrm{d}i_{L\alpha}}{\mathrm{d}t}\\ \dfrac{\mathrm{d}i_{L\beta}}{\mathrm{d}t}\end{bmatrix}-\frac{1}{C_{\mathrm{f}}}\cdot\begin{bmatrix}\dfrac{\mathrm{d}i_{\mathrm{aout}\alpha}}{\mathrm{d}t}\\ \dfrac{\mathrm{d}i_{\mathrm{aout}\beta}}{\mathrm{d}t}\end{bmatrix} \tag{7-14}$$

进一步整理可以得到两相静止坐标系的表达式为

$$\begin{bmatrix}\dfrac{3}{2} & \dfrac{\sqrt{3}}{2}\\ -\dfrac{\sqrt{3}}{2} & \dfrac{3}{2}\end{bmatrix}\cdot\begin{bmatrix}\dfrac{\mathrm{d}u_{C\alpha}}{\mathrm{d}t}\\ \dfrac{\mathrm{d}u_{C\beta}}{\mathrm{d}t}\end{bmatrix}=\frac{1}{C_{\mathrm{f}}}\cdot\begin{bmatrix}\dfrac{\mathrm{d}i_{L\alpha}}{\mathrm{d}t}\\ \dfrac{\mathrm{d}i_{L\beta}}{\mathrm{d}t}\end{bmatrix}-\frac{1}{C_{\mathrm{f}}}\cdot\begin{bmatrix}\dfrac{\mathrm{d}i_{\mathrm{aout}\alpha}}{\mathrm{d}t}\\ \dfrac{\mathrm{d}i_{\mathrm{aout}\beta}}{\mathrm{d}t}\end{bmatrix} \tag{7-15}$$

$$\begin{bmatrix}\dfrac{\mathrm{d}u_{C\alpha}}{\mathrm{d}t}\\ \dfrac{\mathrm{d}u_{C\beta}}{\mathrm{d}t}\end{bmatrix}=\begin{bmatrix}\dfrac{3}{2} & \dfrac{\sqrt{3}}{2}\\ -\dfrac{\sqrt{3}}{2} & \dfrac{3}{2}\end{bmatrix}^{-1}\cdot\frac{1}{C_{\mathrm{f}}}\cdot\begin{bmatrix}\dfrac{\mathrm{d}i_{L\alpha}}{\mathrm{d}t}\\ \dfrac{\mathrm{d}i_{L\beta}}{\mathrm{d}t}\end{bmatrix}-\frac{1}{C_{\mathrm{f}}}\cdot\begin{bmatrix}\dfrac{3}{2} & \dfrac{\sqrt{3}}{2}\\ -\dfrac{\sqrt{3}}{2} & \dfrac{3}{2}\end{bmatrix}^{-1}\cdot\begin{bmatrix}\dfrac{\mathrm{d}i_{\mathrm{aout}\alpha}}{\mathrm{d}t}\\ \dfrac{\mathrm{d}i_{\mathrm{aout}\beta}}{\mathrm{d}t}\end{bmatrix} \tag{7-16}$$

上式即为推导出的两相静止坐标系下的数学模型。

3. 两相旋转坐标系下数学模型

由于两相静止坐标系下的控制变量为交流量，而在 PI 控制环节中对交流量控制存在静差。为了能够实现变流器的控制系统的无静差控制，需要对两相静止坐标系下的交流量进行 Park 变换，将两相静止坐标系下的交流 α 轴和 β 轴的分量变成两相旋转坐标系下 d 轴和 q 轴的直流分量。其坐标变换的原理图如图 7-3 所示。

两相静止坐标变换到两相旋转坐标下的矩阵被称为 Park 变换矩阵，其表达式为

$$T_{\alpha\beta-dq}=\begin{bmatrix}\cos(\omega t) & \sin(\omega t)\\ -\sin(\omega t) & \cos(\omega t)\end{bmatrix} \tag{7-17}$$

同样，将两相旋转坐标下的直流 d 轴和 q 轴分量变换到两相静止坐标系下的交流 α 轴和 β 轴分量的变换矩阵被称为反 Park 变换矩阵，其表达式为

$$T_{\alpha\beta-dq}=\begin{bmatrix}\cos(\omega t) & -\sin(\omega t)\\ \sin(\omega t) & \cos(\omega t)\end{bmatrix} \tag{7-18}$$

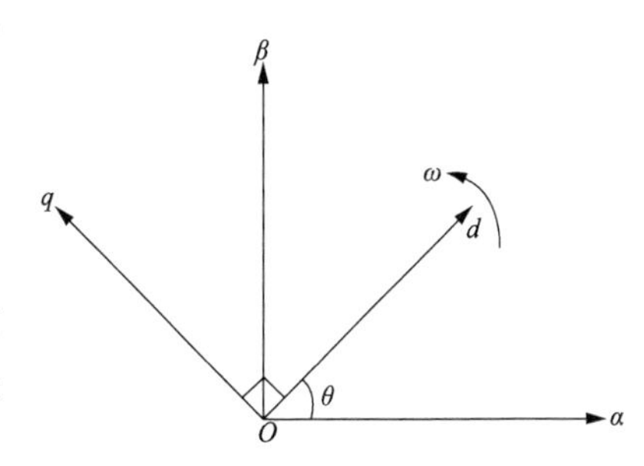

图 7-3 两相静止坐标变换成两相旋转坐标

经过上面的求解可以得到，三相全桥变流器的线电压状态变量在两相旋转坐标系下的表达式为

$$\begin{bmatrix} \dfrac{\mathrm{d}u_{Cd}}{\mathrm{d}t} \\ \dfrac{\mathrm{d}u_{Cq}}{\mathrm{d}t} \end{bmatrix} = T_{\alpha\beta-dq} \cdot \begin{bmatrix} \dfrac{3}{2} & \dfrac{\sqrt{3}}{2} \\ -\dfrac{\sqrt{3}}{2} & \dfrac{3}{2} \end{bmatrix}^{-1} \cdot \begin{bmatrix} \dfrac{\mathrm{d}i_{Ld}}{C_{\mathrm{f}}\mathrm{d}t} \\ \dfrac{\mathrm{d}i_{Lq}}{C_{\mathrm{f}}\mathrm{d}t} \end{bmatrix} - T_{\alpha\beta-dq} \cdot \begin{bmatrix} \dfrac{3}{2} & \dfrac{\sqrt{3}}{2} \\ -\dfrac{\sqrt{3}}{2} & \dfrac{3}{2} \end{bmatrix}^{-1} \cdot \begin{bmatrix} \dfrac{\mathrm{d}i_{\mathrm{aout}d}}{C_{\mathrm{f}}\mathrm{d}t} \\ \dfrac{\mathrm{d}i_{\mathrm{aout}q}}{C_{\mathrm{f}}\mathrm{d}t} \end{bmatrix} \tag{7-19}$$

至此，即推导出三相全桥变流器的数学模型。

二、复合储能系统控制策略的研究

基于前文中三相全桥变流器，在两相旋转坐标系下，本文提出复合储能协调控制策略，在对钒液流储能采用下垂控制的同时，对超级电容采用倒下垂控制策略。复合储能系统拓扑结构框图如下，以全钒液流储能作为整个微电网的主电源，超级电容也作为系统的电压和频率的支撑电源，即为双主电源。

三、全钒液流储能控制策略

针对全钒液流储能变流器的下垂控制是通过模拟同步发电机的下垂原理来对分布式电源的逆变器进行控制，微电网中的分布式电源都是由逆变器并联连接在微电网母线上，根据微电网的下垂曲线能够模拟传统的同步发电机的控制特性。下垂控制过程中各个分布式电源检测各自发出的有功功率和无功出力，用三相坐标变换对分布式电源的有功和无功解耦控制，通过功率控制器得到分布式电源电压和频率偏差，进而调整各个分布式电源的出力来平衡系统的功率。全钒液流储能控制系统设计主要包括滤波器的设计、功率控制器的设计、电压电流双环控制器的设计。全钒液流和超级电容复合储能系统拓扑结构如图 7-4 所示。全钒液流储能系统的控制原理如图 7-5 所示。

1. 变流器滤波参数的设计

设计下垂控制器实际上需要设计功率控制环节，滤波器环节和电压电流环节。其原理如图 7-5 所示。

由于变流器的出口电压是经过电力电子器件变换得到的脉冲波形，所以含有高频谐波，需要设计相应的 LC 滤波器进行滤波。根据图 7-5 中能够看出，LC 滤波器的传递函数表达式为

$$G_{\mathrm{f}} = \frac{u_0(s)}{V(s)} = \frac{R_{\mathrm{f}} + 1/(\mathrm{j}\omega C_{\mathrm{f}})}{R_{\mathrm{f}} + \mathrm{j}\omega L_{\mathrm{f}} + 1/(\mathrm{j}\omega C_{\mathrm{f}})} = \frac{\mathrm{j}\omega \cdot 2\xi\omega_0 + \omega_0^2}{(\mathrm{j}\omega)^2 + \mathrm{j}\omega \cdot 2\xi\omega_0 + \omega_0^2} \tag{7-20}$$

式中：V 为逆变器输出的电压（V）；$\omega_0 = 1/\sqrt{L_{\mathrm{f}}C_{\mathrm{f}}}$；$\xi = R_{\mathrm{f}}/2\sqrt{L_{\mathrm{f}}/C_{\mathrm{f}}}$。

滤波器的谐振频率必须满足如下条件为

$$10f_{\mathrm{n}} \leqslant f_{\mathrm{c}} \leqslant f_{\mathrm{s}}/10 \tag{7-21}$$

式中　f_{c}——滤波器的谐振频率，且 $f_{\mathrm{c}} = 1/(2\pi\sqrt{L_{\mathrm{f}}C_{\mathrm{f}}})$；

f_{n}——基波频率；

f_{s}——SPWM 的载波频率。

通过上面两个表达式能够设计出合理的滤波器，但是设计滤波器时，需要尽量减少滤波电感 L_{f} 上的电压降。所以实际的变流产品中，L_{f} 取值基本都保持在 0.2～0.35mH，滤波电容根据实际的情况可以采用三角形和星形两种接法，本文采用三角形接法。而且滤波电容值一般取值为 200μF，R_{f} 是为了减少 LC 滤波器的振荡而引入的阻尼电阻。

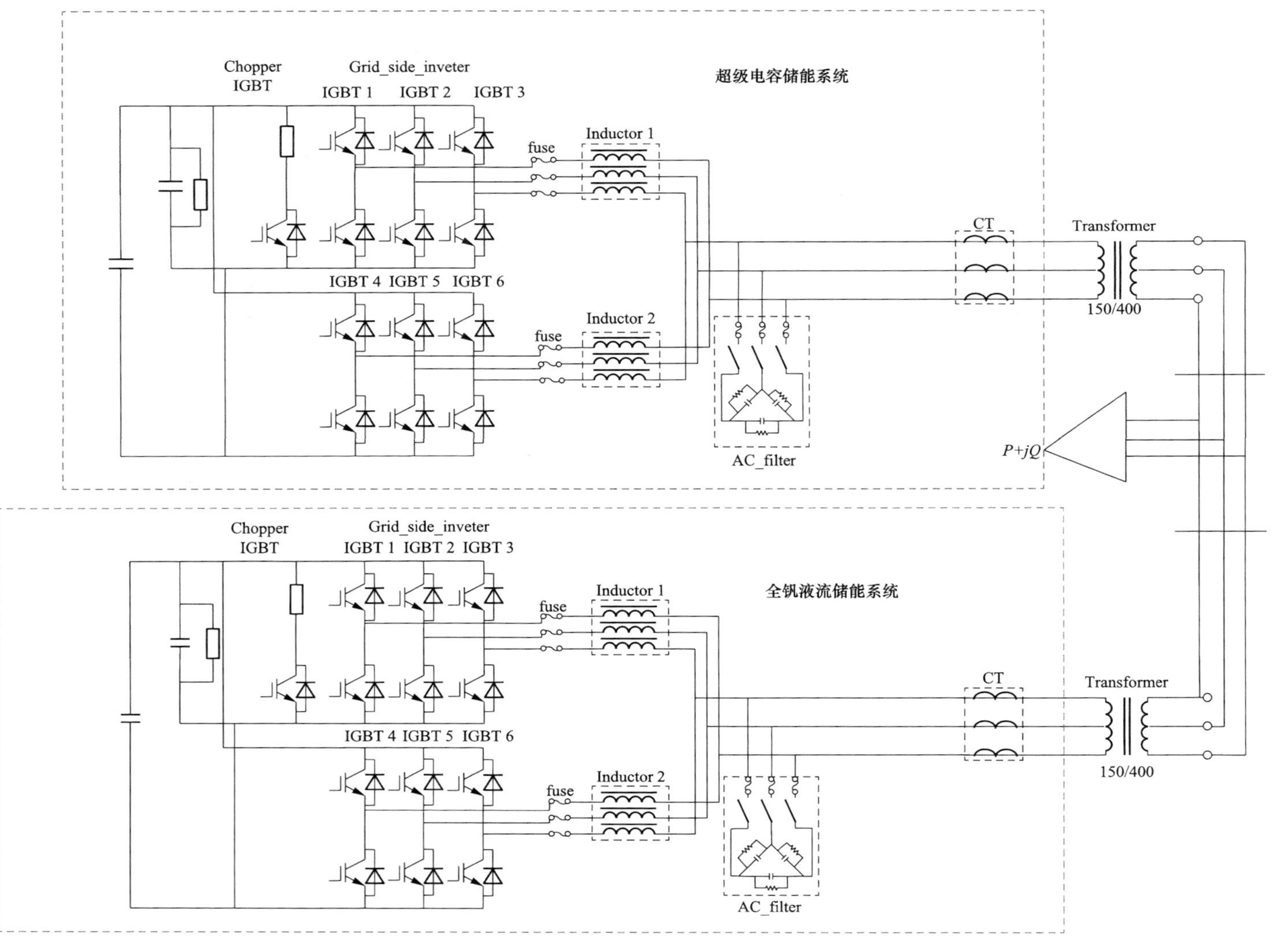

图 7-4 全钒液流和超级电容复合储能系统拓扑结构

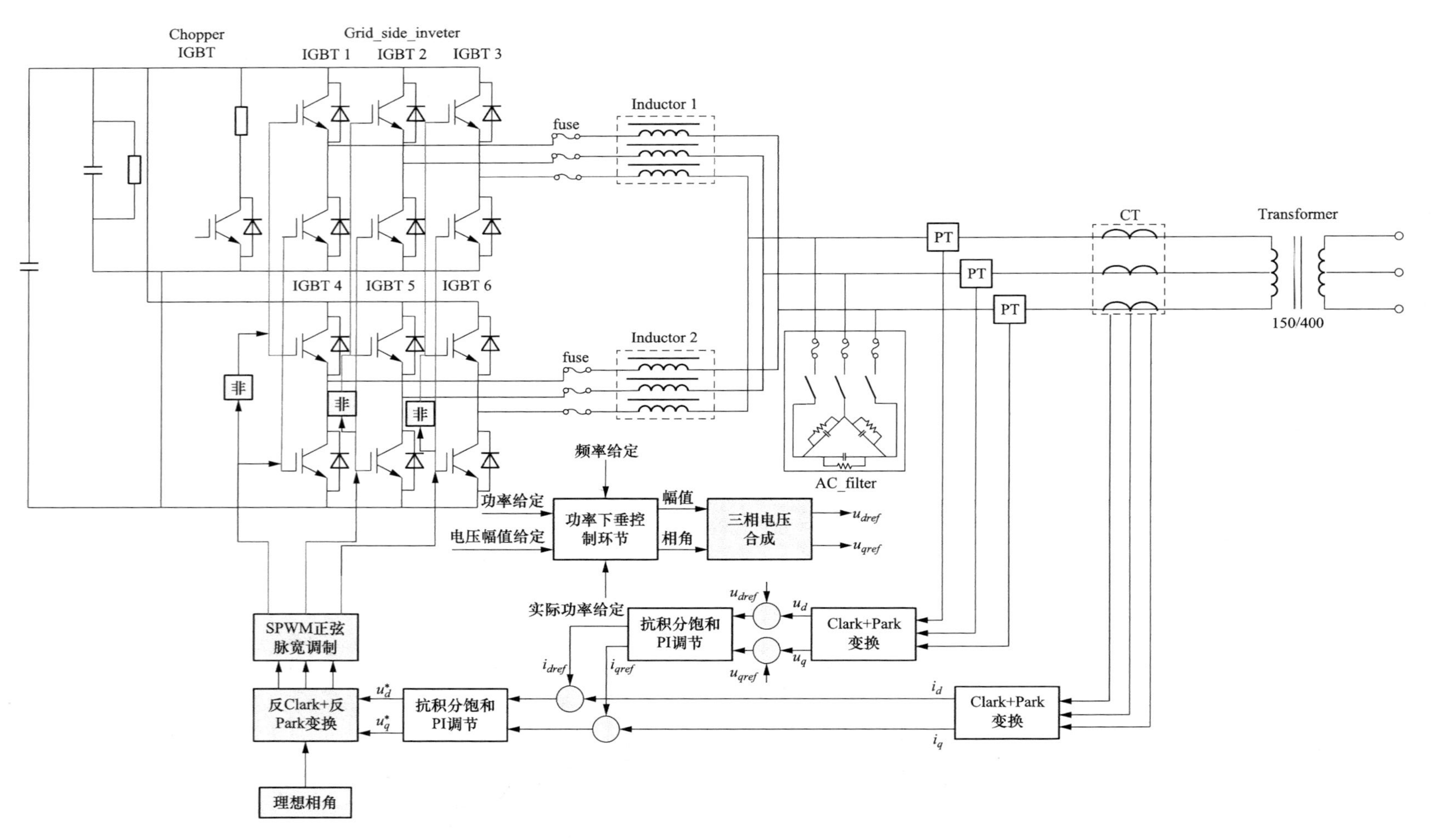

图7-5 全钒液流储能下垂控制策略原理图

2. 电压电流双环控制器设计

电容电流内环电压外环中，电压控制采用 PI 控制调节，电流控制采用比例调节。图 7-6 为电压电流双环控制结构图。

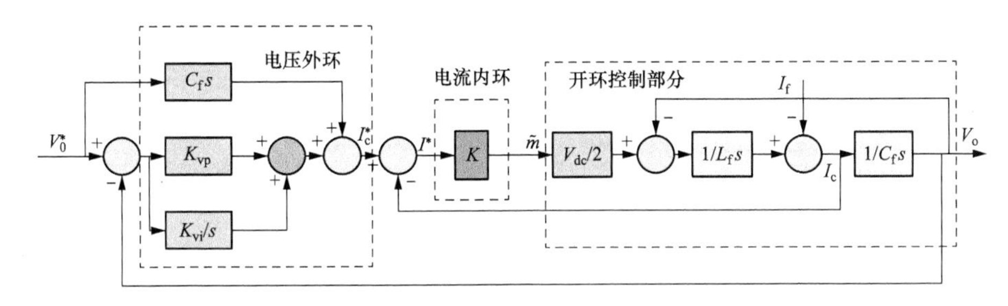

图 7-6 电压电流双环控制结构图

图 7-6 中，V_{dc}表示直流电压，u_0^* 表示电容电压 u_0 的参考值，i_c^* 表示电容电流 i_c 的参考值。外环为电压环，主要目的是稳定滤波电容电压（负载电压），K_{up}为外环比例系数，K_{ui}为外环积分系数。电流内环的主要作用在于提高系统的动态响应速度，采用的比例控制系数为 K。

首先设计电流内环控制器，电流内环传递函数表达式为

$$i_c = \frac{\frac{KV_{dc}}{2}C_f s}{L_f C_f s^2 + \frac{KV_{dc}}{2}C_f s + 1} i_c^* - \frac{L_f C_f s^2}{L_f C_f s^2 + \frac{KV_{dc}}{2}C_f s + 1} i_0 \tag{7-22}$$

$$G_i(s) = \frac{\frac{KV_{dc}}{2}C_f s}{L_f C_f s^2 + \frac{KV_{dc}}{2}C_f s + 1} \tag{7-23}$$

通过式（7-22）和式（7-23）两个表达式就能够设计出合理的电流内环控制器。设计电流内环控制器需要注意的是，比例系数的选取应该在维持系统稳定的前提下尽可能提高系统的动态响应速度。

同理，电压外环传递函数表达式为

$$u_0 = G_u(s)u_0^* - Z(s)i_0 \tag{7-24}$$

其中，$G_u(s)$ 表示电压外环传递函数比例增益，$Z(s)$ 表示逆变电源输出的等效阻抗，其表达式为

$$G_u(s) = \frac{\frac{KV_{dc}}{2}C_f s^2 + \frac{KV_{dc}}{2}K_{up} s + \frac{KV_{dc}}{2}K_{ui}}{L_f C_f s^3 + \frac{KV_{dc}}{2}C_f s^2 + \left(1 + \frac{KV_{dc}}{2}K_{up}\right)s + \frac{KV_{dc}}{2}K_{ui}} \tag{7-25}$$

$$Z(s) = \frac{L_f s^2}{L_f C_f s^3 + \frac{KV_{dc}}{2}C_f s^2 + \left(1 + \frac{KV_{dc}}{2}K_{up}\right)s + \frac{KV_{dc}}{2}K_{ui}} \tag{7-26}$$

电压外环的比例和积分参数的设计到系统是否稳定，由于文中采用的下垂控制为有功调节频率，无功调节电压，所以要求电压外环的设计中要求 $Z(s)$ 呈现感性。如果设计的电压外环控制器参数中的 $Z(s)$ 呈现阻性，则相应的下垂曲线应该是无功调节频率，有功调节电压。通过式（7-24）电压外环传递函数能够设计合理的外环比例积分控制器参数。根据 $Z(s)$ 的推导得出其随着比例参数和积分参数变化时的波特图如图 7-7 所示。

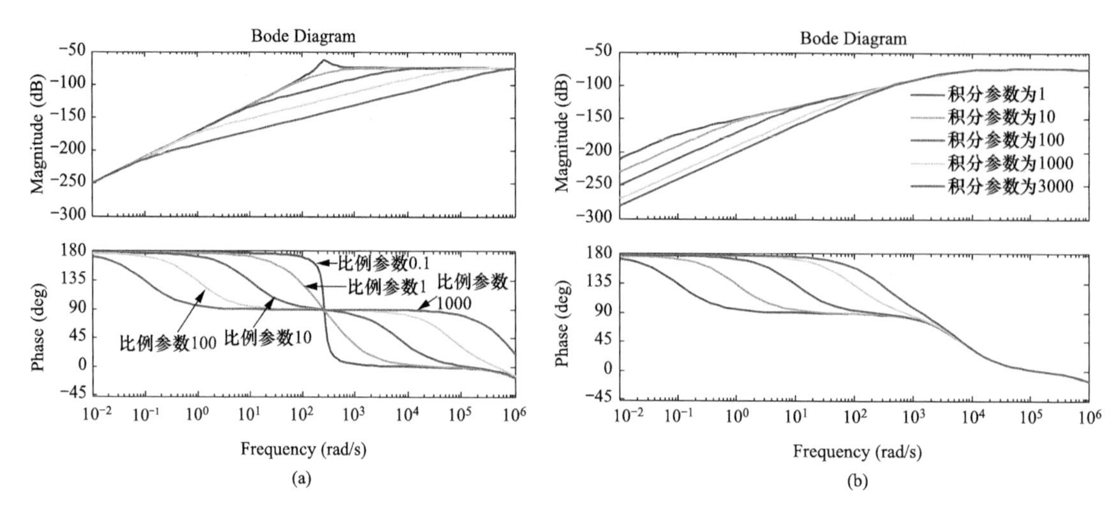

图 7-7 比例参数波特图和积分参数波特图

(a) 比例参数波特图；(b) 积分参数波特图

从图 7-7 所示的波特图能够看出，比例参数越大，其输出阻抗在 50Hz 越呈现感性。比例参数越小，输出阻抗在 50Hz 处越呈现阻性。但是在设计电压外环的时候，总是希望低频段呈现感性以满足下垂控制器的要求，高频段呈现阻性以达到滤除高次谐波的效果。综合上面的分析，可以取比例参数在 0.1～10。

当下垂控制器的电压外环控制器的比例参数确定以后，画出积分参数变化下，阻抗函数 $Z(s)$ 的波特图，如图 7-7（b）所示。积分参数的取舍应该参照比例参数的选择方法，必须在满足微电源下垂性能的同时，还要照顾到高频阶段谐波滤除作用。当积分参数取值在小于 100 的数值段呈现感性，大于 100 基本呈现阻性。所以可以考虑取积分参数在 1～100。

3. 功率控制器的设计

功率控制器通过信号采集板采集到电压和电流，计算储能输出的瞬时功率并计算功率平均值。根据下垂控制曲线计算电压 U 和频率 f 输出值，U 和 f 经过三相电压合成器和三相坐标变换输出参考电压 u_{dref} 和 u_{qref}。该两相坐标系下的参考电压将作为电容电流内环电压外环的输入。

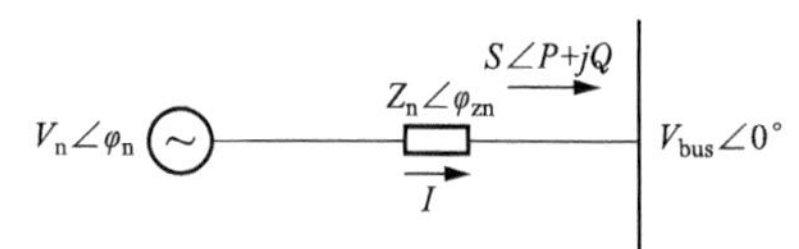

图 7-8 逆变器输出等效图

将系统中逆变器的输出等效为图 7-8，其中 $V_n\angle\varphi_n$ 为输出电压，$Z_n\angle\varphi_{zn}$ 为输出阻抗，$V_{bus}\angle0°$ 为微网母线电压。

由图 7-8 所示等效图可得

$$I=\frac{V_n\angle\varphi_n-V_{bus}\angle0°}{Z_n\angle\varphi_{zn}} \tag{7-27}$$

$$\bar{S}=P_n+jQ_n=\dot{V}_n\dot{I} \tag{7-28}$$

将式（7-27）代入式（7-28），可得

$$\bar{S}=\frac{V_n^2}{Z_n}e^{j\varphi_{zn}}-\frac{V_nV_{com}}{Z_n}e^{j(\varphi_n+\varphi_{zn})} \tag{7-29}$$

式中 I——输出电流；

$\bar{S}$——复功率；

P_n 和 Q_n——输出有功和无功功率。

假设当输出阻抗和线路阻抗主要为感性，且输出电压与母线电压相位差 φ_n 很小时，可近似 $\sin\varphi_n \approx \varphi_n$，$\cos\varphi_n \approx 1$，则有功功率和无功功率分别为

$$P_n = \frac{V_n V_{bus} \varphi_n}{Z_n} \tag{7-30}$$

$$Q_n = \frac{V_n (V_n - V_{bus})}{Z_n} \tag{7-31}$$

对二者求偏微分可知

$$\frac{\partial P}{\partial \varphi_n} \approx \frac{V_n V_{bus}}{Z_n} \tag{7-32}$$

$$\frac{\partial Q}{\partial V_n} \approx \frac{2V_n - V_{bus}}{Z_n} \tag{7-33}$$

从偏微分结果可得，逆变器输出有功功率 P_n 的大小与输出电压相角有关，无功功率 Q_n 则主要与电压幅值有关。在下垂控制环节中，本节采用改进的下垂控制策略，在传统下垂控制的基础上增加了功率给定，可表示为

$$\begin{aligned} \omega_n &= \omega_0 - m(P_n - P_0) \\ V_n &= V_0 - n(Q_n - Q_0) \end{aligned} \tag{7-34}$$

式中 ω_0——电网额定角频率；

V_0——额定电压；

P_0 和 Q_0——额定频率下相应输出指定的有功功率和无功功率；

m、n——频率、电压的下垂系数。

整理得

$$m = \frac{\omega_0 - \omega_{min}}{P_{max} - P_0} \tag{7-35}$$

$$n = \frac{V_0 - V_{min}}{Q_{max} - Q_0} \tag{7-36}$$

式中 P_{max}——微网逆变器在频率下降时输出的最大有功功率；

ω_{min}——微网逆变器输出最大有功功率时允许的最小角频率；

Q_{max}——微网逆变器达到电压下降最大允许值时输出的无功功率；

V_{min}——微网逆变器输出最大无功功率时允许的最小电压幅值。

本课题下垂控制逆变器最大允许输出有功 $P_{max}=200\text{kW}$，无功 $Q_{max}=150\text{kvar}$；并网情况下，指定输出有功功率 $P_0=140\text{kW}$，无功功率为零；电网额定角频率 $\omega_0=314\text{rad/s}$，电网额定电压幅值 $V_0=311\text{V}$；逆变器输出允许的最小角频率 $\omega_{min}=310.86\text{rad/s}$，最小电压幅值 $V_{min}=295.45\text{V}$。

四、超级电容储能控制策略

1. 超级电容倒下垂控制策略

微电网采用复合储能的作用就是要将不同储能装置的优势进行互补，全钒液流储能系统

能够稳定且长时间为系统提供电压和频率的支撑，但由于其为能量型的储能，暂态调节响应速度远不如超级电容储能系统。超级电容则属于功率型储能，响应时间很快，该储能系统的工作原理如下：充电阶段由 AC/DC 整流器将分布式发电单元多余电量经整流传输给超级电容器组储存起来，充满电后超级电容处于浮充运行状态；当系统发生故障、负荷波动或切换运行时电压、频率骤变，控制器动作控制逆变单元，超级电容快速准确释放出能量，补偿系统功率缺额，在短时间内使频率、电压恢复到稳定值。由于超级电容的持续充、放电时间很短，所以将超级电容用于调节系统的暂态特性方面最为合适。超级电容的控制策略选取非常关键，目前可以采取的主要方式有以下两种。

第一，超级电容运行在恒功率模式，其功率的给定依靠微电网能量管理系统。能量管理系统通过计算系统功率的缺额，将缺额的功率指令发送给超级电容，超级电容迅速启动。

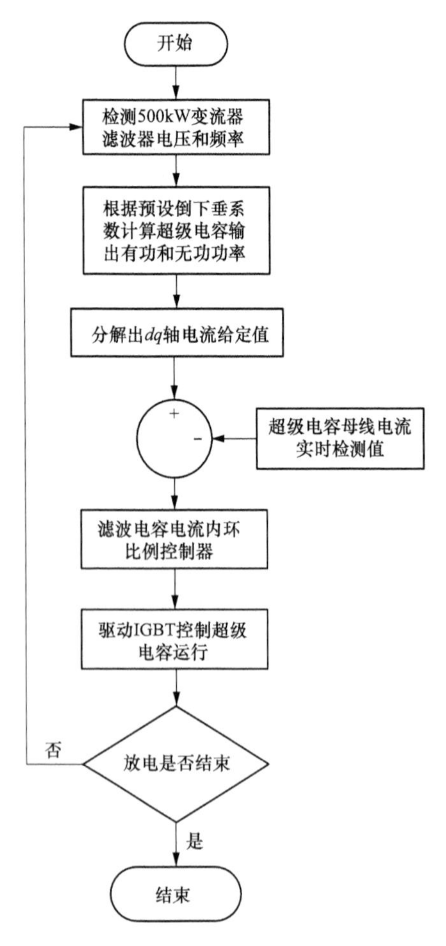

图 7-9 超级电容控制逻辑流程图

虽然工作在恒功率模式下的超级电容和恒频恒压模式下的全钒液流联机运行的暂态稳定性较好，但超级电容的恒功率控制策略最大的弊端是实时性和可控性较低，能量管理系统计算出系统的功率缺额后，通过通信网络将指令发送到超级电容将占用控制过程的大部分时间，而此时母线上的电压和频率也没能得到及时地调整。这样会使超级电容响应时间变长，响应过程不连续，不能发挥复合储能的优势。

第二，超级电容工作在恒压恒频模式下，即此时和全钒液流的控制策略相同。这种控制策略下超级电容的响应时间会非常快，但是这样做的麻烦是瞬间启动双主电源的协调性问题，即超级电容启动瞬间会引起振荡或者过压过流保护。其次，超级电容工作在恒压恒频策略下，两个主电源的下垂特性不同，必须考虑系统的稳定性。

超级电容必须要满足作为暂态调节的快速性，又要实现维持系统暂态以及稳态运行的稳定性，而其中最基本的要求是维持系统稳定性，因此本节提出了一种针对超级电容的控制策略，即倒下垂控制策略，其针对超级电容的控制逻辑图如图 7-9 所示。

倒下垂控制与下垂控制相似，也属于对等控制，二者的相同点是基本控制方式相同，都是模拟传统同步发电机的运行特性来达到电压调节和频率调节的目的，不同点是它们的控制对象不同。下垂控制是通过解耦有功—电压、无功—频率之间的下垂特性曲线进行电压和频率调节，即控制对象为有功功率和无功功率；倒下垂控制则是通过锁相环检测电网电压和频率，再根据倒下垂公式计算有功功率和无功功率，其原理如图 7-10 所示。

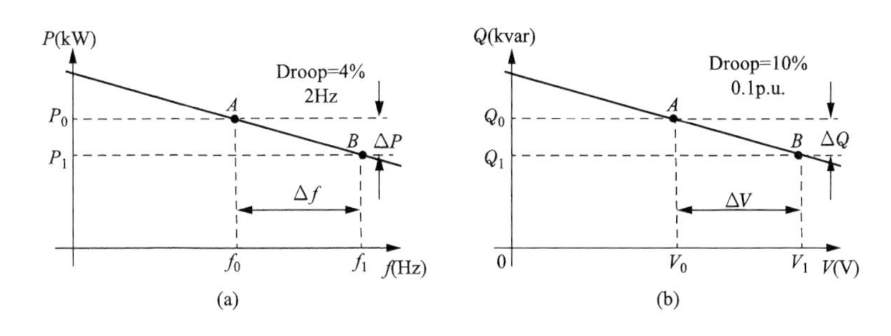

图 7-10　倒下垂控制原理图

（a）频率倒下垂特性；（b）电压倒下垂特性

由于下垂控制是为了使逆变器输出电压和频率在较小范围内波动，而倒下垂控制是使输出功率在一定范围内波动。因此在复合储能系统中将倒下垂控制与下垂控制结合使用，不仅能将系统的电压、频率控制在稳定范围内，还能使储能系统的输出功率在给定值区间内波动。

倒下垂控制策略是在电流内环控制的基础上加入电压和频率外环控制。电压和频率外环控制的输入由全钒液流的下垂特性决定。因此根据全钒液流储能系统的下垂特性，可确定超级电容的倒下垂系数。该控制策略实现了实时跟踪了母线电压和频率，解决了全钒液流暂态过程调节速度慢的问题。其控制拓扑图如图 7-11 所示。

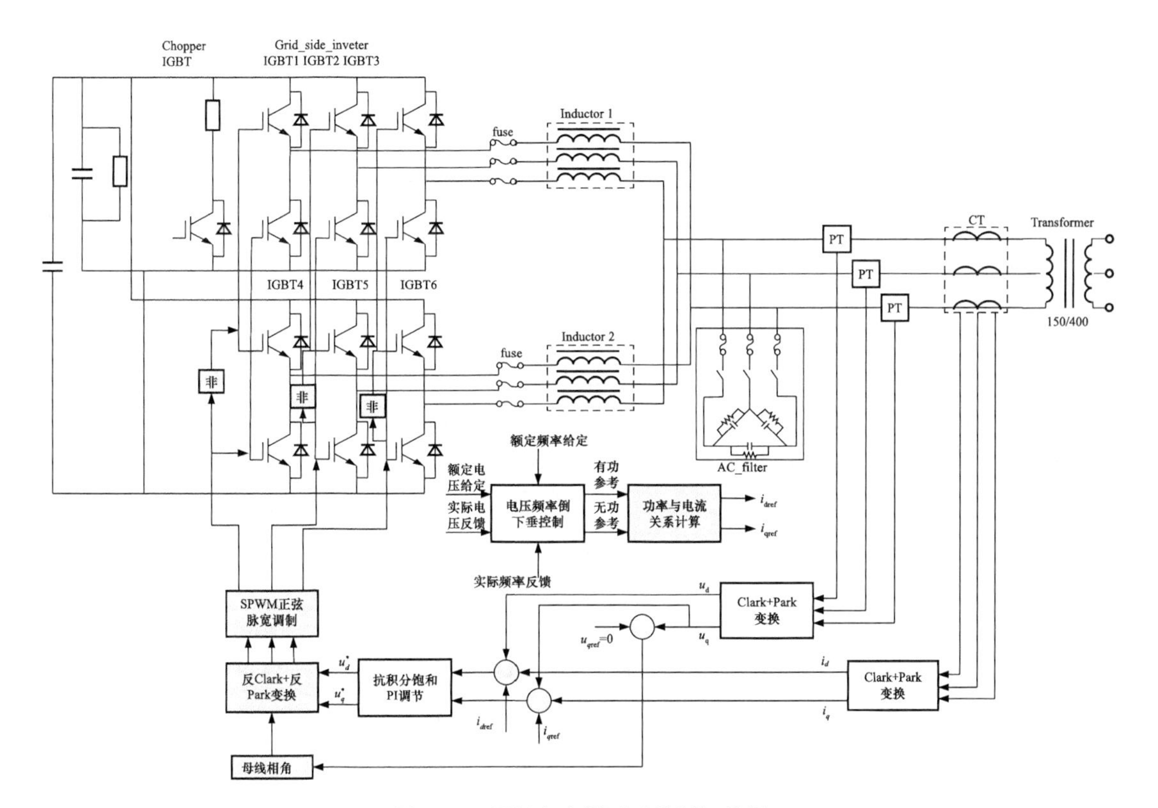

图 7-11　超级电容倒下垂控制拓扑图

本文采用三相锁相环来测量逆变器公共连接点的电网频率，用电压传感器测量电压幅值。锁相环控制框图如图 7-12 所示。

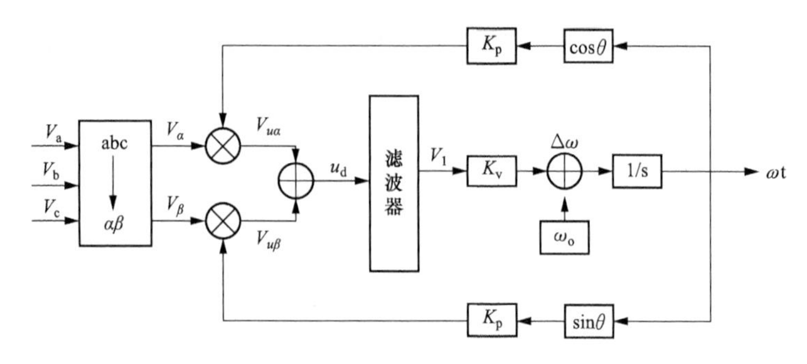

图 7-12　锁相环控制框图

首先将三相电压变换到两相 α-β 坐标系中，然后与锁相环输出构成一个负反馈闭环控制系统，最后通过调节系统参数达到滤波锁相的目的。

2. 倒下垂电压频率环节

假设微电网母线电压和频率的下垂控制系数分别为 m 和 n（即主电源钒液流电池的下垂控制系数），则超级电容的倒下垂电压和频率调节环框图如图 7-13 所示。

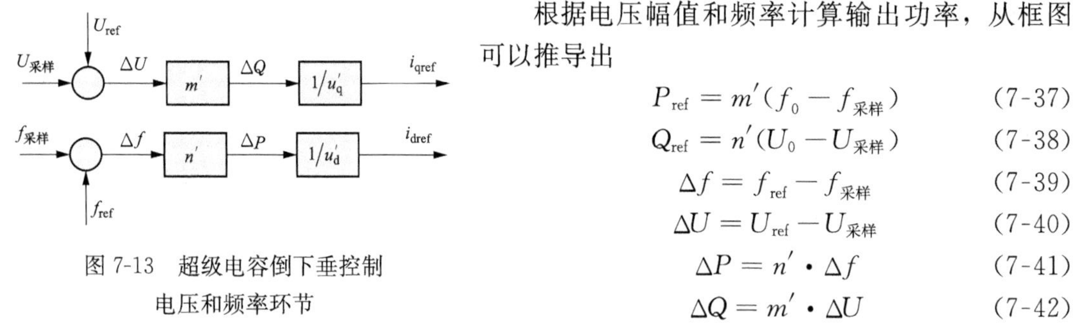

图 7-13　超级电容倒下垂控制电压和频率环节

根据电压幅值和频率计算输出功率，从框图可以推导出

$$P_{ref} = m'(f_0 - f_{采样}) \tag{7-37}$$

$$Q_{ref} = n'(U_0 - U_{采样}) \tag{7-38}$$

$$\Delta f = f_{ref} - f_{采样} \tag{7-39}$$

$$\Delta U = U_{ref} - U_{采样} \tag{7-40}$$

$$\Delta P = n' \cdot \Delta f \tag{7-41}$$

$$\Delta Q = m' \cdot \Delta U \tag{7-42}$$

其中，将 ΔQ 和 ΔP 作为超级电容储能系统控制器的功率参考值，f_0 和 U_0 分别为超级电容不带负载时的频率和相电压幅值。

从倒下垂电压频率环节中能够看出，超级电容先采集微电网母线上的电压幅值和频率，将采集到的电压和频率与参考值作对比，将差值与全钒液流下垂系数的倒数相乘，就可以得到系统的功率缺额，后面的电流控制环节与恒功率控制相同，不再赘述。从超级电容和全钒液流储能系统控制策略中可知，超级电容的控制策略是根据全钒液流的动态特性进行设计的，实时跟踪了母线上的电压和频率，并及时做出补偿。

五、小结

本节建立了复合储能和微电源的电压型三相全桥变流器数学模型。提出了复合储能协调控制策略，即对全钒液流进行下垂控制，对超级电容进行倒下垂控制控制。并设计了储能系统的控制器，不仅考虑电压电流双环控制器的比例积分参数的设计，还根据实际的微电网设计了合理的下垂系数。

第二节 微电网系统的复合储能

微电网可被认为是“微型电力系统”，设计微电网的时候必须考虑其系统的稳定性，因此制定复合储能整体控制策略时也需要对微电网电力系统进行稳定性分析。微电网本身就是由多个电力电子连接的微电源连接在一起，属于强非线性系统，无惯性环节，因此微电网母线电压容易被引发振荡。微电网电力系统母线电压又对微电源接入较为敏感。因此，在设计储能和微电源控制器参数以及在制定微电网整体控制策略时都必须要考虑到微电网电力系统的稳定性。

本节建立了微电网电力系统的全阶微分代数方程，能够模拟各个电源的动态特性，建立的网络代数方程能够模拟电力系统的潮流分布等。根据微电网的稳定性分析，在单个微电源控制策略的设计基础上，对控制参数作出调整或者制定良好的整体运行策略，保证系统健康稳定运行。

一、储能系统动态数学模型

储能系统主要包括储能单元、变流及其控制单元。在实际的动态过程中，储能单元输出的直流电压变化较小，所以在建立动态模型时可忽略直流电压变化。微电网主要由电力电子器件连在一起构成了微型电网，因此动态建模还需考虑建立变流器以及其控制单元的动态数学模型。

由于储能系统在微电网中通常采用的是 V/f 控制，即在微电网中充当电压和频率的支撑作用，其控制策略不同于光伏发电系统或者风力发电系统。当系统有多余电量的时候，储能系统能够将多余的电量存储起来，当系统发电量不足的时候，储能系统能够将存储的电量释放出来，维持系统的稳定性。图 7-14 是储能变流器的电压外环电流内环控制框图。

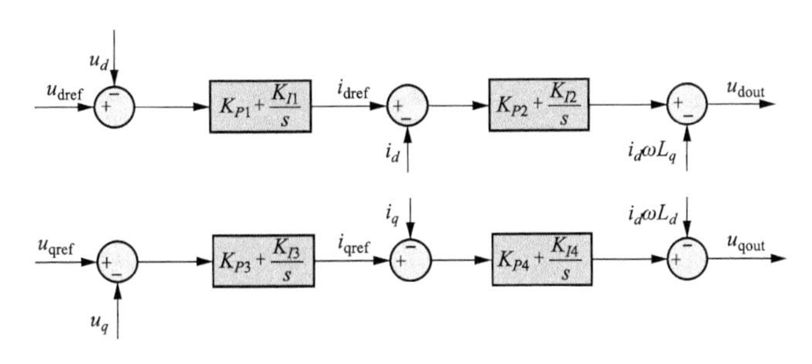

图 7-14 电容电流内环电压外环控制动态结构图

其中，u_{dref}、u_{qref}分别表示变流器输出 d 轴和 q 轴电压的参考值，这两个参考值可以通过下垂曲线获取；u_d、u_q 表示变流器输出 d 轴和 q 轴电压的实际采样值；i_{dref}、i_{qref}分别表示变流器输出 d 轴和 q 轴电流的参考值；i_d 和 i_q 表示变流器输出 d 轴和 q 轴电流的实际采样值；K_{P1}、K_{I1}分别表示 d 轴电压外环比例参数和积分参数；K_{P2} 和 K_{I2}分别表示 q 轴电压外环比例参数和积分参数；K_{P3}和 K_{I3}分别表示 d 轴电流内环比例参数和积分参数；K_{P4}和 K_{I4}分别表示 q 轴电流内环比例参数和积分参数；ω 表示锁相环获取的电网角频率；L 表示滤波电感。

建立 d 轴电压外环和 d 轴电流内环的动态方程之前，需要先建立频域内状态方程为

$$K_{P1}(u_{\mathrm{dref}}-u_{\mathrm{d}})+K_{I1}(u_{\mathrm{dref}}-u_{\mathrm{d}})/s=i_{\mathrm{dref}} \tag{7-43}$$

$$K_{P2}(i_{\mathrm{dref}}-i_{\mathrm{d}})+K_{I2}(i_{\mathrm{dref}}-i_{\mathrm{d}})/s-i_{\mathrm{q}}\omega L=u_{\mathrm{d}} \tag{7-44}$$

为了能够求得时域内的电压电流动态方程，假设

$$x_1=K_{I1}(u_{\mathrm{dref}}-u_{\mathrm{d}})/s \tag{7-45}$$

$$x_2=K_{I2}(i_{\mathrm{dref}}-i_{\mathrm{d}})/s \tag{7-46}$$

则经过变换以后的时域内动态方程变为

$$\frac{\mathrm{d}x_1}{\mathrm{d}t}=K_{I1}(u_{\mathrm{dref}}-u_{\mathrm{d}}) \tag{7-47}$$

$$\frac{\mathrm{d}x_2}{\mathrm{d}t}=K_{I2}[K_{P1}(u_{\mathrm{dref}}-u_{\mathrm{d}})+x_1-i_{\mathrm{d}}] \tag{7-48}$$

变换以后的代数方程为

$$K_{P2}[K_{P1}(u_{\mathrm{dref}}-u_{\mathrm{d}})+x_1-i_d]+x_2-i_q\omega L=u_{\mathrm{d}} \tag{7-49}$$

建立 q 轴电压外环和 q 轴电流内环的动态方程之前，需要先建立频域内状态方程为

$$K_{P3}(u_{\mathrm{qref}}-u_{\mathrm{q}})+K_{I3}(u_{\mathrm{qref}}-u_{\mathrm{q}})/s=i_{\mathrm{qref}} \tag{7-50}$$

$$K_{P4}(i_{\mathrm{qref}}-i_{\mathrm{q}})+K_{I4}(i_{\mathrm{qref}}-i_{\mathrm{q}})/s-i_{\mathrm{d}}\omega L=u_{\mathrm{q}} \tag{7-51}$$

为了能够求得时域内的电压电流动态方程，假设

$$x_3=K_{I3}(u_{\mathrm{qref}}-u_{\mathrm{q}})/s \tag{7-52}$$

$$x_4=K_{I4}(i_{\mathrm{qref}}-i_{\mathrm{q}})/s \tag{7-53}$$

将式（7-52）和式（7-53）带入到式（7-50）和式（7-51），则经过变换以后的时域内动态方程变为

$$\frac{\mathrm{d}x_3}{\mathrm{d}t}=K_{I3}(u_{\mathrm{qref}}-u_{\mathrm{q}}) \tag{7-54}$$

$$\frac{\mathrm{d}x_4}{\mathrm{d}t}=K_{I4}[K_{P3}(u_{\mathrm{qref}}-u_{\mathrm{q}})+x_3-i_{\mathrm{q}}] \tag{7-55}$$

变换以后的代数方程为

$$K_{P4}[K_{P3}(u_{\mathrm{qref}}-u_{\mathrm{q}})+x_3-i_{\mathrm{q}}]+x_4-i_{\mathrm{d}}\omega L=u_{\mathrm{q}} \tag{7-56}$$

则储能变流器的状态方程和代数方程能够表示为

$$\frac{\mathrm{d}x_1}{\mathrm{d}t}=K_{I1}(u_{\mathrm{dref}}-u_{\mathrm{d}}) \tag{7-57}$$

$$\frac{\mathrm{d}x_2}{\mathrm{d}t}=K_{I2}[K_{P1}(u_{\mathrm{dref}}-u_{\mathrm{d}})+x_1-i_{\mathrm{d}}] \tag{7-58}$$

$$\frac{\mathrm{d}x_3}{\mathrm{d}t}=K_{I3}(u_{\mathrm{qref}}-u_{\mathrm{q}}) \tag{7-59}$$

$$\frac{\mathrm{d}x_4}{\mathrm{d}t}=K_{I4}[K_{P3}(u_{\mathrm{qref}}-u_{\mathrm{q}})+x_3-i_{\mathrm{q}}] \tag{7-60}$$

$$K_{P2}[K_{P1}(u_{\mathrm{dref}}-u_{\mathrm{d}})+x_1-i_{\mathrm{d}}]+x_2-i_{\mathrm{q}}\omega L=u_{\mathrm{d}} \tag{7-61}$$

$$K_{P4}[K_{P3}(u_{\mathrm{qref}}-u_{\mathrm{q}})+x_3-i_{\mathrm{q}}]+x_4-i_{\mathrm{d}}\omega L=u_{\mathrm{q}} \tag{7-62}$$

二、恒功率控制电源动态数学模型

PQ 控制的分布式电源在微电网中不能参与系统调压和调频的作用，依靠储能系统的频

率和电压的支撑，向微电网输出给定的功率。因此，PQ 控制的分布式电源采用的控制策略不同于储能系统。以光伏发电为例，有功功率给定就是通过最大功率跟踪得到的，无功功率给定一般都设定为零。原则上来讲，由于 PQ 控制的分布式电源大多都是新能源，例如风力发电和光伏发电等，所以越多新能源注入微电网中，则微电网中的干扰源也就越多，系统越容易出现不稳定现象。图 7-15、图 7-16 为 PQ 控制的分布式电源的基本控制框图，从控制框图能够看出，PQ 控制的分布式电源采用了双环控制结构，其动态数学模型的建立过程如下。

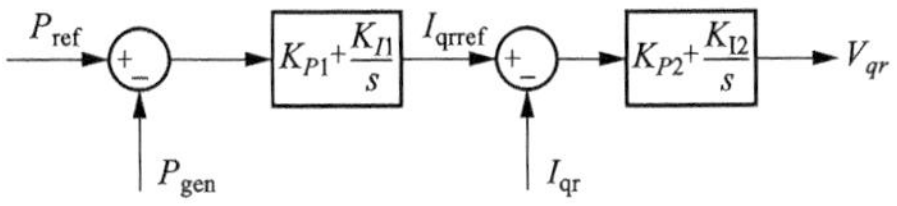

图 7-15 变流器有功控制框图

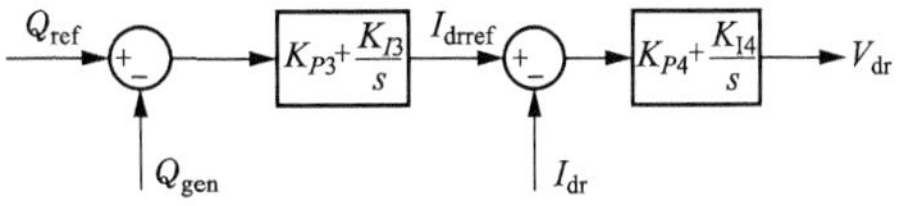

图 7-16 变流器无功功率控制框图

为了得到控制系统的微分代数方程，控制系统频域的代数方程描述能够得到变流器有功控制系统的数学描述为

$$K_{P1}(P_{\text{ref}}-P_{\text{gen}})+K_{I1}\frac{(P_{\text{ref}}-P_{\text{gen}})}{S}=I_{\text{qrref}} \tag{7-63}$$

$$K_{P4}(I_{\text{drref}}-I_{\text{dr}})+K_{I4}\frac{(I_{\text{drref}}-I_{\text{dr}})}{S}=V_{\text{dr}} \tag{7-64}$$

为了得到有功控制系统的微分代数方程，作如下定义为

$$x_1=K_{I1}\frac{P_{\text{ref}}-P_{\text{gen}}}{S} \tag{7-65}$$

$$x_2=K_{I2}\frac{I_{\text{qrref}}-I_{\text{qr}}}{S} \tag{7-66}$$

则时域内的变流器有功控制器微分代数方程为

$$\frac{\mathrm{d}x_1}{\mathrm{d}t}=K_{I1}(P_{\text{ref}}-P_{\text{gen}}) \tag{7-67}$$

$$\frac{\mathrm{d}x_2}{\mathrm{d}t}=K_{I2}(I_{qr\text{ref}}-I_{qr})=K_{I2}[K_{P1}(P_{\text{ref}}-P_{\text{gen}})+x_1-I_{\text{qr}}] \tag{7-68}$$

$$V_{\text{qr}}=x_2+K_{P2}[K_{P1}(P_{\text{ref}}-P_{\text{gen}})+x_1-I_{\text{qr}}] \tag{7-69}$$

为了得到变流器无功控制系统的微分代数方程，控制系统的频域的代数方程描述能够得到变流器有功控制系统的数学描述为

$$K_{P3}(Q_{\text{ref}}-Q_{\text{gen}})+K_{I3}\frac{(Q_{\text{ref}}-Q_{\text{gen}})}{S}=I_{\text{drref}} \tag{7-70}$$

$$K_{P2}(I_{\text{qrref}}-I_{\text{qr}})+K_{I2}\frac{(I_{\text{qrref}}-I_{\text{qr}})}{S}=V_{\text{qr}} \tag{7-71}$$

为了得到变流器无功控制系统的微分代数方程，做如下定义为

$$x_3=K_{I3}\frac{Q_{\text{ref}}-Q_{\text{gen}}}{S} \tag{7-72}$$

$$x_4=K_{I4}\frac{I_{\text{drref}}-I_{\text{dr}}}{S} \tag{7-73}$$

则时域内的变流器无功控制器微分代数方程为

$$\frac{\mathrm{d}x_3}{\mathrm{d}t}=K_{I3}(Q_{\text{ref}}-Q_{\text{gen}}) \tag{7-74}$$

$$\frac{\mathrm{d}x_4}{\mathrm{d}t}=K_{I4}(I_{\mathrm{drref}}-I_{\mathrm{dr}})=K_{I4}[K_{P3}(Q_{\mathrm{ref}}-Q_{\mathrm{gen}})+x_3-I_{\mathrm{dr}}] \tag{7-75}$$

$$V_{\mathrm{dr}}=x_4+K_{P4}[K_{P3}(Q_{\mathrm{ref}}-Q_{\mathrm{gen}})+x_3-I_{\mathrm{dr}}] \tag{7-76}$$

则 PQ 控制的分布式电源的状态方程和代数方程能够表示为

$$\frac{\mathrm{d}x_1}{\mathrm{d}t}=K_{I1}(P_{\mathrm{ref}}-P_{\mathrm{gen}}) \tag{7-77}$$

$$\frac{\mathrm{d}x_2}{\mathrm{d}t}=K_{I2}(I_{\mathrm{qrref}}-I_{\mathrm{qr}})=K_{I2}[K_{P1}(P_{\mathrm{ref}}-P_{\mathrm{gen}})+x_1-I_{\mathrm{qr}}] \tag{7-78}$$

$$\frac{\mathrm{d}x_3}{\mathrm{d}t}=K_{I3}(Q_{\mathrm{ref}}-Q_{\mathrm{gen}}) \tag{7-79}$$

$$\frac{\mathrm{d}x_4}{\mathrm{d}t}=K_{I4}(I_{dr\mathrm{ref}}-I_{dr})=K_{I4}[K_{P3}(Q_{\mathrm{ref}}-Q_{\mathrm{gen}})+x_3-I_{\mathrm{dr}}] \tag{7-80}$$

$$V_{qr}=x_2+K_{P2}[K_{P1}(P_{\mathrm{ref}}-P_{\mathrm{gen}})+x_1-I_{\mathrm{qr}}] \tag{7-81}$$

$$V_{dr}=x_4+K_{P4}[K_{P3}(Q_{\mathrm{ref}}-Q_{\mathrm{gen}})+x_3-I_{\mathrm{dr}}] \tag{7-82}$$

三、系统潮流代数方程

潮流代数方程的建立是求解系统微分方程的基础，是系统稳态初始值的主要计算方法。建立电力系统的代数方程主要目的是得到系统稳态运行的初始值，对电力系统的稳定性分析具有重要的意义。不仅如此，电力系统的代数方程在分析系统的动态特性也是不可缺少的部分。电力系统的初始值求解主要是根据系统的潮流方程确定。所以，在完全建立起系统的微分代数方程之前，必须先建立起系统的潮流方程。

设母线 i 电压为 V，注入母线 i 的电流为 I。根据基尔霍夫电流定律可得

$$\begin{bmatrix} I_1 \\ I_2 \\ \vdots \\ I_n \end{bmatrix}=\begin{bmatrix} Y_{11} & Y_{12} & \cdots & Y_{1n} \\ Y_{21} & Y_{22} & \cdots & Y_{2n} \\ \vdots & \vdots & \ddots & \vdots \\ Y_{n1} & Y_{n2} & \cdots & Y_{nn} \end{bmatrix}\begin{bmatrix} V_1 \\ V_2 \\ \vdots \\ V_n \end{bmatrix} \tag{7-83}$$

即 $I=Y_{bus}V$，其中 Y_{bus} 表示节点导纳矩阵。则注入母线 k 上面的电流能够表示为

$$I_k=\sum_{i=1}^{N}Y_{ki}V_i \tag{7-84}$$

注入母线 k 上面的复功率能够表示为

$$\begin{aligned} S_k &= Y_k V_k^* \\ &= V_k\sum_{i=1}^{N}Y_{ki}^*V_i^* \\ &= \sum_{i=1}^{N}V_kV_iY_{ki}[\cos(\theta_{ki}-\psi_{ki})+j\sin(\theta_{ki}-\psi_{ki})] \\ &= \sum_{i=1}^{N}(P_{ki}+jQ_{ki}) \\ &= P_k+jQ_k \end{aligned} \tag{7-85}$$

电力系统的潮流计算是电力系统分析的基础，对于节点个数为 n 的电力系统，如果系统的 PQ 节点个数为 m，则 PV 节点的个数为 $n-m-1$。潮流计算的任务就是在已知 PQ 节点

注入有功和无功、PV 节点注入的有功和电压以及平衡节点的电压和相角条件之下，求取 PQ 节点未知的电压和相角、PV 节点的无功和相角、平衡节点的有功和无功。电力系统在极坐标下的潮流方程可以描述为

$$\begin{cases} P_i = V_i \sum_{j=1}^{n} V_j (G_{ij} \cos\delta_{ij} + B_{ij} \sin\delta_{ij}), \quad i \in PQ\&PV \\ Q_i = V_i \sum_{j=1}^{n} V_j (-B_{ij} \cos\delta_{ij} + G_{ij} \sin\delta_{ij}), \quad i \in PQ \end{cases} \tag{7-86}$$

式（7-86）中的 P_i 和 Q_i 表示节点的注入有功和无功，V_i 表示节点的注入电压，δ_{ij} 表示节点间电压的相角差，B_{ij} 和 C_{ij} 表示节点导纳矩阵中的实部和虚部。在极坐标下潮流计算的方程中未知数的个数是 $n+m-1$，方程的个数也是 $n+m-1$，所以数值计算方法能够计算得到潮流方程的解。

至此，将整个系统的微分代数方程统一写成如下表达式为

$$\begin{cases} \dot{\boldsymbol{x}} = \boldsymbol{f}(\boldsymbol{x}, \boldsymbol{y}) \\ \boldsymbol{0} = \boldsymbol{g}(\boldsymbol{x}, \boldsymbol{y}) \end{cases} \tag{7-87}$$

对于 N 机系统有

$$\boldsymbol{\delta} = [\delta_1 \quad \delta_2 \quad \cdots \quad \delta_N]^{\mathrm{T}} \tag{7-88}$$

$$\boldsymbol{\omega} = [\omega_1 \quad \omega_2 \quad \cdots \quad \omega_N]^{\mathrm{T}} \tag{7-89}$$

$$\boldsymbol{E}' = [E_1' \quad E_2' \quad \cdots \quad E_N']^{\mathrm{T}} \tag{7-90}$$

则状态变量 $\boldsymbol{x}$ 为

$$\boldsymbol{x} = [\boldsymbol{\delta} \quad \boldsymbol{\omega} \quad \boldsymbol{E}']^{\mathrm{T}} \tag{7-91}$$

N 机系统的代数变量为 $\boldsymbol{y}$，则 $\boldsymbol{y}=[\boldsymbol{\theta} \quad \boldsymbol{V}]^{\mathrm{T}}$，并且有

$$\boldsymbol{\theta} = [\theta_1 \quad \theta_2 \quad \cdots \quad \theta_N]^{\mathrm{T}} \tag{7-92}$$

$$\boldsymbol{V} = [V_1 \quad V_2 \quad \cdots \quad V_N]^{\mathrm{T}} \tag{7-93}$$

图 7-17 表示微电网的单线图，其中包含了多个 PQ 控制的分布式电源和一个储能单元，储能单元为整个微电网提供电压和频率的支撑。图中的负载主要由 PQ 控制的分布式电源来提供，不足的部分可以由储能系统来提供。如果所有 PQ 控制的分布式电源发出的功率超过负载消耗的功率，则多余的能量将由储能系统来吸收。

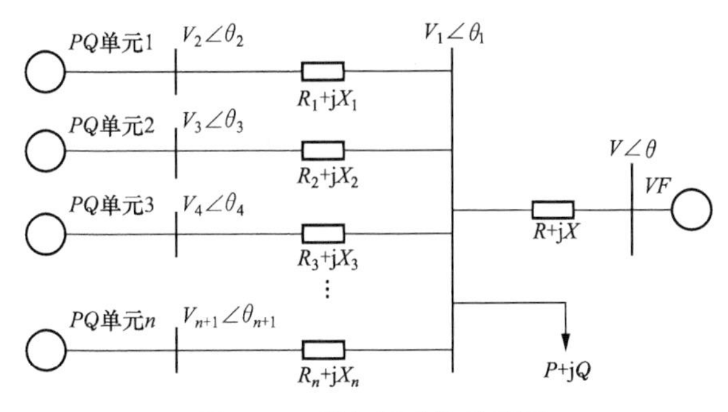

图 7-17 微电网系统单线图

从上面微电网的单线图可知，微电网整体呈现为辐射状，因此建立系统的潮流方程时先建立各个支路上的电流为

$$I_1=\frac{V_2\angle\theta_2-V_1\angle\theta_1}{R_1+\mathrm{j}X_1}\tag{7-94}$$

$$I_2=\frac{V_3\angle\theta_3-V_1\angle\theta_1}{R_2+\mathrm{j}X_2}\tag{7-95}$$

$$I_3=\frac{V_4\angle\theta_4-V_1\angle\theta_1}{R_3+\mathrm{j}X_3}\tag{7-96}$$

$$I_n=\frac{V_{n+1}\angle\theta_{n+1}-V_1\angle\theta_1}{R_n+\mathrm{j}X_n}\tag{7-97}$$

储能系统输出的电流计算式子为

$$I=\frac{V\angle\theta-V_1\angle\theta_1}{R+\mathrm{j}X}\tag{7-98}$$

负载支路上的电流计算式子为

$$I_{\text{load}}=\frac{V_1\angle\theta_1}{P+\mathrm{j}Q}\tag{7-99}$$

根据基尔霍夫电流定律可知

$$I_{\text{load}}=I_1+I_2+I_3+\cdots+I_n+I\tag{7-100}$$

每个微电源的输出功率可以计算为

$$P_1+\mathrm{j}Q_1=\frac{V_2\angle\theta_2-V_1\angle\theta_1}{R_1+\mathrm{j}X_1}\times V_2\angle\theta_2\tag{7-101}$$

$$P_2+\mathrm{j}Q_2=\frac{V_3\angle\theta_3-V_1\angle\theta_1}{R_2+\mathrm{j}X_2}\times V_3\angle\theta_3\tag{7-102}$$

$$P_3+\mathrm{j}Q_3=\frac{V_4\angle\theta_4-V_1\angle\theta_1}{R_3+\mathrm{j}X_3}\times V_4\angle\theta_4\tag{7-103}$$

$$P_n+\mathrm{j}Q_n=\frac{V_{n+1}\angle\theta_{n+1}-V_1\angle\theta_1}{R_n+\mathrm{j}X_n}\times V_{n+1}\angle\theta_{n+1}\tag{7-104}$$

储能系统的功率计算为

$$P+\mathrm{j}Q=\frac{V\angle\theta-V_1\angle\theta_1}{R+\mathrm{j}X}\times V\angle\theta\tag{7-105}$$

因此对于系统有单个储能系统和 n 个 PQ 控制的分布式电源而言，整个系统的微分方程包括储能系统的动态方程，PQ 控制的分布式电源的动态方程为

$$\frac{\mathrm{d}x_1^{VF}}{\mathrm{d}t}=K_{I1}^{VF}(u_{d\text{ref}}^{VF}-u_d^{VF})\tag{7-106}$$

$$\frac{\mathrm{d}x_2^{VF}}{\mathrm{d}t}=K_{I2}^{VF}[K_{P1}^{VF}(u_{d\text{ref}}^{VF}-u_d^{VF})+x_1^{VF}-i_d^{VF}]\tag{7-107}$$

$$\frac{\mathrm{d}x_3^{VF}}{\mathrm{d}t}=K_{I3}^{VF}(u_{q\text{ref}}^{VF}-u_q^{VF})\tag{7-108}$$

$$\frac{\mathrm{d}x_4^{VF}}{\mathrm{d}t}=K_{I4}^{VF}[K_{P3}^{VF}(u_{q\text{ref}}^{VF}-u_q^{VF})+x_3^{VF}-i_q^{VF}]\tag{7-109}$$

$$\frac{\mathrm{d}x_1^{PQ1}}{\mathrm{d}t}=K_{I1}^{PQ1}(P_{\text{ref}}^{PQ1}-P_{\text{gen}}^{PQ1})\tag{7-110}$$

$$\frac{\mathrm{d}x_2^{PQ1}}{\mathrm{d}t}=K_{I2}^{PQ1}(I_{qr\text{ref}}^{PQ1}-I_{qr}^{PQ1})=K_{P2}^{PQ1}[K_{P1}^{PQ1}(P_{\text{ref}}^{PQ1}-P_{\text{gen}}^{PQ1})+x_1^{PQ1}-I_{qr}^{PQ1}]\tag{7-111}$$

$$\frac{\mathrm{d}x_3^{PQ1}}{\mathrm{d}t}=K_{I3}^{PQ1}(Q_{\mathrm{ref}}^{PQ1}-Q_{\mathrm{gen}}^{PQ1}) \tag{7-112}$$

$$\frac{\mathrm{d}x_4^{PQ1}}{\mathrm{d}t}=K_{I4}^{PQ1}(I_{dr\mathrm{ref}}^{PQ1}-I_{dr}^{PQ1})=K_{I4}^{PQ1}[K_{P3}^{PQ1}(Q_{\mathrm{ref}}^{PQ1}-Q_{\mathrm{gen}}^{PQ1})+x_{13}^{PQ1}-I_{dr}^{PQ1}] \tag{7-113}$$

$$\frac{\mathrm{d}x_1^{PQ2}}{\mathrm{d}t}=K_{I1}^{PQ2}(P_{\mathrm{ref}}^{PQ2}-P_{\mathrm{gen}}^{PQ2}) \tag{7-114}$$

$$\frac{\mathrm{d}x_2^{PQ2}}{\mathrm{d}t}=K_{I2}^{PQ2}(I_{qr\mathrm{ref}}^{PQ2}-I_{qr}^{PQ2})=K_{I2}^{PQ2}[K_{P1}^{PQ2}(P_{\mathrm{ref}}^{PQ2}-P_{\mathrm{gen}}^{PQ2})+x_1^{PQ2}-I_{qr}^{PQ2}] \tag{7-115}$$

$$\frac{\mathrm{d}x_3^{PQ2}}{\mathrm{d}t}=K_{I3}^{PQ2}(Q_{\mathrm{ref}}^{PQ2}-Q_{\mathrm{gen}}^{PQ2}) \tag{7-116}$$

$$\frac{\mathrm{d}x_4^{PQ2}}{\mathrm{d}t}=K_{I4}^{PQ2}(I_{dr\mathrm{ref}}^{PQ2}-I_{dr}^{PQ2})=K_{I4}^{PQ2}[K_{P3}^{PQ2}(Q_{\mathrm{ref}}^{PQ2}-Q_{\mathrm{gen}}^{PQ2})+x_{13}^{PQ2}-I_{dr}^{PQ2}] \tag{7-117}$$

$$\frac{\mathrm{d}x_1^{PQ3}}{\mathrm{d}t}=K_{I1}^{PQ3}(P_{\mathrm{ref}}^{PQ3}-P_{\mathrm{gen}}^{PQ3}) \tag{7-118}$$

$$\frac{\mathrm{d}x_2^{PQ3}}{\mathrm{d}t}=K_{I2}^{PQ3}(I_{qr\mathrm{ref}}^{PQ3}-I_{qr}^{PQ3})=K_{I2}^{PQ3}[K_{P1}^{PQ3}(P_{\mathrm{ref}}^{PQ3}-P_{\mathrm{gen}}^{PQ3})+x_1^{PQ3}-I_{qr}^{PQ3}] \tag{7-119}$$

$$\frac{\mathrm{d}x_3^{PQ3}}{\mathrm{d}t}=K_{I3}^{PQ3}(Q_{\mathrm{ref}}^{PQ3}-Q_{\mathrm{gen}}^{PQ3}) \tag{7-120}$$

$$\frac{\mathrm{d}x_4^{PQ3}}{\mathrm{d}t}=K_{I4}^{PQ3}(I_{dr\mathrm{ref}}^{PQ3}-I_{dr}^{PQ3})=K_{I4}^{PQ3}[K_{P3}^{PQ3}(Q_{\mathrm{ref}}^{PQ3}-Q_{\mathrm{gen}}^{PQ3})+x_{13}^{PQ3}-I_{dr}^{PQ3}] \tag{7-121}$$

$$\vdots$$

$$\frac{\mathrm{d}x_1^{PQn}}{\mathrm{d}t}=K_{I1}^{PQn}(P_{\mathrm{ref}}^{PQn}-P_{\mathrm{gen}}^{PQn}) \tag{7-122}$$

$$\frac{\mathrm{d}x_2^{PQn}}{\mathrm{d}t}=K_{I2}^{PQn}(I_{qr\mathrm{ref}}^{PQn}-I_{qr}^{PQn})=K_{I2}^{PQn}[K_{P1}^{PQn}(P_{\mathrm{ref}}^{PQn}-P_{\mathrm{gen}}^{PQn})+x_1^{PQn}-I_{qr}^{PQn}] \tag{7-123}$$

$$\frac{\mathrm{d}x_3^{PQn}}{\mathrm{d}t}=K_{I3}^{PQn}(Q_{\mathrm{ref}}^{PQn}-Q_{\mathrm{gen}}^{PQn}) \tag{7-124}$$

$$\frac{\mathrm{d}x_4^{PQn}}{\mathrm{d}t}=K_{I4}^{PQn}(I_{dr\mathrm{ref}}^{PQn}-I_{dr}^{PQn})=K_{I4}^{PQn}[K_{P3}^{PQn}(Q_{\mathrm{ref}}^{PQn}-Q_{\mathrm{gen}}^{PQn})+x_{13}^{PQn}-I_{dr}^{PQn}] \tag{7-125}$$

至此，整个微电网的微分代数方程建立完毕，建立系统的微分代数方程的目的就是要分析系统的动态稳定性，不仅如此，动态稳定性的分析还能为单个微电源的变流器控制系统的软件设计和硬件设计提供理论支持。虽然传统的控制系统传递函数能够定性地确定变流器控制系统的各个参数，其中包括滤波器参数、变流器控制系统的比例积分参数等。但是，这种方法较为粗糙，因为确定的参数值只是一个可取范围内的值，不一定就是最佳值。虽然取值基本能够满足要求，但是在一定条件下，这种方法确定的值并不能满足系统的要求，例如前面提到的微电网电压次同步振荡失稳的现象。综上所述，研究微电网电力系统的动态特性具有非常重要的实用价值。

四、复合储能微分代数方程

图 7-18 表示基于复合储能微电网的单线图，其中包含了多个 PQ 控制的分布式电源和多个储能单元，每个储能单元都为整个微电网提供电压和频率的支撑。图中的负载主要由 PQ 控制的分布式电源来提供，不足的部分可以由储能系统来提供。如果所有 PQ 控制的分

布式电源发出的功率超过负载消耗的功率，则多余的能量将由储能系统来吸收。

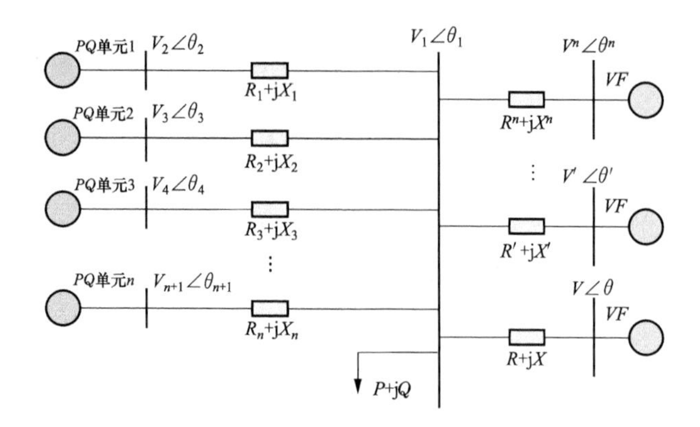

图 7-18 基于复合储能的微电网单线图

1. 复合储能动态方程

根据前文对单个 PQ 控制的微电源和单个 V/f 控制的储能单元的动态方程的建立，可以建立起系统有多个储能系统和多个 PQ 控制的分布式电源，整个储能系统动态方程表示为

$$\frac{dx_1^{VF1}}{dt}=K_{I1}^{VF1}(u_{dref}^{VF1}-u_d^{VF1}) \tag{7-126}$$

$$\frac{dx_2^{VF1}}{dt}=K_{I2}^{VF1}[K_{P1}^{VF1}(u_{dref}^{VF1}-u_d^{VF1})+x_1^{VF1}-i_d^{VF1}] \tag{7-127}$$

$$\frac{dx_3^{VF1}}{dt}=K_{I3}^{VF1}(u_{qref}^{VF1}-u_q^{VF1}) \tag{7-128}$$

$$\frac{dx_4^{VF1}}{dt}=K_{I4}^{VF1}[K_{P3}^{VF1}(u_{qref}^{VF1}-u_q^{VF1})+x_3^{VF1}-i_q^{VF1}] \tag{7-129}$$

$$\frac{dx_1^{VF2}}{dt}=K_{I1}^{VF2}(u_{dref}^{VF2}-u_d^{VF2}) \tag{7-130}$$

$$\frac{dx_2^{VF2}}{dt}=K_{I2}^{VF2}[K_{P1}^{VF2}(u_{dref}^{VF2}-u_d^{VF2})+x_1^{VF2}-i_d^{VF2}] \tag{7-131}$$

$$\frac{dx_3^{VF2}}{dt}=K_{I3}^{VF2}(u_{qref}^{VF2}-u_q^{VF2}) \tag{7-132}$$

$$\frac{dx_4^{VF2}}{dt}=K_{I4}^{VF2}[K_{P3}^{VF2}(u_{qref}^{VF2}-u_q^{VF2})+x_3^{VF2}-i_q^{VF2}] \tag{7-133}$$

$$\vdots$$

$$\frac{dx_1^{VFn}}{dt}=K_{I1}^{VFn}(u_{dref}^{VFn}-u_d^{VFn}) \tag{7-134}$$

$$\frac{dx_2^{VFn}}{dt}=K_{I2}^{VFn}[K_{P1}^{VFn}(u_{dref}^{VFn}-u_d^{VFn})+x_1^{VFn}-i_d^{VFn}] \tag{7-135}$$

$$\frac{dx_3^{VFn}}{dt}=K_{I3}^{VFn}(u_{qref}^{VFn}-u_q^{VFn}) \tag{7-136}$$

$$\frac{dx_4^{VFn}}{dt}=K_{I4}^{VFn}[K_{P3}^{VFn}(u_{qref}^{VFn}-u_q^{VFn})+x_3^{VFn}-i_q^{VFn}] \tag{7-137}$$

整个系统 PQ 控制的分布式电源动态方程可以表示为

$$\frac{\mathrm{d}x_2^{PQ1}}{\mathrm{d}t}=K_{I2}^{PQ1}(I_{qr\mathrm{ref}}^{PQ1}-I_{qr}^{PQ1})=K_{I2}^{PQ1}[K_{P1}^{PQ1}(P_{\mathrm{ref}}^{PQ1}-P_{\mathrm{gen}}^{PQ1})+x_1^{PQ1}-i_{qr}^{PQ1}] \tag{7-138}$$

$$\frac{\mathrm{d}x_3^{PQ1}}{\mathrm{d}t}=K_{I3}^{PQ1}(Q_{\mathrm{ref}}^{PQ1}-Q_{\mathrm{gen}}^{PQ1}) \tag{7-139}$$

$$\frac{\mathrm{d}x_4^{PQ1}}{\mathrm{d}t}=K_{I4}^{PQ1}(I_{dr\mathrm{ref}}^{PQ1}-I_{dr}^{PQ1})=K_{I4}^{PQ1}[K_{P3}^{PQ1}(Q_{\mathrm{ref}}^{PQ1}-Q_{\mathrm{gen}}^{PQ1})+x_{13}^{PQ1}-I_{dr}^{PQ1}] \tag{7-140}$$

$$\frac{\mathrm{d}x_1^{PQ2}}{\mathrm{d}t}=K_{I1}^{PQ2}(P_{\mathrm{ref}}^{PQ2}-P_{\mathrm{gen}}^{PQ2}) \tag{7-141}$$

$$\frac{\mathrm{d}x_2^{PQ2}}{\mathrm{d}t}=K_{I2}^{PQ2}(I_{qr\mathrm{ref}}^{PQ2}-I_{qr}^{PQ2})=K_{I2}^{PQ2}[K_{P1}^{PQ2}(P_{\mathrm{ref}}^{PQ2}-P_{\mathrm{gen}}^{PQ2})+x_1^{PQ2}-I_{qr}^{PQ2}] \tag{7-142}$$

$$\frac{\mathrm{d}x_3^{PQ2}}{\mathrm{d}t}=K_{I3}^{PQ2}(Q_{\mathrm{ref}}^{PQ2}-Q_{\mathrm{gen}}^{PQ2}) \tag{7-143}$$

$$\frac{\mathrm{d}x_4^{PQ2}}{\mathrm{d}t}=K_{I4}^{PQ2}(I_{dr\mathrm{ref}}^{PQ2}-I_{dr}^{PQ2})=K_{I4}^{PQ2}[K_{P3}^{PQ2}(Q_{\mathrm{ref}}^{PQ2}-Q_{\mathrm{gen}}^{PQ2})+x_{13}^{PQ2}-I_{dr}^{PQ2}] \tag{7-144}$$

$$\vdots$$

$$\frac{\mathrm{d}x_1^{PQn}}{\mathrm{d}t}=K_{I1}^{PQn}(P_{\mathrm{ref}}^{PQn}-P_{\mathrm{gen}}^{PQn}) \tag{7-145}$$

$$\frac{\mathrm{d}x_2^{PQn}}{\mathrm{d}t}=K_{I2}^{PQn}(I_{qr\mathrm{ref}}^{PQn}-I_{qr}^{PQn})=K_{I2}^{PQn}[K_{P1}^{PQn}(P_{\mathrm{ref}}^{PQn}-P_{\mathrm{gen}}^{PQn})+x_1^{PQn}-I_{qr}^{PQn}] \tag{7-146}$$

$$\frac{\mathrm{d}x_3^{PQn}}{\mathrm{d}t}=K_{I3}^{PQn}(Q_{\mathrm{ref}}^{PQn}-Q_{\mathrm{gen}}^{PQn}) \tag{7-147}$$

$$\frac{\mathrm{d}x_4^{PQn}}{\mathrm{d}t}=K_{I4}^{PQn}(I_{dr\mathrm{ref}}^{PQn}-I_{dr}^{PQn})=K_{I4}^{PQn}[K_{P3}^{PQn}(Q_{\mathrm{ref}}^{PQn}-Q_{\mathrm{gen}}^{PQn})+x_{13}^{PQn}-I_{dr}^{PQn}] \tag{7-148}$$

2. 基于复合储能的微电网潮流方程

从图 7-18 可知，微电网整体呈现为辐射状，因此建立系统的潮流方程时先建立各个支路上的电流为

$$I_1=\frac{V_2\angle\theta_2-V_1\angle\theta_1}{R_1+\mathrm{j}X_1} \tag{7-149}$$

$$I_2=\frac{V_3\angle\theta_3-V_1\angle\theta_1}{R_2+\mathrm{j}X_2} \tag{7-150}$$

$$\vdots$$

$$I_n=\frac{V_{n+1}\angle\theta_{n+1}-V_1\angle\theta_1}{R_n+\mathrm{j}X_n} \tag{7-151}$$

储能系统输出的电流计算式子为

$$I'=\frac{V'\angle\theta'-V_1\angle\theta_1}{R'+\mathrm{j}X'} \tag{7-152}$$

$$I=\frac{V\angle\theta-V_1\angle\theta_1}{R+\mathrm{j}X} \tag{7-153}$$

$$I''=\frac{V''\angle\theta''-V_1\angle\theta_1}{R''+\mathrm{j}X''} \tag{7-154}$$

$$\vdots$$

$$I^n=\frac{V^n\angle\theta^n-V_1\angle\theta_1}{R^n+\mathrm{j}X^n} \tag{7-155}$$

负载支路上的电流计算式为

$$I_{\text{load}} = \frac{V_1\angle\theta_1}{P + \mathrm{j}Q} \tag{7-156}$$

根据基尔霍夫电流定律可知：

$$I_{\text{load}} = I_1 + I_2 + I_3 + \cdots + I_n + I \tag{7-157}$$

每个微电源的输出功率可以计算为

$$P_1 + \mathrm{j}Q_1 = \frac{V_2\angle\theta_2 - V_1\angle\theta_1}{R_1 + \mathrm{j}X_1} \times V_2\angle\theta_2 \tag{7-158}$$

$$P_2 + \mathrm{j}Q_2 = \frac{V_3\angle\theta_3 - V_1\angle\theta_1}{R_2 + \mathrm{j}X_2} \times V_3\angle\theta_3 \tag{7-159}$$

$$\vdots$$

$$P_n + \mathrm{j}Q_n = \frac{V_{n+1}\angle\theta_{n+1} - V_1\angle\theta_1}{R_n + \mathrm{j}X_n} \times V_{n+1}\angle\theta_{n+1} \tag{7-160}$$

储能系统的功率计算为

$$P + \mathrm{j}Q = \frac{V\angle\theta - V_1\angle\theta_1}{R + \mathrm{j}X} \times V\angle\theta \tag{7-161}$$

$$P' + \mathrm{j}Q' = \frac{V'\angle\theta' - V_1\angle\theta_1}{R' + \mathrm{j}X'} \times V'\angle\theta' \tag{7-162}$$

$$P'' + \mathrm{j}Q'' = \frac{V''\angle\theta'' - V_1\angle\theta_1}{R'' + \mathrm{j}X''} \times V''\angle\theta'' \tag{7-163}$$

$$\vdots$$

$$P^n + \mathrm{j}Q^n = \frac{V^n\angle\theta^n - V_1\angle\theta_1}{R^n + \mathrm{j}X^n} \times V^n\angle\theta^n \tag{7-164}$$

至此，基于复合储能的微电网电力系统微分代数方程建立完毕，在此基础上可以分析系统稳定性的条件以及储能系统控制器以及电力系统参数的合理设计问题，不仅如此，还可以根据微分代数方程的分析求解 PQ 控制的微电源变流器的合理参数，从而展开系统的仿真验证。

五、小结

本节根据系统的动态特性的静态特性，建立了微电网全阶微分代数方程，更能够定量精确描述系统的动态特性。建立的网络代数方程能够模拟电力系统的潮流分布等。根据微电网的稳定性分析，在单个微电源控制策略的设计基础上，对控制参数作出调整或者制定良好的整体运行策略，保证系统健康稳定运行。

第三节　复合储能控制策略

本节根据第一节中单个储能电源的控制策略，基于 PSCAD 仿真软件建立了其仿真模型，验证了单个储能电源控制策略的有效性。全钒液流储能作为系统运行的主电源时不仅为系统的电压和频率提供支撑，并且为其余分布式电源的变流器提供了相位参考。同时在 PSCAD 仿真环境下建立了基于下垂控制的全钒液流与基于倒下垂控制策略的超级电容的复合储能协调控制系统仿真，验证了超级电容的暂态响应特性，可在系统电压和频率跌落的瞬间提供补偿。在进行 PSCAD 仿真的同时，利用前文推导的系统微分代数方程，计算了系统在各个运行工况下的方程的特征值，分析了微电网电力系统的稳定性。

一、微电网下垂控制电源特性仿真

本文采用的微电网系统拓扑如图 7-19 所示。

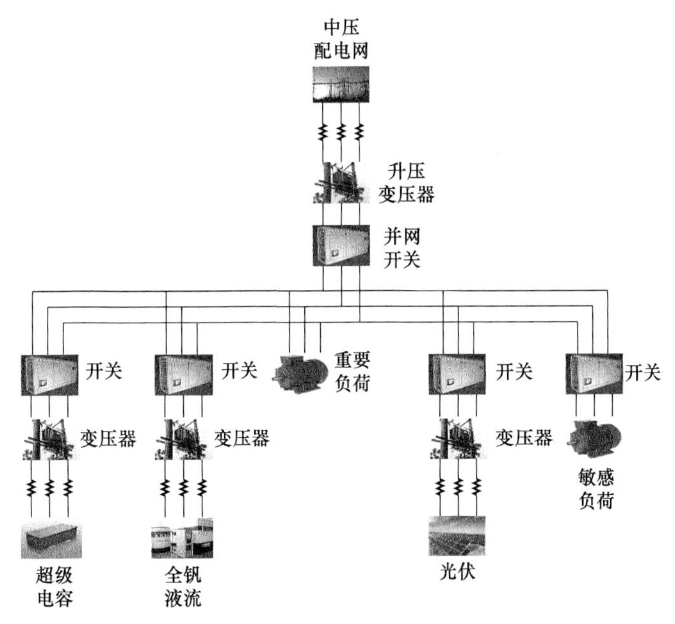

图 7-19 微电网系统拓扑图

本文采用 PSCAD 仿真软件对复合储能系统协调控制策略在不同微电网工况下进行仿真分析。其控制仿真模型图如图 7-20 所示。主要由变流滤波模块、功率控制模块、电压电流双环模块等构成。

1. 全钒液流储能带负载稳定性分析

此时作为主电源的全钒液流采用下垂控制策略，为整个微电网提供了电压和频率的支撑，是微电网核心部分，仿真中的下垂控制电源变流器为容量 200kW 的三相全桥变流。变流器采用模块化设计，目的是在提升变流器容量的同时还能随时增加或者减小变流器的容量。在进行 PSCAD 仿真之前，先对系统的稳定性进行分析计算。为了验证文中提到的下垂控制带载的稳定性分析，分别对全钒液流储能带阻性负载、感性负载和容性负载进行了分析计算，其简化网络拓扑图如图 7-21 所示。

基于上节已建立的储能模型，建立储能系统的微分代数方程，参数的定义同第二节，假设系统所带负载为 $P+\mathrm{j}Q$，忽略低压微电网的线路阻抗和线路感抗等原因，建立含网络潮流的方程为

$$\frac{\mathrm{d}x_1}{\mathrm{d}t}=K_{I1}(u_{d\mathrm{ref}}-u_d) \tag{7-165}$$

$$\frac{\mathrm{d}x_2}{\mathrm{d}t}=K_{I2}[K_{P1}(u_{d\mathrm{ref}}-u_d)+x_1-i_d] \tag{7-166}$$

$$\frac{\mathrm{d}x_3}{\mathrm{d}t}=K_{I3}(u_{q\mathrm{ref}}-u_q) \tag{7-167}$$

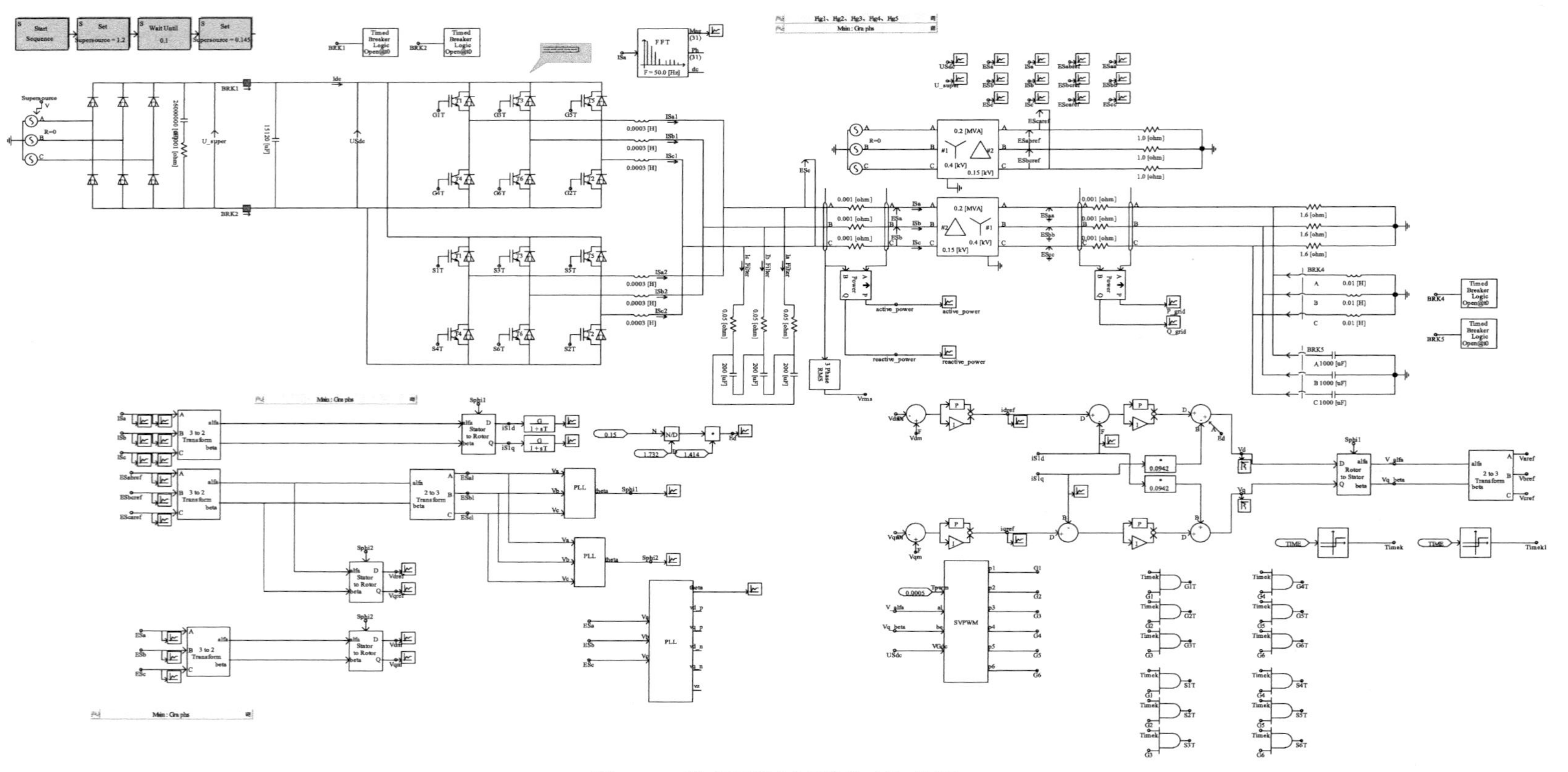

图 7-20 微电网控制系统仿真拓扑图

$$\frac{\mathrm{d}x_4}{\mathrm{d}t}=K_{I4}[K_{P3}(u_{\mathrm{qref}}-u_{\mathrm{q}})+x_3-i_{\mathrm{q}}] \tag{7-168}$$

$$K_{P2}[K_{P1}(u_{\mathrm{dref}}-u_{\mathrm{d}})+x_1-i_{\mathrm{d}}]+x_2-i_{\mathrm{q}}\omega L=u_{\mathrm{d}} \tag{7-169}$$

$$K_{P4}[K_{P3}(u_{\mathrm{qref}}-u_{\mathrm{q}})+x_3-i_{\mathrm{q}}]+x_4-i_{\mathrm{d}}\omega L=u_{\mathrm{q}} \tag{7-170}$$

$$(P+\mathrm{j}Q)\cdot(i_{\mathrm{d}}+\mathrm{j}i_{\mathrm{q}})=v_{\mathrm{d}}+\mathrm{j}v_{\mathrm{q}} \tag{7-171}$$

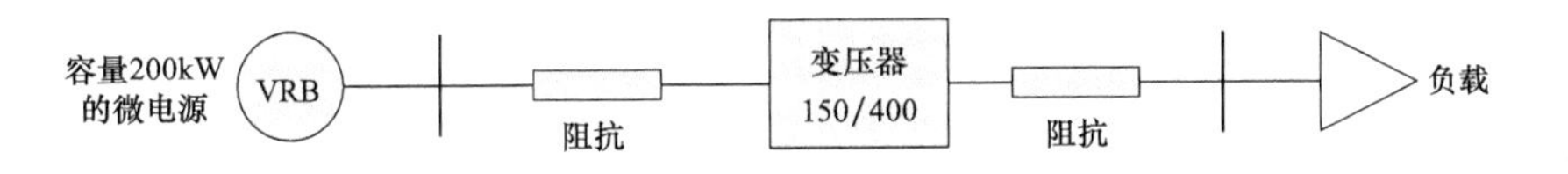

图 7-21　下垂控制电源带阻性负载仿真单线图

假设下垂控制微电源的微分变量为 x_1，x_2，x_3，x_4，系统的代数变量为 u_d，u_q，i_d，i_q，其中，u_d，u_q 表示母线电压经过 Clack 和 Park 变换以后旋转坐标下的直流分量，i_d，i_q 表示输出电流经过 Clack 和 Park 变换以后旋转坐标下的直流分量。系统的参数 K_{P1} 和 K_{I1} 分别表示控制系统电压外环 d 轴的比例积分参数，参数 K_{P2} 和 K_{I2} 分别表示控制系统电压外环 q 轴的比例积分参数，参数 K_{P3} 和 K_{I3} 分别表示控制系统电流内环 d 轴的比例积分参数，参数 K_{P4} 和 K_{I4} 分别表示控制系统电流内环 q 轴的比例积分参数，ω 表示角频率，L 表示滤波电感。P 表示负载的有功功率，Q 表示负载的无功功率。

该下垂控制策略中电力系统的代数变量线性化后为

$$\Delta\boldsymbol{u}=[\Delta u_{\mathrm{dref}},\Delta u_{\mathrm{qref}},\Delta i_{\mathrm{dref}},\Delta i_{\mathrm{qref}}] \tag{7-172}$$

状态变量线性化后为

$$\Delta\boldsymbol{x}=[\Delta x_1,\Delta x_2,\Delta x_3,\Delta x_4] \tag{7-173}$$

常数值线性化后为 $\Delta\boldsymbol{y}$，并且

$$\Delta\boldsymbol{y}=\boldsymbol{0} \tag{7-174}$$

将控制系统［见式（7-165）～式（7-171）］小信号线性化可得

$$\Delta\dot{\boldsymbol{x}}=\boldsymbol{A}\Delta\boldsymbol{x}+\boldsymbol{B}\Delta\boldsymbol{u} \tag{7-175}$$

$$\Delta\boldsymbol{y}=\boldsymbol{C}\Delta\boldsymbol{x}+\boldsymbol{D}\Delta\boldsymbol{u} \tag{7-176}$$

其中，$\boldsymbol{A}$ 为 4×4 阶矩阵，$\boldsymbol{B}$ 为 4×4 矩阵，$\boldsymbol{C}$ 为 4×4 矩阵，$\boldsymbol{D}$ 为 4×4。则微分代数方程的雅可比矩阵为 $\boldsymbol{Jac}=\boldsymbol{A}+\boldsymbol{BD}^{-}\boldsymbol{xC}$。在给定初始值的条件下能够求解到雅可比矩阵的特征值，通过特征值分析方法就能判断系统是否能够处于稳定运行状态。

以三种工况为例，分别是带阻性负载，带感性负载和带容性负载，计算各种工况下稳定运行的特征值如表 7-1 所示。

表 7-1　带阻性负载的运行特征值

名称	带阻性负载下的特征值			
特征值编号	特征值 1	特征值 2	特征值 3	特征值 4
特征值数值	−2.0156	−0.5365	−2.315	−45.259

从上面的带阻性负载运行下的特征值可以看出，阻性负载运行下系统不存在不稳定现象，而且也没有出现振荡模态的特征值。可见，带阻性负载不会引起系统的不稳定现象或者振荡现象，见表 7-2。

表 7-2　　带容性负载的运行特征值

名称	带感性负载下的特征值			
特征值编号	特征值 1	特征值 2	特征值 3	特征值 4
特征值数值	−0.1568	−7.3698	−1.749+j58.813	−1.749−j58.813

从上面的带感性负载运行下的特征值可以看出，感性负载运行下系统也不存在不稳定现象，但带感性负载运行会出现振荡模态特征值，振荡频率约为 9.36Hz，见表 7-3。

表 7-3　　带容性负载的运行特征值

名称	带容性负载下的特征值			
特征值编号	特征值 1	特征值 2	特征值 3	特征值 4
特征值数值	−4.1529	−0.5821	−13.1968+j239.42	−13.1968−j239.42

从以上带容性负载运行下的特征值可以看出，感性负载运行下系统不存在不稳定现象，但带容性负载运行会出现振荡模态特征值，振荡频率约为 38.06Hz。

对上述系统的稳定性分析可知，在储能系统单独带负载的时候不会出现系统不稳定现象。以下内容将用 PSCAD 仿真对其带载特性进行分析。

2. 全钒液流储能带阻性负载仿真

微电网中的下垂控制电源在 0.2s 带阻性负载启动，阻性负载的设定值为 16kW，储能变流器的设计按照容量为 200kW 进行，滤波参数的设计可以参照前文的设计方案，该仿真中选取滤波器参数：滤波电感为 0.2mH，滤波电容采用三角形接法，滤波电容的取值为 300μF。因为只是单电源带负载仿真，所以 200kW 变流器的控制器参数可以考虑采用前文中关于电压电流双环控制器的设计方案，设计出来的 PI 调节器参数分别为比例参数取值 1，积分参数可以取为 100。

阻性负载的加入逻辑为：运行时间为 0.2s 时，带负载 32kW 启动下垂控制电源，运行时间为 1s 时再增加负载 80kW 并且该负载在运行时间为 3s 时卸载，运行时间为 2s 时再增加负载 40kW 并且该负载在运行时间为 3.5s 时卸载，从 PSCAD 仿真软件中获取仿真结束后的电压，电流以及功率等曲线如图 7-22 所示。

从电压波形能够看出，在系统运行在 1.0s 的时候，突然启动 80kW 的阻性负载，全钒液流出口端电压瞬间跌落，但是电压跌落持续时间不超过一个周期。在系统运行在第 3.0s 的时候，微电网母线上的电压瞬间骤升，持续时间也不足一个周期。说明微电网的调频速度很快。微电网稳定运行在阻性负载下的电压电能质量较好。

曲线图如图 7-23～图 7-26 所示。从电流曲线可以看出，微电网主电源带阻性负载下，电流响应速度很快，没有出现振荡的情况，而且整个过程中电流的电能质量较好。在系统运行在 0.2s 的时候，微电网的主电源带载启动，电流上升。随后系统运行在 1s 时，加入负载 80kW，电流进一步上升。在系统运行在 2s 的时候，40kW 的阻性负载投入系统，电流上升。在 3.0s 和 3.5s 分别卸掉负载 80kW 和负载 40kW，电流曲线逐步下降。

变压器低压侧 150V 和高压侧 400V 的有功基本和电流的分析基本一致，功率上升的时间快，没有超调，调节时间很短，暂态特性较好。从功率曲线也能够看出系统没有出现振荡的现象。

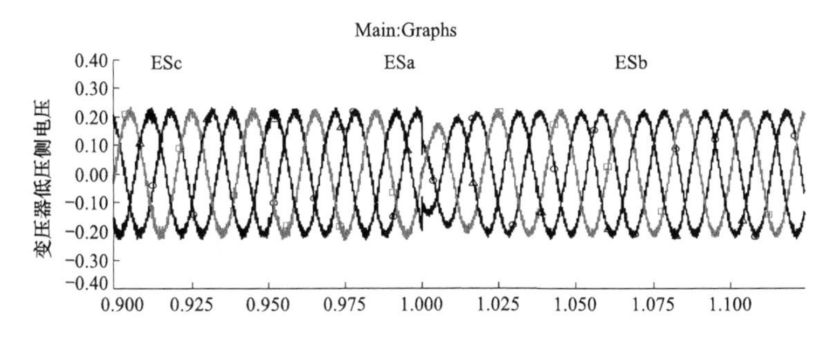

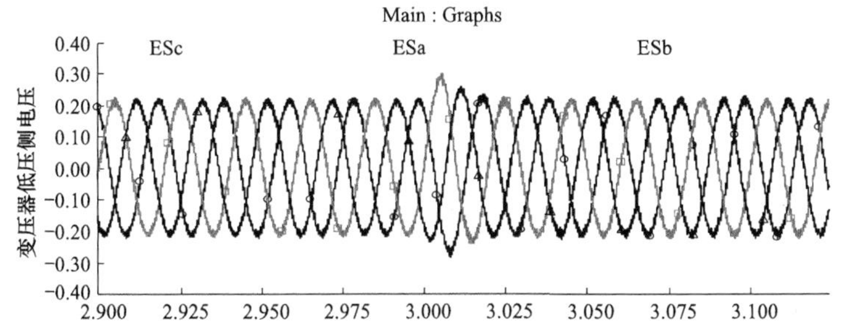

图 7-22 第 1s 后加入阻性负载 80kW 与 3.0s 卸负载 80kW 电压波形

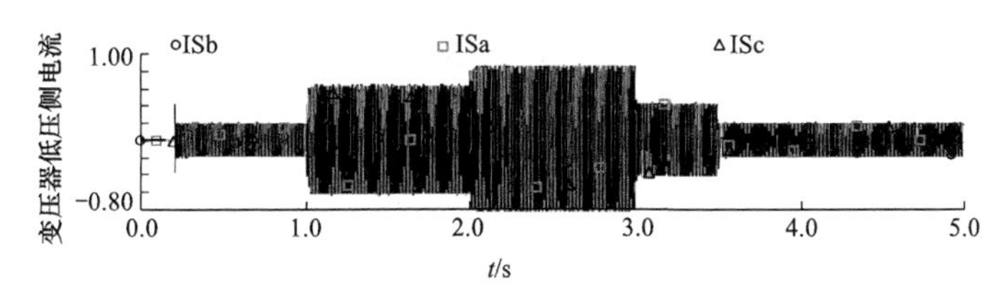

图 7-23 全钒液流带阻性负载过程的电流曲线

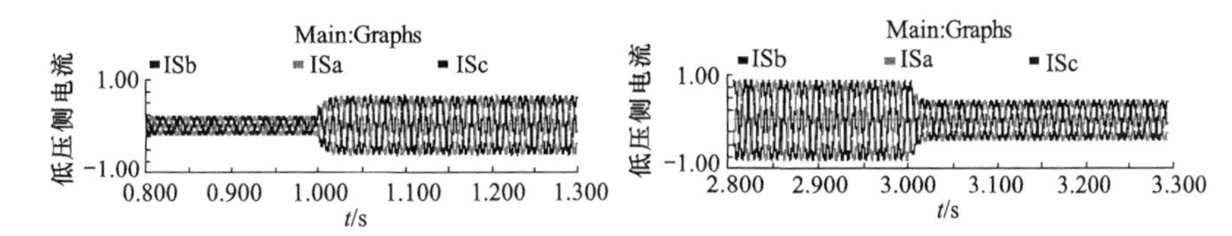

图 7-24 全钒液流带阻性 80kW 负载和切阻性 80kW 负载过程的电流放大曲线

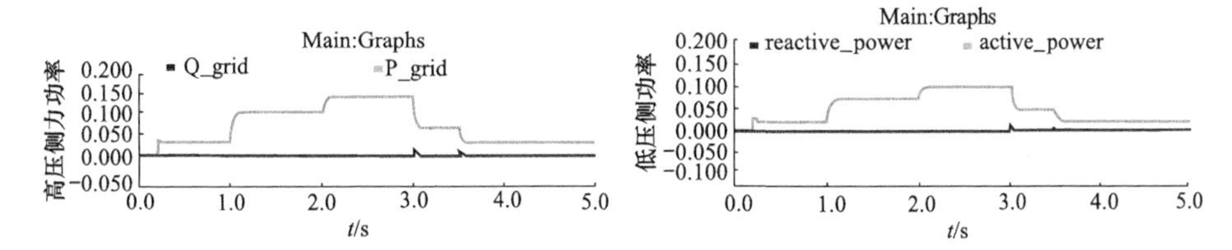

图 7-25 全钒液流带阻性负载过程中变压器两侧的功率曲线

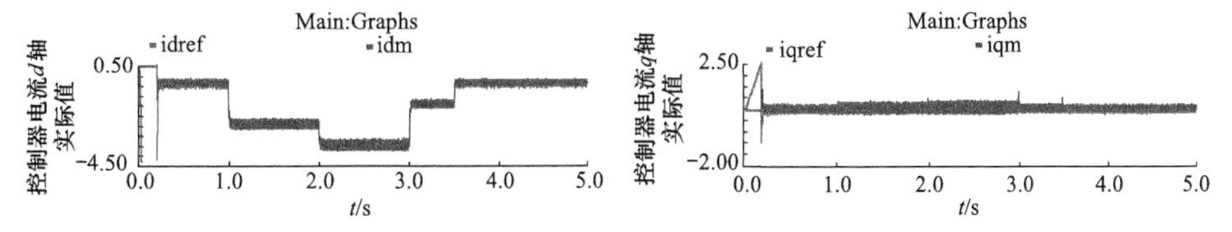

图 7-26 控制器电流内环解耦电流 d 轴和 q 轴实际采样和参考曲线

控制系统包括电压外环和电流内环，电流内环属于快速调节环节，调节更加精细准确，从图 7-22～图 7-26 可知，随着负载的变化，电流内环能够实时准确地跟踪解耦电流 d 轴和 q 轴参考值，而且电流内环控制速度很快，内环没有超调和振荡出现，见图 7-27。

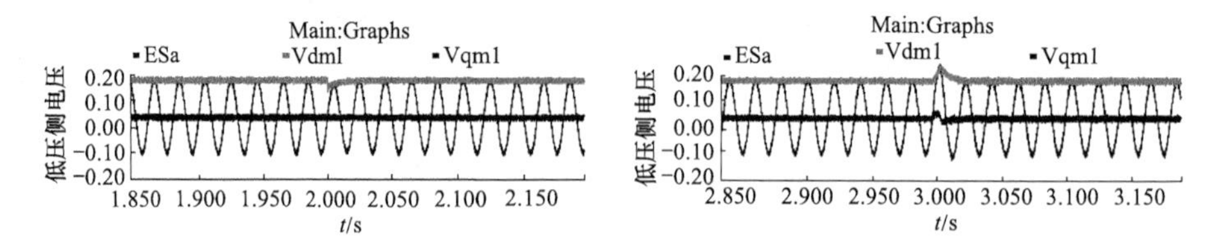

图 7-27 控制器电压外环解耦电压 d 轴和 q 轴实际采样和参考曲线

控制系统的电压外环响应速度比内环慢，由于采用恒功率 Clack 和 Park 变换，反变换采用的相角来自给定电压参考信号，对给定电压的参考信号进行 120°锁相，则根据本章第二节的推导，采样电压经 Clack 和 Park 变换后的 u_d 直流分量就是采样电压的幅值，而采样电压经 Clack 和 Park 变换后的 u_q 直流分量就是 0。上面的曲线告诉我们，在阻性负载接入和切出的瞬间电压外环能够实时准确跟踪，响应速度较快。图 7-28 为电压参考信号的锁相曲线。

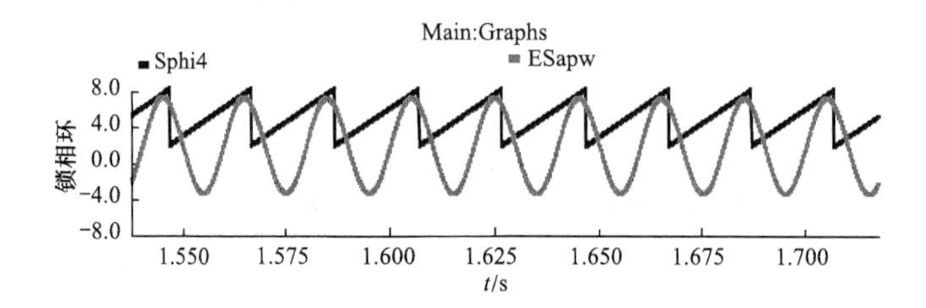

图 7-28 电压参考信号的锁相曲线

3. 全钒液流储能带感性负载仿真

微电网中的全钒液流电源在 0.2s 带感性负载启动，感性负载设定值为 50kVA，感性负载的加入逻辑为：运行时间为 0.2s 时带负载启动 50kVA，运行时间为 1s 时再增加负载 50kVA 并且该负载在运行时间为 3s 时卸载，运行时间为 2s 时再增加负载 50kVA 并且该负载在运行时间为 3.5s 时卸载，从 PSCAD 仿真软件中获取仿真结束后的电压，电流以及功率等曲线如图 7-29 所示。

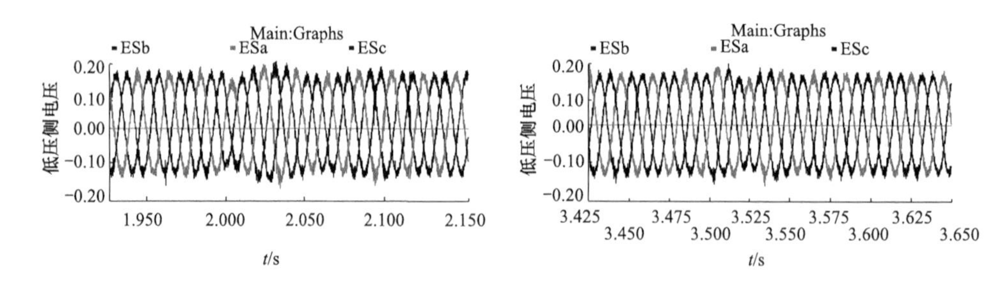

图 7-29 两个时间段全钒液流输出电压曲线

从电压波形来看，全钒液流带感性负载时候，电压波形电能质量较差，在全钒液流运行在 2.0s 的时候，加入感性负载 50kVA，此时的电压出现了振荡，针对持续的时间大约为 4.5 个周期。增加感性负载后，电压谐波含量依旧较大。在 3.5s 时将感性负载 50kVA 卸掉以后，电压暂态过程仍然有振荡现象，针对哪个持续时间大约为 3 个周期。这说明，全钒液流带感性负载容易引起系统电压振荡。

从图 7-30、图 7-31 可以看出，微电网主电源带感性负载下，电流响应速度较慢，并且出现振荡的情况，整个过程中电流的电能质量较好。在系统运行在 0.2s 的时候，微电网的主电源带载启动，电流上升。随后系统运行在 1s 时，加入负载 50kVA，电流进一步上升。在系统运行在 2s 的时候，50kVA 的阻性负载投入系统，电流上升。在 3.0s 和 3.5s 分别卸掉负载 50kVA 和负载 50kVA，电流曲线逐步下降。

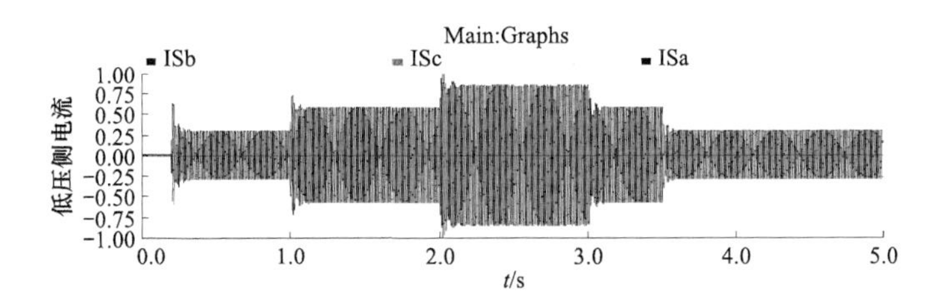

图 7-30　带载过程全钒液流输出电流曲线

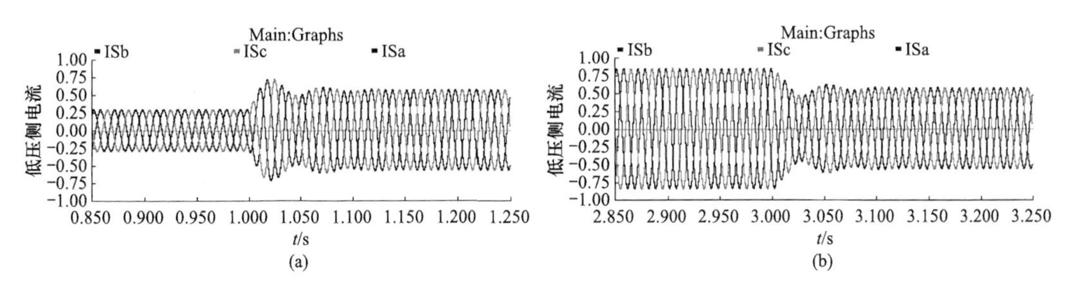

图 7-31　加载和减载时候全钒液流输出的电流曲线

（a）全钒液流加载；（b）全钒液流减载

如图 7-32 可知，变压器低压侧 150V 和高压侧 411V 的有功基本和电流的分析基本一致，功率调节较慢，不仅有较大的超调，而且还有暂态的振荡，暂态特性较差。从功率曲线也能够看出系统出现了振荡的现象。

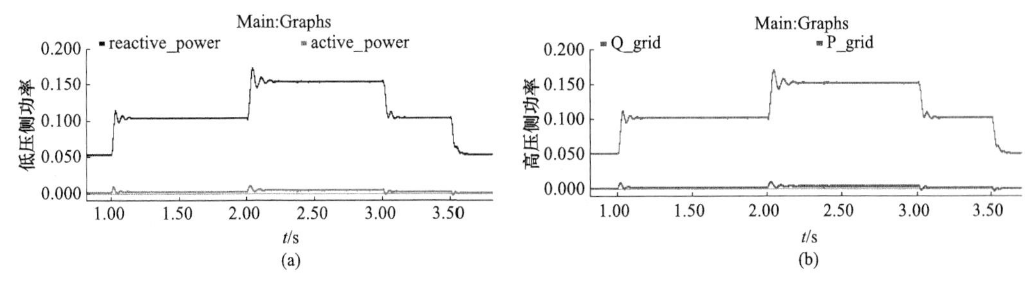

图 7-32　全钒液流运行过程中高压侧和低压侧的有功功率和无功功率曲线

（a）高压侧；（b）低压侧

从图 7-33、图 7-34 中可知，随着感性负载的变化，电流内环和电压外环能够实时准确地跟踪解耦电流 d 轴和 q 轴参考值，但是带感性负载下的电流内环和电压外环控制速度都较慢，电流内环和电压外环出现了超调和振荡出现。说明相对于阻性负载，全钒液流带感性负载的时候不仅会引起系统电压暂态跌落，还容易引起系统的振荡。

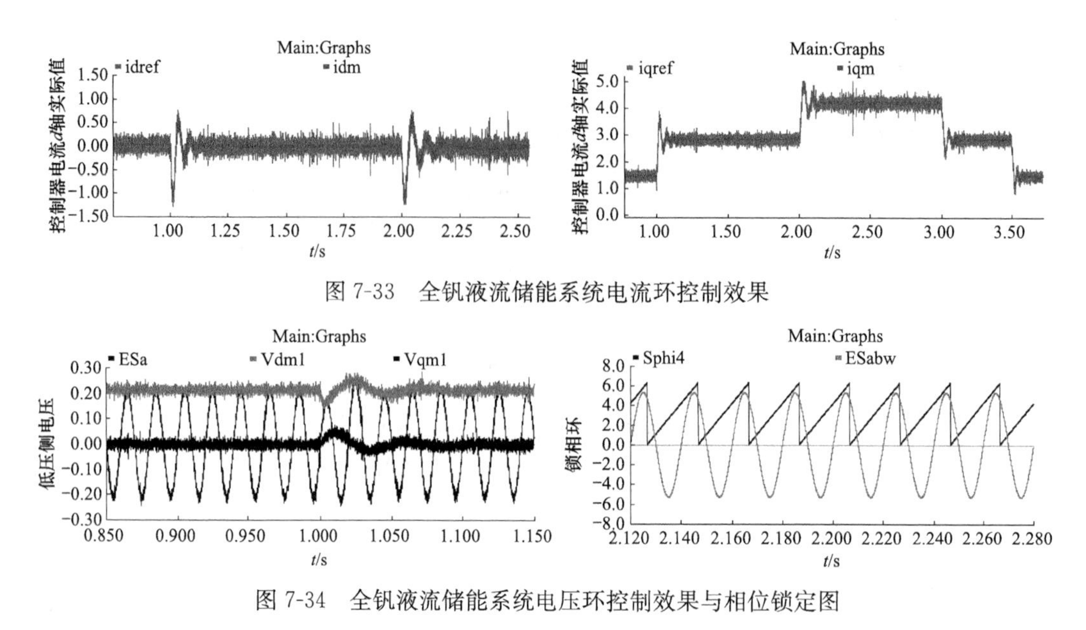

图 7-33　全钒液流储能系统电流环控制效果

图 7-34　全钒液流储能系统电压环控制效果与相位锁定图

4. 全钒液流储能带容性负载仿真

微电网中的全钒液流电源在 0.2s 带容性负载启动，容性负载设定值为 27kVA，感性负载的加入逻辑为：运行时间为 0.2s 时带容性负载 27kVA 启动，运行时间为 1s 时再增加负载 27kVA 并且该负载在运行时间为 3s 时卸载，运行时间为 2s 时再增加负载 27kVA 并且该负载在运行时间为 3.5s 时卸载，从 PSCAD 仿真软件中获取仿真结束后的电压，电流以及功率等曲线如图 7-35 所示。

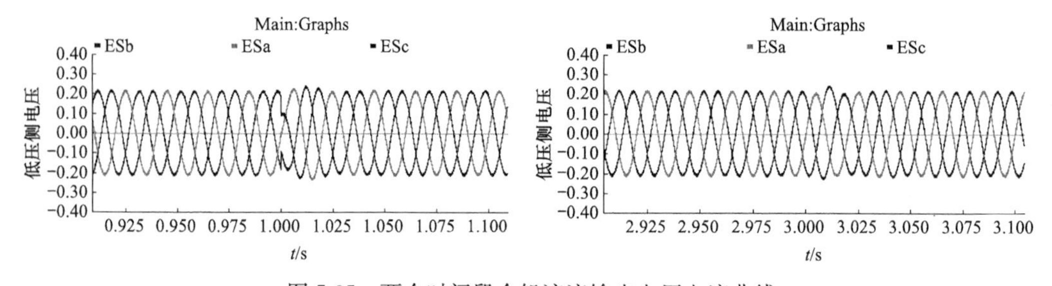

图 7-35　两个时间段全钒液流输出电压电流曲线

从电压波形来看，全钒液流带容性负载时候，电压波形电能质量较好，在全钒液流运行在 1.0s 的时候，加入感性负载 27kVA，此时的电压出现了短时振荡，振荡的持续时间大约为 2.0 个周期。增加容性负载后，电压谐波含量很小。在 3.5s 时将感性负载 27kVA 卸掉以后，电压暂态过程仍然有振荡现象，振荡持续时间大约为 1.0 个周期。这说明，全钒液流带容性负载引起系统电压振荡较感性负载小。

从电流曲线可以看出，微电网主电源带容性负载下，电流响应速度介于感性负载和阻性负载之间，并且也会出现振荡的情况，但整个过程中电流的电能质量最差。在系统运行在 0.2s 的时候，微电网的主电源带载启动，电流上升。随后系统运行在 1s 时，加入负载 27kVA，电流进一步上升。在系统运行在 2s 的时候，27kVA 的阻性负载投入系统，电流上升。在 3.0s 和 3.5s 分别卸掉负载 27kVA 和负载 27kVA，电流曲线逐步下降。图 7-36 为带载过程全钒液流输出电流曲线。

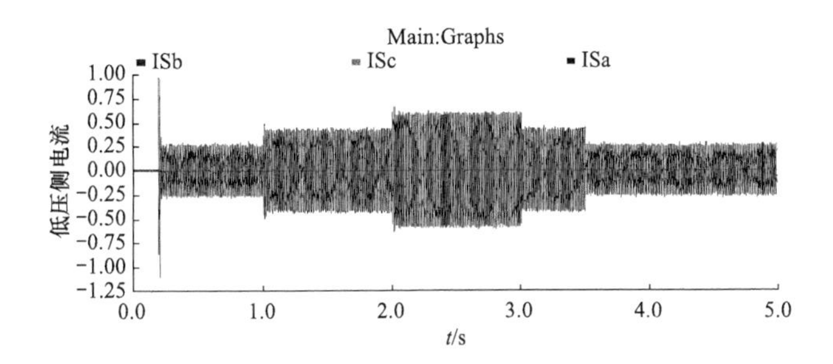

图 7-36　带载过程全钒液流输出电流曲线

变压器低压侧 150V 和高压侧 400V 的有功基本和电流的分析基本一致，功率调节速度介于带阻性和感性负载之间，带容性负载没有较大的超调，而且还有暂态的振荡，暂态特性较好。从功率曲线也能够看出系统出现了振荡的现象，但是电压振荡持续的时间不到 3 个周期，见图 7-37、图 7-38。

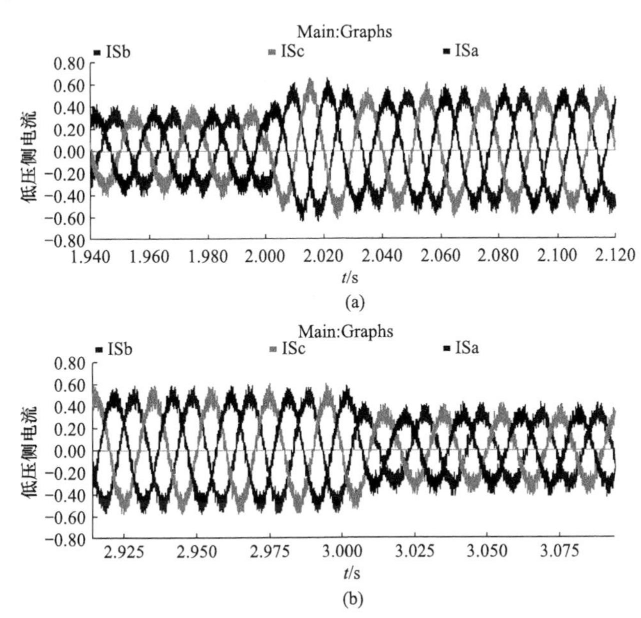

图 7-37　加载和减载时候全钒液流输出的电流曲线

(a) 全钒液流加载；(b) 全钒液流减载

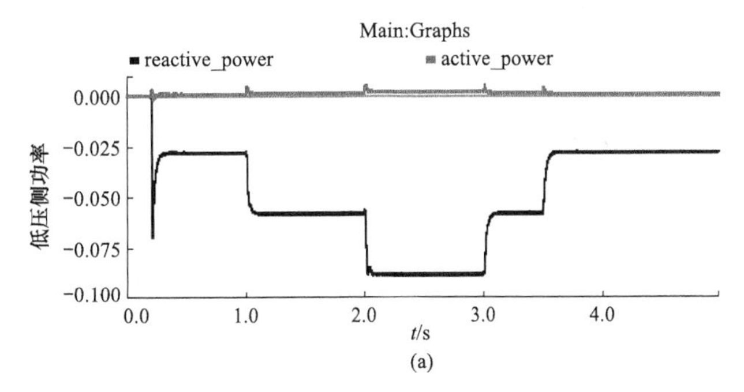

图 7-38　全钒液流运行过程中高压侧和低压侧的有功功率和无功功率曲线（一）

(a) 高压侧

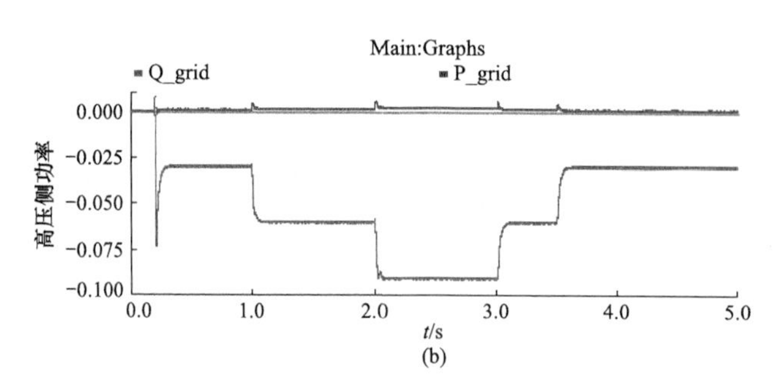

图 7-38 全钒液流运行过程中高压侧和低压侧的有功功率和无功功率曲线（二）
（b）低压侧

从图 7-39、图 7-40 中可知，随着容性负载的变化，电流内环和电压外环能够实时准确地跟踪解耦电流 d 轴和 q 轴参考值，但是带容性负载下的电流内环控制速度比带感性负载快，但是带容性负载的电流内环控制精度很差，因此电流的谐波很大。电压外环控制速度也比带感性负载时快，从解耦电流 d 轴和 q 轴直流分量可知电流内环和电压外环出现了超调和振荡出现，超调量和振荡都比感性负载小。说明相对于阻性负载，全钒液流带容性负载的时候不仅会引起系统电压暂态提升，也容易引起系统的振荡。

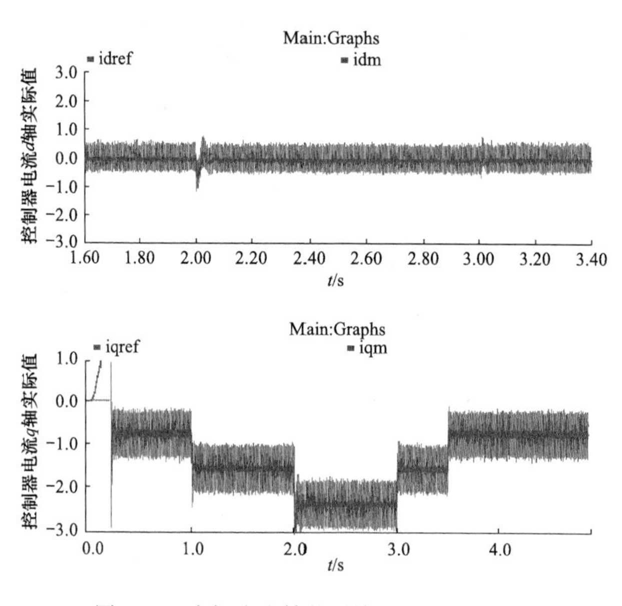

图 7-39 全钒液流储能系统电流环控制效果

二、复合储能微电网控制策略仿真

1. 复合储能控制策略下系统稳定性分析

为了对比复合储能控制系统下系统更加稳定，将单储能系统带光伏选为对比方案。首先分析单个储能系统和单台光伏联机稳定性问题。在前文已建立单个储能的数学模型。储能容量仍然选择 200kW 充放电 4h，光伏电源选择容量为 100kW，参考前文能得到单台光伏的数学模型为

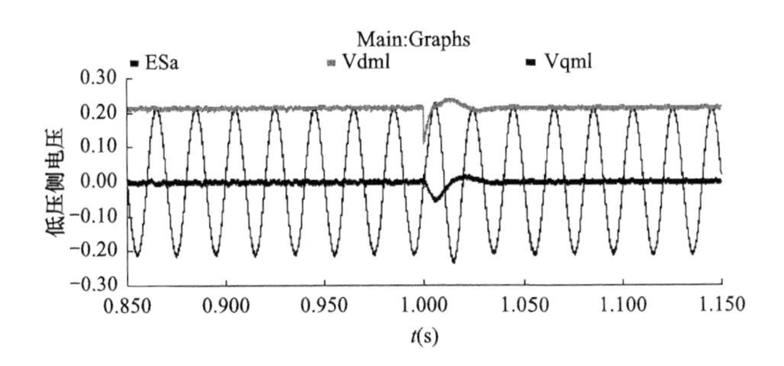

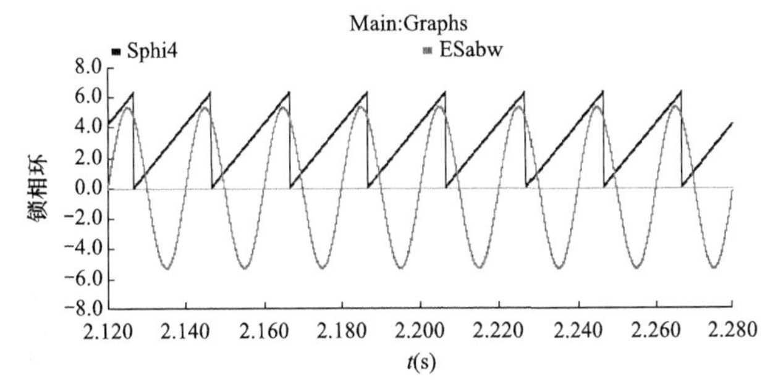

图 7-40 全钒液流储能系统电压环控制效果与相位锁定图

$$\frac{\mathrm{d}x'_1}{\mathrm{d}t}=K'_{11}(P'_{\mathrm{ref}}-P'_{\mathrm{gen}}) \tag{7-177}$$

$$\frac{\mathrm{d}x'_2}{\mathrm{d}t}=K'_{12}(I'_{q\mathrm{rref}}-I'_{qr})=K'_{12}[K'_{\mathrm{P1}}(P'_{\mathrm{ref}}-P'_{\mathrm{gen}})+x'_1-I'_{\mathrm{qr}}] \tag{7-178}$$

$$\frac{\mathrm{d}x'_3}{\mathrm{d}t}=K'_{13}(Q'_{\mathrm{ref}}-Q'_{\mathrm{gen}}) \tag{7-179}$$

$$\frac{\mathrm{d}x'_4}{\mathrm{d}t}=K'_{14}(I'_{\mathrm{drref}}-I'_{\mathrm{dr}})=K'_{14}[K'_{\mathrm{P3}}(Q'_{\mathrm{ref}}-Q'_{\mathrm{gen}})+x'_3-I'_{\mathrm{dr}}] \tag{7-180}$$

$$V'_{\mathrm{qr}}=x'_2+K'_{\mathrm{P2}}[K'_{\mathrm{P1}}(P'_{\mathrm{ref}}-P'_{\mathrm{gen}})+x'_1-I'_{\mathrm{qr}}] \tag{7-181}$$

$$V'_{\mathrm{dr}}=x'_4+K'_{\mathrm{P4}}[K'_{\mathrm{P3}}(Q'_{\mathrm{ref}}-Q'_{\mathrm{gen}})+x'_3-I'_{\mathrm{dr}}] \tag{7-182}$$

单个储能系统和单台光伏在微电网中的微分代数方程的建立可以参考前一章内容。复合储能控制系统的代数变量线性化后为

$$\Delta\boldsymbol{u}=[\Delta P'_{\mathrm{gen}},\Delta Q'_{\mathrm{gen}},\Delta i'_{dr},\Delta i'_{qr},\Delta u_{d\mathrm{ref}},\Delta u_{q\mathrm{ref}},\Delta i_{d\mathrm{ref}},\Delta i_{q\mathrm{ref}}] \tag{7-183}$$

单个储能系统和单台光伏的微电网各个电源的双环控制系统的状态变量线性化后为

$$\Delta\boldsymbol{x}=[\Delta x'_1,\Delta x'_2,\Delta x'_3,\Delta x'_4,\Delta x_1,\Delta x_2,\Delta x_3,\Delta x_4] \tag{7-184}$$

单个储能系统和单台光伏组成的微电网系统常数值线性化后为 Δy，并且

$$\Delta y=\boldsymbol{0} \tag{7-185}$$

将单个储能系统和单台光伏的微电网电力系统小信号线性化可得

$$\Delta\dot{\boldsymbol{x}}=\boldsymbol{A}\Delta\boldsymbol{x}+\boldsymbol{B}\Delta\boldsymbol{u} \tag{7-186}$$

$$\Delta\boldsymbol{y}=\boldsymbol{C}\Delta\boldsymbol{x}+\boldsymbol{D}\Delta\boldsymbol{u} \tag{7-187}$$

其中，$\boldsymbol{A}$ 为 8×8 阶矩阵，$\boldsymbol{B}$ 为 8×8 矩阵，$\boldsymbol{C}$ 为 8×8 矩阵，$\boldsymbol{D}$ 为 8×8。则微分代数方程的雅可比矩阵为 $\boldsymbol{Jac}=\boldsymbol{A}+\boldsymbol{BD}^{-1}\boldsymbol{C}$。在给定初始值的条件下能够求解到雅可比矩阵的特征值，通过特征值分析方法就能判断系统是否能够处于稳定运行状态。

单个储能带单个 PQ 电源，其中 PQ 电源为光伏系统。用光伏对钒液流源进行充电，充电功率的变化为从 10kW 逐渐增加到 70kW，观察系统有本质变化特征值的趋势曲线为图 7-41 所示。

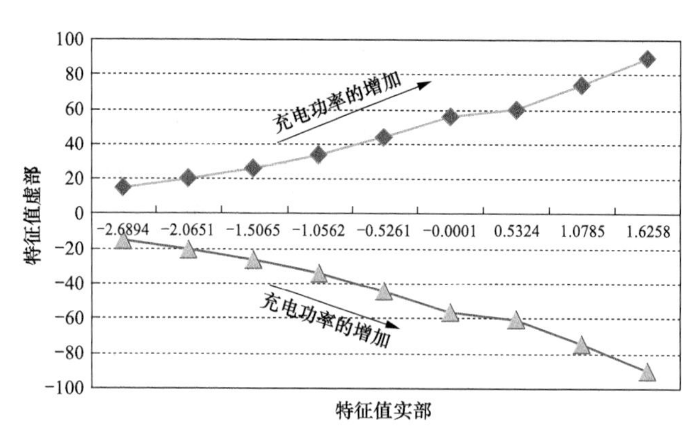

图 7-41　单个储能系统带光伏充电时特征值随充电功率变化的曲线

从上面的特征值变化可知，随着充电功率的逐步增加，系统逐渐走向了不稳定运行区域，即单个储能系统带单个 PQ 电源不能长时间稳定运行。

为了验证文中提出的复合储能系统控制策略能够使系统变得更加稳定，选取钒液流为系统电压和频率的支撑电源，采用下垂控制；加入的超级电容储能系统采用倒下垂电压和频率调节控制，这种情况下相当于系统有两个主电源，也相当于微电网的容量得到了提升，系统的稳定性得到了加强。为了方便对比，仍然选择光伏系统主电源充电，计算不同充电功率下（从 10kW 逐渐增加到 70kW）的特征值，并绘制系统有本质变化特征值的趋势曲线为图 7-42。

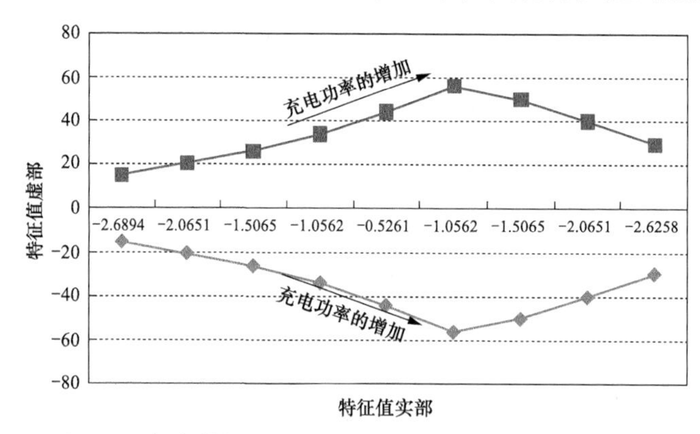

图 7-42　复合储能系统带光伏随充电功率变化特征值曲线

从图 7-41、图 7-42 的不同功率对应的特征值可以知道，特征值是始终在负区域变化，因此复合储能控制系统的稳定性更好，随着充电功率的增加，复合储能控制策略的微电网也没有出现不稳定的现象。

2. 协调控制策略下微电网暂态特性研究

在基于复合储能的微电网，超级电容和全钒液流储能系统中在 0.2s 带感性负载启动，感性负载的设定值为 50kVA，全钒液流储能变流器的设计按照容量为 200kW 进行，滤波参数的设计可以参照前文的设计方案，该仿真中超级电容滤波器参数选取为：滤波电感为 0.2mH，滤波电容采用三角形接法，滤波电容的取值为 300μF。系统的控制策略采用超级电容和全钒液流协调控制，两台储能的容量都为 200kW，变流器的控制器参数可以考虑采用第一节中关于电压电流双环控制器的设计方案，设计全钒液流储能的 PI 调节器参数分别为比例参数取值 1，积分参数可以取为 100。设计超级电容的 PI 调节器参数分别为比例参数取值 10，积分参数可以取为 300。图 7-43 为复合储能带感性负载仿真单线图。

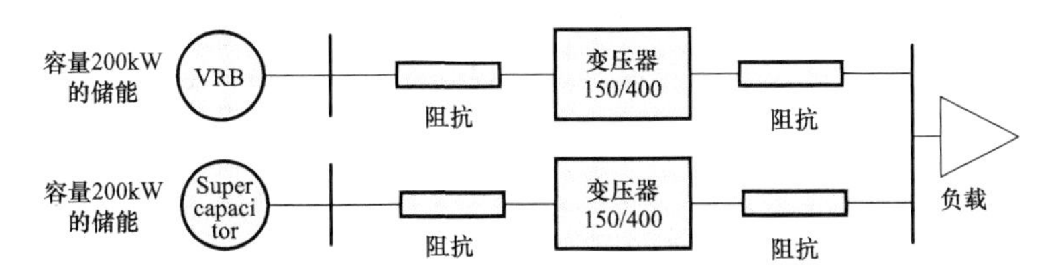

图 7-43 复合储能带感性负载仿真单线图

基于复合储能协调控制的微电网在 0.2s 带感性负载启动，感性负载设定值为 50kVA，感性负载的加入逻辑为：运行时间为 0.2s 时带负载启动 50kVA，运行时间为 1s 时再增加负载 50kVA 并且该负载在运行时间为 3s 时卸载，运行时间为 2s 时再增加负载 50kVA 并且该负载在运行时间为 3.5s 时卸载。将单台全钒液流带同样负载的暂态响应特性作为对比，从 PSCAD 仿真软件中分别获取两种运行模式下仿真结束后的电压，电流以及功率等仿真结果如图 7-44 所示。

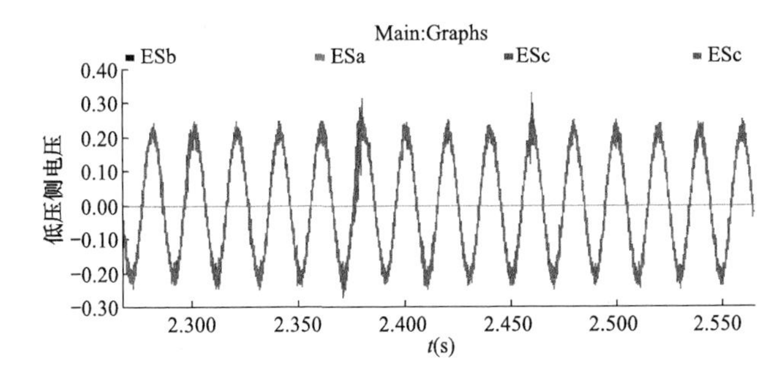

图 7-44 复合储能微电网母线高压侧电网电压

图 7-44 中的蓝色电压曲线表示单储能微电网带感性负载的电压仿真曲线，红色电压曲线表示复合储能协调控制策略下的电压仿真曲线。从高压侧的电网电压可以看出，微电网采用复合储能的时候能够得到比单一储能微电网更好的效果，主要表现为电压的谐波含量减少。

图 7-45 中的蓝色曲线表示单储能微电网带感性负载的电流仿真曲线，红色电流曲线表示复合储能控制策略下的电压仿真曲线。从高压侧的电网电流可以看出，微电网采用复合储能的时候能够得到比单一储能微电网更好的效果，主要表现为电流暂态响应较好。

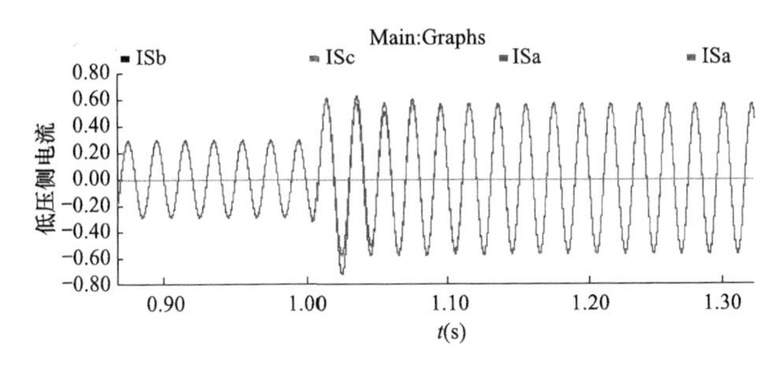

图 7-45 复合储能微电网母线高压侧电网电流

图 7-46 中的红色曲线表示单储能微电网带感性负载高压网侧输出无功功率和有功功率仿真曲线，蓝色电流曲线表示复合储能控制策略下高压网侧输出无功功率和有功功率仿真曲线。从高压侧的无功和有功响应曲线可以知道复合储能控制下的微电网具有更快更好的暂态响应特性。

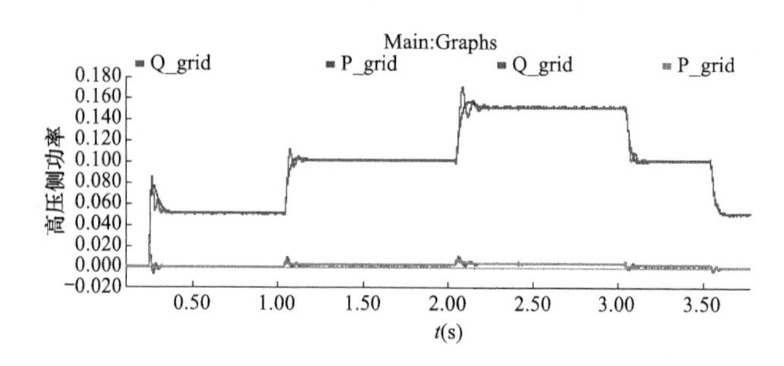

图 7-46 全钒液流和超级电容高压侧电网功率

图 7-47 中的红色曲线表示单储能微电网带感性负载低压网侧输出无功功率和有功功率仿真曲线，蓝色电流曲线表示复合储能控制策略下低压网侧输出无功功率和有功功率仿真曲线。从低压侧的无功和有功响应曲线可以知道复合储能控制下的微电网具有更快更好的暂态响应特性。

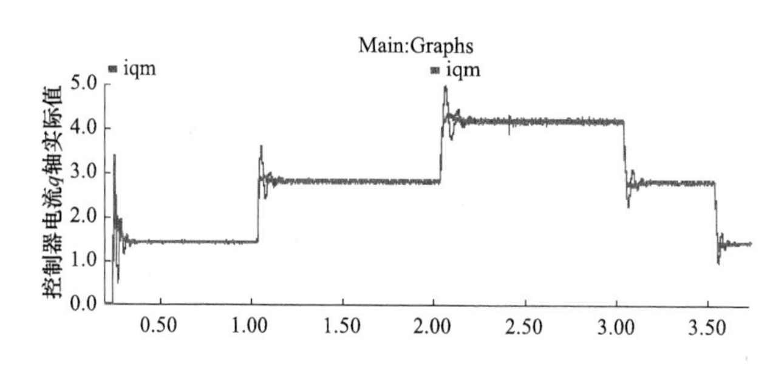

图 7-47 全钒液流和超级电容低压侧电网功率

图 7-48 中图形为微电网电压频率支撑电源全钒液流储能的输出电流的 d 轴分量的实时值，从曲线上可以看出单储能电源带感性负载输出电流 d 轴分量暂态性能不仅具有超调，而且暂态持续时间长，复合储能控制的微电网输出电流 d 轴分量暂态性能不仅具有波动小，而且暂态过程没有超调，响应时间更快。

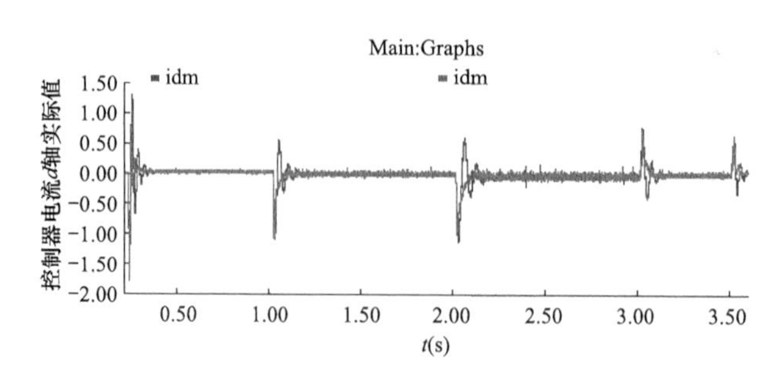

图 7-48 全钒液流储能输出电流 d 轴分量

图 7-49 中为微电网电压频率支撑电源的输出电压的 d 轴和 q 轴分量的值，从曲线上可以看出单储能电源带感性负载出口电压 d 轴和 q 轴分量暂态性能不仅具有超调，而且暂态持续时间长，复合储能控制的微电网出口电压 d 轴和 q 轴分量暂态性能不仅具有波动小，而且暂态过程没有超调，响应时间更快。

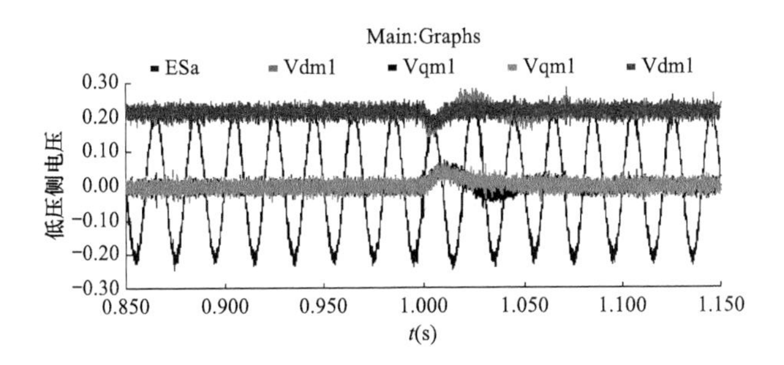

图 7-49　全钒液流出口电压的 d 轴和 q 轴分量

三、小结

本章基于 PSCAD 仿真软件建立了单个储能电源的仿真模型，验证了其控制策略的有效性。其中全钒液流储能作为系统运行的主电源时，不仅为系统的电压和频率提供支撑，并且为其余分布式电源的变流器提供了相位参考。同时还建立了基于下垂控制的全钒液流与基于倒下垂控制策略的超级电容的复合储能协调控制系统仿真，验证了超级电容的暂态响应特性，能在系统电压和频率跌落的瞬间提供补偿。根据前文推导的系统微分代数方程，计算了系统在各个运行工况下的方程的特征值，分析了微电网电力系统的稳定性。计算结果表明：选取合理的微电网参数能够提高微电网的稳定性，复合储能控制策略能够提高系统的稳定性，复合储能下控制参数的合理选择更能提高系统的稳定性。

参 考 文 献

[1] 尤毅，刘东，于文鹏，等. 主动配电网技术及其进展 [J]. 电力系统自动化，2012 (18)：10-16.

[2] 刘东. 主动配电网的国内技术进展 [J]. 供用电，2014，31 (1)：28-29.

[3] 余昆，曹一家，倪以信，等. 分布式发电技术及其并网运行研究综述 [J]. 河海大学学报（自然科学版），2009，37 (6)：741-748.

[4] 刘广一，张凯，舒彬. 主动配电网的 6 个主动与技术实现 [J]. 电力建设，2015，36 (1)：33-37.

[5] 陈树勇，戴慧珠，白晓明，等. 风电场的发电可靠性模型及其应用 [J]. 中国电机工程学报，2000，20 (3)：26-29.

[6] EURELECTRIC. Active distribution system management，a key tool for the smooth integration of distributed generation [R]. Bruxelles：EURELECTRIC，2013.

[7] 李惠玲，高振江，庞占星，等. 基于全网无功优化的配电网无功优化系统的设计 [J]. 继电器，2008 (10)：31-35.

[8] 刘广一，黄仁乐. 主动配电网的运行控制技术 [J]. 供用电，2014 (1)：30-32.

[9] 王成山，孙充勃，李鹏. 主动配电网优化技术研究现状及展望 [J]. 电力建设，2015，35 (1)：8-15.

[10] 董雷，王圣江. 电力系统最优潮流综述 [J]. 云南电力技术，2008，36 (4)：39-40.

[11] B. Borkowska. Probabilistic load flow [J]. IEEE Trans. on Power Apparatus and Systems，1974，93 (3)：752-755.

[12] M. Sobierajski，Wroclaw. A method of stochastic load flow calculation [J]. Archiv Fur Eletrotechnik，1978，60 (1)：37-40.

[13] R. N. Allan，M. R. G. Al-Shakarchi. Probabilistic techniques in AC load flowanalysis [J]. Proceedings of the Institution of Electrical Engineering，1977，124 (2)：154-160.

[14] Allan R N，Al-Shakarchi M R G. Probabilistic AC load flow [J]. Proceedings of the Institution of Electrical Engineers，1976，123 (6)：531-536.

[15] Pei Zhang，Lee S T. Probabilistic load flow computation using the method of combined cumulative and Gram-Charlier expansion [J]. IEEE Transaction. on Power Systems，2004，19 (1)：676-682.

[16] 胡泽春，王锡凡，张显，等. 考虑线路故障的随机潮流 [J]. 中国电机工程学报，2005，25 (24)：26-33.

[17] Morales J M，Baringo L，Conejo A J，et al. Probabilistic power flow with correlated wind sources [J]. IET Proceedings：Generation，Transmission and Distribution，2010，4 (5)：641-651.

[18] 陈雁，文劲宇，程时杰. 考虑输入变量相关性的概率潮流计算方法 [J]. 中国电机工程学报，2011，31 (22)：80-87.

[19] P. Zhang，S. T. Lee. Probabilistic load flow computation using the method of combined cumulants and Gram-Charlier expansion [J]. IEEE Trans. on Power Systems，2004，19 (1)：676-682.

[20] 林海源. 交流模型下电力系统概率潮流计算 [J]. 电力自动化设备，2006，26 (6)：53-56.

[21] C. L. Su. Probabistic load-flow computation using point estimate method [J]. IEEE Trans. Power Systems，2005，20 (4)：1843-1851.

[22] J. M. Morales，J. P. Ruiz. Point estimate schemes to solve the probabilistic power flow [J]. IEEE Trans. on Power Systems，2007，22 (4)：1594-1601.

[23] S. Aboreshaid，R. Billinton，M. F. Firuzabad. Probabilistic transient stability studies using the method

of Bisection [J]. IEEE Trans. on Power Systems，1996，11 (4)：1990-1995.
[24] 崔凯，方大中，钟德成. 电力系统暂态稳定性概率评估方法研究 [J]. 电网技术，2005，29 (1)：44-49.
[25] F. F. Wu，Y. K. Tsai，Y. X. Yu. Probabilistic steady-state and dynamic security assessment [J]. IEEE Trans. on Power Systems，1988，3 (1)：1-8.
[26] 王克文，钟志勇，谢志棠，等. 混合使用中心矩与累加量的电力系统概率特征根分析方法 [J]. 中国电机工程学报，2000，20 (5)：37-41.
[27] 王珂，连鸿波. 电力市场概率网损分析 [J]. 华东电力，2005，33 (9)：33-36.
[28] 崔雅丽，别朝红，王锡凡. 输电系统可用输电能力的概率模型及计算 [J]. 电力系统自动化，2003，27 (14)：36-40.
[29] Z. Chen，E. Spooner. Grid power quality with variable speed wind turbineds [J]. IEEE Trans on Energy Conversion，2001，16 (2)：148-154.
[30] Z. Saad-Saoud，N. Jenkins. Models for predicting flicker induced by large wind turbines [J]. IEEE Transactions on Energy Conversion，1999，14 (3)：743-748.
[31] A. E. Feijoo，J. Cidars，J. L. G. Dornelas. Wind speed simulation in wind farms for steady-state security assessment of electrical power systems [J]. IEEE Trans on Energy Conversion，1999，14 (4)：1582-1588.
[32] 王海超，周双喜，鲁宗相，等. 含风电场的电力系统潮流计算的联合迭代方法及应用 [J]. 电网技术，2005，29 (18)：59-62.
[33] 吴义纯，丁明，张立军. 含风电场的电力系统潮流计算 [J]. 中国电机工程学报，2005，25 (4)：36-39.
[34] N. D. Hatziargyriou，T. S. Karakatsanis，M. Papadopoulos. Probabilistic load flow in distribution systems containing dispersed wind power generation [J]. IEEE Trans. on Power Systems，1993，8 (1)：159-165.
[35] P. Jorgensen，J. S. Christensen，J. O. Tande. Probabilistic load flow calculation using Monte Carlo techniques for distribution network with wind turbines [C]. IEEE 8th Int. Conf. Harmonics and Quality of Power，1998 (2)：1146-1151.
[36] 刘梦璇. 微网能量管理与优化设计研究 [D]. 天津：天津大学，2010.
[37] 郭佳欢. 微网经济运行优化的研究 [D]. 北京：华北电力大学，2010.
[38] 陈金富，陈海焱，段献忠. 含大型风电场的电力系统多时段动态优化潮流 [J]. 中国电机工程学报，2006，26 (3)：31-35.
[39] R. B. Corotis，A. B. Sigl，J. Klein. Probability models of methods of wind velocity magnitude [J]. Solar Energy，1978，20 (6)：483-493.
[40] S. H. Jangamshetti，V. G. Rau. Site matching of wind turbine generators：a case study [J]. IEEE Trans. on Energy Conversion，1999，14 (4)：1537-1543.
[41] A. Balouktsis，D. Chassapis，T. D. Karapantsios. A nomogram method for estimating the energy produced by wind turbine generators [J]. Solar Energy，2002，72 (3)：251-259.
[42] Y. Mulugetta，F. Drake. Assessment for solar and wind energy resources in Ethiopia. II. Wind energy [J]. Solar Energy，1996，57 (4)：323-334.
[43] 姚国平，余岳峰，王志征. 如东沿海地区风速数据分析及风力发电量计算 [J]. 电力自动化设备，2004，24 (4)：12-14.
[44] A. Garcia，J. L. Torres，E. Prieto，A. de Francisco. Fitting wind speed distributions：A case study [J]. Solar Energy，1998，62 (2)：139-144.

［45］ 吴学光，陈树勇，等．最小误差逼近算法在风电场风能资源特性分析中的应用［J］．电网技术，1998，22（7）：69-74.

［46］ 王成山，孙充勃，李鹏．主动配电网优化技术研究现状及展望［J］．电力建设，2015，35（1）：8-15.

［47］ Georgilakis P S，Hatziargyriou N D．Optimal distributed generation placement in power distribution networks：models，methods，and future research［J］．IEEE Transaction on Power System，2013，28（3）：3420-3428.

［48］ 王守相，王慧，蔡声霞．分布式发电优化配置研究综述［J］．电力系统自动化，2009，33（18）：110-115.

［49］ 陈星莺，李刚，廖迎晨，等．考虑环境成本的城市电网最优潮流模型［J］．电力系统自动化，2010 34（15）：42-46.

［50］ 陈道君，龚庆武，张茂林，等．考虑能源环境效益的含风电场多目标优化调度［J］．中国电机工程学报，2011，31（13）：10-17.

［51］ Trevor Williams，Curran Crawford．Probabilistic Load Flow Modeling Comparing Maximum Entropy and Gram-charlier Probability Density Function Reconstructions［J］．IEEE Transaction on power systems，2013，28（1）：272-280.

［52］ H. Wei，H. Sasaki，et al．An interior point nonlinear programming for optimal power flow problems with a novel data structure［J］．IEEE Trans. on Power Systems，1998，13（3）：870-877.

［53］ 袁越，久保川淳司，佐佐木博斯，等．基于内点法的含暂态稳定约束的最优潮流计算［J］．电力系统自动化，2002，26（13）：14-19.

［54］ Y. Yuan，J. Kubokawa，H. Sasaki．A solution of optimal power flow with multi-contingency transient stability constraints［J］．IEEE Trans. on Power Systems，2003，18（3）：1094-1102.

［55］ 钟德成，李渝增．柔性交流输电系统潮流计算中改进的遗传算法［J］．电力系统自动化，2000，24（2）：48-50.

［56］ 石庆均．微网容量优化配置与能量优化管理研究［D］．杭州：浙江大学，2012.

［57］ J. Yuryevich，K. P. Wong．Evolutionary programming based optimal power flow algorithm［J］．IEEE Trans. on Power System，1999，14（4）：1245-1250.

［58］ L. Chen，S. Matoba，H. Inabe，T. Okabe．Surrogate constraint method for optimal power flow［J］．IEEE Trans. on Power Systems，1998，13（3）：1084-1089.

［59］ 一种求解最优潮流问题的改进粒子群优化算法［J］．电网技术，2006，30（11）：6-10.

［60］ 李婷，赖旭芝，吴敏．基于双种群粒子群优化新算法的最优潮流求解［J］．中南大学学报（自然科学版），2007，38（1）：133-137.

［61］ 段启平，贺成才．基于改进粒子群优化算法的电力系统有功最优潮流［J］．华中电力，2008，21（1）：18-20，24.

［62］ 王金全，黄丽，杨毅．基于多目标粒子群算法的微电网优化调度［J］．电网与清洁能源，2014，30（1）：49-54.

［63］ 丁明，吴义纯，张立军．风电场风速概率分布参数计算方法的研究［J］．中国电机工程学报，2005，25（10）：107-110.